《社会学青年学者文库》

本书的出版获得"社会学青年学者研究会"的大力支持，同时感谢湖北文理学院博士科研启动经费的资助。

绿色之路：

鄂西南文化生态区形成与发展的动力机制研究

Green Road: A Study on the Dynamic Mechanism of the Formation and Development of Cultural Ecological Area in Southwest Hubei Province

詹进伟　著

中国商务出版社
CHINA COMMERCE AND TRADE PRESS

图书在版编目（CIP）数据

绿色之路：鄂西南文化生态区形成与发展的动力机制研究 / 詹进伟著. —北京：中国商务出版社，2021.10

ISBN 978-7-5103-3648-5

Ⅰ.①绿… Ⅱ.①詹… Ⅲ.①生态环境建设－研究－湖北 Ⅳ.① X321.2

中国版本图书馆 CIP 数据核字（2021）第 190242 号

绿色之路
——鄂西南文化生态区形成与发展的动力机制研究
LVSE ZHI LU——EXINAN WENHUA SHENGTAIQU XINGCHENG YU FAZHAN DE DONGLI JIZHI YANJIU

詹进伟　著

出版发行：中国商务出版社
地　　址：北京市东城区安定门外大街东后巷 28 号　　邮编：100710
网　　址：http://www.cctpress.com
电　　话：010-64212247（总编室）　　　64269744（事业部）
　　　　　64208388（发行部）　　　　　64266119（零售）
邮　　箱：bjys@cctpress.com
印　　刷：天津雅泽印刷有限公司
开　　本：700 毫米 ×1000 毫米　1/16
印　　张：13.25
字　　数：228 千字
版　　次：2021 年 10 月第 1 版
印　　次：2021 年 10 月第 1 次印刷
书　　号：ISBN 978-7-5103-3648-5
定　　价：55.00 元

序　言

关于"文化生态区"的研究是诸多学科的交叉领域，需要历史的眼光以注重时间过程的厚重性，亦需要地理的视角以正视空间区域的整体性，更需要综合的分析以客观呈现区域内外群体的互动性。尤其是在当下社会文化急剧转型的时期，探索文化生态区的建设之道，破解文化生态区的前进困局，推动绿色之路的持续发展，已成为当代社会学者一个不容回避的重大现实研究议题。

作为有学术关怀和现实责任的青年社会学者代表，进伟博士在这部新著中做出了有益的探索。新著的最大创新之处是，在一个较长的历史时期内将一个文化生态区的形成和发展动力以历史人类学的视角进行了阐述，以一个微观的个案去解释中国传统文化的张力。

目前对于文化生态区的研究主要集中在共时性的、静态的和碎片化的研究层面，缺乏历史厚度、文化底蕴和整体关照，而进伟博士采用历时性的视角对鄂西南文化生态区形成与发展的动力机制进行了跨学科、综合性、长时段的整体研究。

将鄂西南文化生态区的历史与现实，地方社会与国家治理勾连并置，并从政治、经济、社会、文化、生态五位一体的层面出发，完整的梳理鄂西南文化生态区的历史脉络和发展轨迹，以对今日和未来的区域性文化生态建设提供参考和借鉴。更为重要的是可以从历史视角，总结南方山地民族文化生态的生成规律和特质价值，并进一步丰富区域共同体研究的理论框架，从而在个案微观层面完善中华民族共同体格局理论。

在这部著作里，进伟博士对文化生态区进行了详尽而富有开拓性的理论与现实分析。我相信，这是进伟博士的研究起点，在未来的学术道路上，他仍将会不断探索和创新，为中国的文化生态区研究做出更大的贡献。

田　敏
辛丑年五月十七日
于南湖书香园

　　（田敏：男，湖南人，二级教授，博士生导师。现任中南民族大学党委委员，民族学与社会学学院院长，民族学博物馆馆长，校学术委员会委员、学位委员会委员，兼任国务院学位委员会学科评议组第七届委员，教育部民族学类本科教学指导委员会委员，中国民族学会、人类学会常务理事，中国民族史学会理事，湖北省社会学学会副会长。）

摘　要

　　区域是人群生产生活的空间场所，亦是人类创造文化的重要场域。鄂西南地处中国中西部结合地带，是古代中原进入西南的交通要道，是汉族、土家族、苗族、侗族、白族、蒙古族等多民族聚居之地，亦是中华民族文化多样性、复合性、包容性的典型代表区域。本书以鄂西南地区的一州两县（恩施土家族苗族自治州和宜昌市长阳土家族自治县、五峰土家族自治县）为研究的地理和文化空间，综合运用民族学、历史学、人类学、社会学、地理学、政治学等学科知识，以历史人类学的视野和方法对鄂西南地区民族文化生态产生、发展、演进的过程进行深入分析。按照鄂西南文化生态区的时空环境—概念内涵—演进周期—特征价值的逻辑关系进行客观论证。

　　鄂西南文化生态区的各个文化要素是在历史发展过程中不断积淀而形成的，鄂西南民族文化生态保护区是当下由国家提出的。前者是后者的基础，后者是前者的升华，两者之间有一种前后相继的关系，反映出地方性知识的重要性，以及地方性主体地位不断攀升的社会事实。基于对这种理念的认知和理解，研究认为：

　　鄂西南文化生态区的滥觞期是先秦至唐宋阶段。这一时期时间跨度较大，虽然总体变化不大，却给鄂西南民族文化生态区打上了深刻的历史烙印和区域底色。从早期的廪君神话传说到巴国的军事战争，再到秦灭巴后的综合治理，由于地理环境的阻力和强宗大姓的割据，许多早期的文化习俗在此遗存，这一时期是鄂西南区域性文化生态形成的雏形阶段。

　　鄂西南文化生态区的形成期上起宋元交替时期，下至清雍正改土归流，基本与土司制度在鄂西南地区的实行周期相重叠。土司制度的实施对于鄂西南地区的社会稳定和王朝拓展，巩固多民族国家的统一具有重要价值。这一时期中央王朝对鄂西南地区的综合治理更加直接，其中精神文化的交流主要集中在土司的上层精英群体，物质文化的交流成果则遍及山区的土民。当地土司的这种慕义行为，不仅促进了儒家文化在鄂西南地区的传播，同时也使得土司上层对中原文化的认同感与日俱增。

鄂西南民族文化生态区的转型期上起雍正十年（1733年），下至1949年。期间改土归流是一个重要转折点，大批汉人及先进的生产技术进入鄂西南地区，有力地促进了当地经济的发展和社会的进步。鄂西南民族文化生态区在此期间，的变迁原因主要是受到外力的影响增大，而内部的动力不足，并在文化生态方面急剧转型，这在当地民众社会生活中的风俗习惯方面表现得最为明显。

鄂西南民族文化生态区的发展期上起1949年，截至2019年，已是沧海变桑田。经过这七十年的快速发展，鄂西南地区基础设施不断完善，绿色经济初显成效，文化生态旅游事业蒸蒸日上，特色区域性产业初具规模，科教文卫等民生事业有序发展。

鄂西南文化生态区的特征主要表现在民族性、多元性、原生性、交融性和创新性五个方面。鄂西南民族文化生态区的价值体现为人与自然和谐相处的经典、文化多样性的典范、民族交往交流交融的示范、传统文化创新发展的样板四个层次。

总之，鄂西南民族文化生态区在形成与发展的过程中呈现出的特征和价值受到自然环境、国家在场、生计方式、移民流动四个方面的影响与制约。其中，自然环境是鄂西南民族文化生态区的形塑机制；国家在场是鄂西南民族文化生态区的整合机制；生计方式是鄂西南民族文化生态区的促进机制；移民流动是鄂西南民族文化生态区的突变机制。

关键词：鄂西南；文化生态区；动力机制

目　　录

导　论

一、选题缘由

在全球化、城市化、现代化、工业化的大背景之下，民族文化生态的失衡日益引起政府和学界的高度重视。基于保护优秀传统文化和维护文化多样性的需要，在借鉴和吸收国外相关经验的基础上，我国于 2007 年 6 月开始设立国家级文化生态保护实验区，设立初衷是以保护非物质文化遗产为核心，对历史文化积淀丰厚、存续状态良好，具有重要价值和鲜明特色的文化形态进行整体性保护，以实现"遗产丰富、氛围浓厚、特色鲜明、民众受益"的目标。武陵山区（鄂西南）土家族民族文化生态保护实验区于 2014 年 8 月获文化部正式批复成立，鄂西南作为武陵山区土家族苗族文化生态保护实验区的一个有机组成部分，同时也是一个自成一体、独具特色的亚区域。鄂西南地区是多民族聚居之地，是中华民族文化多样性、包容性、复合性特点的一个代表性区域。鄂西南的区域文化产生于特定的自然环境之中，经过漫长的历史发展，区域内群体不断与周边群体交流融合、演变传承而最终形成以巴文化为底色的区域文化类型。鄂西南民族的历史文化积淀深厚、种类繁多、风格独特，不仅是区域文化的一个重要组成部分，亦是中华民族文化遗产不可分割的一部分。本书试图厘清鄂西南民族文化生态区形成和发展的过程，总结各个历史时期的基本经验和特点，发现其规律，为当今文化生态保护区的建设提供经验，为更好地保护和传承民族优秀传统文化提供良好的个案研究实例。

（一）文化生态建设的重要性

文化生态是一个民族或国家经过长时间的历史积淀而形成的一种文化习惯，并且广泛存在于人们日常的生产生活之中。随着全球一体化的快速发展，各个国家和民族的文化生态都遭到了前所未有的冲击，在城市化、现代化和工业化的裹挟之下，大传统不断将小传统吞噬，地方性文化被全球性文化所淹没，各区域文化之间异质性减弱、同质性增强，区域特色锐减，本土文化消解，传统文化资源逐步流散。我国当前的文化生态也面临着巨大挑战，有鉴于此，我国在借鉴和吸收其他国家文化生态建设经验的基础上，分别在贵州六枝特区梭嘎乡建立生态博物馆，在云南建立民族文化生态村进行文化生态的实践，两地都在具体的实践中取得了显著成绩。结合实际情况，我国在 2006 年"十一五"计划中提出设立保护区的基本要求。自 2007 年 6 月第一个国家级文化生态保护区——闽南文化生态保护实验区设立以来，截至 2018 年 12 月，我国共设立国家文化生态保护实验区 21 个，各省（区、市）共设立了 146 个特色鲜明的省级文化生态保护区。文化生态保护实验区的设立，改变了以往重物轻人、重局部轻整体的保护模式，以见人见物见生活的方式将传统文化与当代生活有机结合，为延续中华文脉、守护中华文魂，建设中华民族共有精神家园开辟了一条新的道路。

（二）区域位置的特殊性

鄂西南民族地区地处我国内陆腹地，历史上各群体之间交往交流交融现象频繁，鄂西南民族所形成的区域性文化是中华民族文化多样性的重要组成部分。古代的鄂西南地区，周边分布有四大文化板块，分别是东部江汉平原地区的楚文化，西部成都平原的蜀文化，北部关中平原的秦文化以及南部山地的少数民族文化。在当代，鄂西南地区作为中西部的结合地带，其文化生态随着市场经济的快速发展面临着转型与重构。鄂西南地区以其特殊的地理位置成为周边群体互动的通道和走廊，其文化生态早期受到东西向的楚蜀文化影响较多，秦帝国建立以后，关中文化对此地的影响开始加大。从较长时期来看，鄂西南地区的本土文化早期受政治和军事影响居多，以朝贡和战争为主要互动形式；后期主要是受到经济和文化影响较深，以商业的繁荣和文化产业的兴起为主要代表。鄂西南特殊的山地环境和区域地理位置，使得该区域在历史上长期处于边缘地带，地方豪酋主导着社会秩序的运行，王朝力量相对缺失。山多田少，动植物和矿产资源丰富的特点，形成了鄂西南地区山地复合型的生计模式，移民群体的复杂性在推动当地社会进步和经济发展的同时，也带来了诸多的文化冲击与改变。随着国家权力的不断下沉和延伸，人口流动的双向性变化以及新技术的不断发明和使用，鄂西南地区的文化生态在新时期迎来了新的机遇与挑战，而鄂西南山地经济文化的模式始终是研究这一区域的重要切入点之一。

（三）历史文化资源的丰富性

在漫长的历史发展进程中，务实勤勉、百折不挠的鄂西南民族，经过早期以巴人为主体的多元混合型文化，逐渐形成具有地方性特色的文化生态体系。鄂西南民族在长期的社会生产实践中不断与所处的自然生态环境以及周边的社会群体进行互动和接触，在这一过程中，不断创造、积累、延续和创新自己的物质财富和精神家园。鄂西南地区的民族历史文化，种类繁多，历史悠久，内容丰富，风格独特。鄂西南民族地区的历史文化资源，主要体现在物质文化资源和非物质文化资源两个方面，其中物质文化资源在该区域分布有：早期古人类遗址、土司建筑、传统民居、古村古镇、宗教建筑、生产生活用具等；非物质文化资源方面，则体现在文学艺术、音乐歌舞、婚丧嫁娶、民间信仰、乡约民规等方面。鄂西南民族地区物质文化与非物质文化的交织汇聚，在不同程度上反映出鄂西南民族的历史发展进程，从中我们不仅可以观察到该区域民族文化产生、发展、演变的历史轨迹和发展脉络，更重要的是可以将历史文化资源与现实社会发展结合起来，为区域社会发展提供内生性动力。

二、研究意义

（一）理论意义

第一，鄂西南民族文化生态保护区是一个现代性的概念，但有着深刻的历史印记，是昨日的光影投射在今日的呈现。目前对于鄂西南民族文化生态保护区的研究主要集中在共时性的静态碎片化的研究层面，缺少历史厚度和文化底蕴。本书立足于历时性的动态整体性研究，回溯历史，拨开以往的层层迷雾，完整梳理鄂西南民族文化生态区的历史脉络和发展轨迹，以对当今和未来的区域性文化生态建设提供参考和借鉴，更为重要的是可以从历史视角，在个案微观层面丰富和完善中华民族多元一体的格局理论。

第二，这是对詹姆斯·斯科特所提出的"文明不上山"观点进行回应。山地经济文化类型是我国文化多样性的重要组成部分，本书认为其将山地视为国家对立面的观点是有待商榷的，在反驳斯科特这种简单的二元对立视角的同时，提出中央势力的外扩与边缘群体的内附是一个双向互动的历史过程。

第三，可以总结南方山地民族文化生态的生成规律和特殊价值，进一步丰富区域研究的理论框架。

（二）现实意义

鄂西南民族地区深居我国内陆腹地，是东西南北之间的连接地带，在历史上是连接中原与西南山区的通道，在今天是西部大开发的前沿阵地。鄂西南既是多民族历史文化的汇聚之地，亦是国家精准扶贫的重要区域之一，山地经济文化类型是该区域不变的底色，对该区域进行历时性的研究，有助于全面认识鄂西南民族地区文化生态的根基与特质，促进本地文化生态保护的进步与发展，也有助于借鉴历史经验，推动区域的良性可持续发展，实现鄂西南民族传统文化与现代化的有机结合。具体如下：

第一，有利于中华优秀传统文化的传承。近年来，国家实施了中华优秀传统文化传承体系建设、中国传统工艺振兴、特色村镇建设等一系列文化工程。鄂西南民族文化内容丰富，价值独特，是中华优秀传统文化不可分割的部分，鄂西南民族文化生态区是实施国家文化建设工程的重要基地，对中华优秀传统文化传承体系建设，优秀传统文化的传承创新，具有重要价值和作用。

第二，有利于鄂西南民族文化的整体性保护。近年来，鄂西南文物保护、历史文化遗址保护、传统村镇保护、非物质文化遗产的代表性名录和代表性传承人保护均取得了一定的成效。但在实践中，单一项目的保护出现了项目互不关联、重复投入、过度开发利用等问题。因此，需要加强文化生态区建设，划定保护的核心区域，协调文化保护的各种关系，最终达到整体性保护的目的。

第三，有利于鄂西南地区间、部门间协同推进生态保护区建设。鄂西南在地理上是一个整体，但分属恩施州、宜昌市两个行政区域。即使同在恩施州，各县市情况也不相同。文化生态保护分属多个区域和部门，条块分割严重，保护效果不佳。建设文化生态保护实验区，需要建立地区间、部门间文化遗产和生态保护的协同机制，形成合力，增强推动力。

第四，有利于完善鄂西南生态功能区的建设。鄂西南生态功能区建设，既包括自然生态建设，也包括文化生态建设。在借助技术力量进行生态功能区建设的同时，还应将文化对生态的改造、适应和保护结合起来，达到生态保护的科学化。因此，文化生态区建设可以与生态功能区建设形成互补，共同促进鄂西南生态文明建设。

三、核心概念界定

（一）鄂西南

鄂西南地区如同其他地区一样，历史上经历过多次行政区划的变迁。春秋时期，鄂西南为巴子国地，秦统一后，在鄂西南设州郡县以羁縻之。元设土司制度，先后于鄂西南建立大小土司共计 19 个。清雍正十三年（1735 年），各地纷纷改土归流，鄂西南分设施南府、长乐县、长阳县。1949 年后，在该区域设恩施专区和长阳、五峰（由长乐县更名）两县。1983 年，设置鄂西土家族苗族自治州，这是当时中国最年轻的自治州。1984 年 7 月，国务院批准设立长阳土家族自治县和五峰土家族自治县。1993 年 4 月改称恩施土家族苗族自治州，辖恩施（首府）、利川 2 个县级市和巴东、来凤、咸丰、建始、鹤峰、宣恩 6 个县。在不同的历史时期，鄂西南所辖地区虽有盈缩，但大体范围基本一致。根据地理相邻、文化相近的原则，本书所研究的鄂西南区域主要是指恩施土家族苗族自治州所辖的 8 个县市以及宜昌市所辖的长阳和五峰这两个土家族自治县，这既尊重历史传统，亦满足了研究的实际需要。

（二）文化区

文化区是人类文化的空间结构形式，亦是历史文化发展的累积与凝结。我国疆域广大，环境复杂，自新石器时代起，文化的区域分异一直十分显著，而且对各个时代的社会面貌产生过巨大影响。[①]文化区虽然是一个空间分类概念，但与时间概念紧密相关。文化区是人类不同文化连续发展的结果，如果仅从空间分布上研究文化区，忽视其形成和演进过程，是很难全面对文化区展开深入

---

① 苏秉奇.中国文明起源新探[M].北京：生活·读书·新知三联书店，1999；苏秉奇：关于考古学文化的区系类型问题[J].文物，1981（5）；张光直.古代中国考古学[M].沈阳：辽宁教育出版社，2002.

研究的。文化区的概念最早见于西方文化地理学派，但各国学者在表述上有所不同。法国的丹纳多用"环境"表示区位，德国的拉策尔则用"文化区域"表示区位。最早使用"文化区"一词的是美国的奥·梅森，他把拉丁美洲的土著文化划分成 18 个"文化区"。20 世纪初期的文化传播学派使用"文化圈"的概念说明文化的空间分布，但由于他们多从文化移动迁徙的角度论述"文化圈"的独立性和永久性，而没有从发展的角度对文化区域分布做深入的历史研究，因此，美国的文化历史学派摒弃"文化圈"而使用"文化区"的概念。

长期以来，对于文化区的概念众说纷纭，莫衷一是。美国人类学家克鲁伯和威斯勒都曾把文化区称为文化的空间类别，威斯勒（1923）提出的"年代与区域假说"，更是把文化区域视作复原文化历史的良好工具。[①] 萨皮尔（1946）曾论述道："文化区是地理上相互毗连的部族群体，这些群体拥有许多共同的文化特质，并以此与其他群体相区别。"[②] 此后，赫斯科维茨（1948）也指出，文化区域是同一地区发生的相似文化的丛体。[③] 吴毅、张小军（2014）认为，文化区一词的根源可以追溯到公元 1 世纪，之后人类学家发展了文化区的概念，将其定义为具有相似文化特征和人文现象的地区，并作为明确的社会、政治和经济实体的空间存在。[④] 吴必虎（1996）将文化区看成是一个具有连续空间范围、相对一致的自然环境特征、相同或近似的历史过程、具有某种亲缘关系的民族传统和人口作用过程的、具有一定共性的文化景观构成的地理区域。文化区是历史的产物，并认为中国文化区的形成受到三方面的影响：地理环境、历史发展以及两者结合而形成的历史区位关系。[⑤] 蓝万炼（2000）认为，文化区是具有某种共同文化属性的人群所占据的地区，它是在政治、社会、经济等方面具有独特的统一功能的空间单位。[⑥]

朱汉民（2005）指出，文化区是一种时空统一的实体，应充分考虑在特定

---

① A.L.Kroeber, Anthropology, New York, 1948, C.Wissler, Man and Culture, NewYork, 1923.

② 芮逸夫.《人类学》"文化区域条"[M].台湾：商务印书馆，1975.

③ Herskovits, Melville J. Man and IIis Works, New York, knopf, 1948：183.

④ 吴毅，张小军.多民族地区的乡市化与文化区发展[J].北方民族大学学报，2014（6）.

⑤ 吴必虎.中国文化区的形成与划分[J].学术月刊，1996（3）.

⑥ 蓝万炼.论文化区研究的几个问题[J].湖南社会科学，2000（3）.

时空范围之内的文化演变和发展的过程。而文化区的形成则是在历史传统、自然环境和社会条件三者综合作用而形成的。[①] 周泓（2014）认为，文化多样性是文化区理论的根基，而文化区概念的发展主要则受益于地理学、民族学、人类学和经济学等学科的发展。[②] 雷虹霁（2002）认为，文化区的形成和发展是一个历史的过程，历史事件依据一定的地理空间而发展，地理空间因历史事件的发生而有意义。所以在文化区内研究文化史不仅成为一种可能而且非常必要。[③] 张晓虹（2004）指出，文化区一般有三种概念：形式文化区、功能文化区和乡土文化区。[④] 其中，形式文化区[⑤] 是一种或多种相互联系的文化特征所分布的地理范围；功能文化区是受政治、经济或社会功能影响的文化特征空间；乡土文化区[⑥]（感觉文化区）是人们对文化区域的一种体认，既存在于区域内居民的心目之中，也得到区域外人们的广泛承认。司马云杰（2001）认为，文化区是有着类似文化特质的区域[⑦]。这可以从三个方面考察：文化区是文化特质的区域分类；文化区是一个历史概念；一个文化区是一种历史区域形成的文化环境，其居民的心理、性格、行为都带有该区域文化的特征。

综合上述观点，本书所使用的文化区概念是指在一定的地理空间范围内，经过人群社会长期历史积淀而形成的有别于其他地理空间的文化特质，主要表现在空间内部的文化特质相对一致性与外部的文化特质相对差异性。

（三）文化生态

文化生态的概念最早由美国人类学家斯图尔德 1955 年在其代表作《文化变迁论：多线进化方法论》中提出。广义指"人类在社会历史实践中创造的物质财富和精神财富所显露的美好的姿态或生动的意态"，狭义指"社会的意识形

①　朱汉民.文化区域的空间性与时间性 [N].光明日报，2005-05-25.

②　周泓.多元生成文化区论说——以新疆历史地缘文化区为例 [J].北方民族大学学报，2014（6）.

③　雷虹霁.秦文化区域与区域文化研究综论 [J].民族艺术，2002（2）.

④　张晓虹.文化区域的分异与整合 [M].上海：上海书店出版社，2004：4.

⑤　王恩涌.文化地理学 [M].南京：江苏教育出版社，1995：42.

⑥　张伟然.湖北历史文化地理研究 [M].武汉：湖北教育出版社，2000：222.

⑦　司马云杰.文化社会学 [M].北京：中国社会科学出版社，2001：195-197.

态以及与之相适应的制度和组织机构，通常泛指人类在社会历史实践中所创造的物质财富和精神财富的状况和环境"。① 方李莉（2001）认为，文化生态是以一种类似自然生态的概念，把人类文化的各个部分看成是一个相互作用的整体，而正是这样互相作用的方式才使得人类的文化历久不衰，导向平衡。② 魏美仙（2002）认为，文化生态是一种文化的自然生态与人文生态的综合。③ 邓先瑞（2003）认为，文化生态旨在研究文化与生态环境的相互关系，它是生态学产生并发展到一定阶段后与文化嫁接的一个新概念。④

李学江（2004）认为，对于文化生态这一概念的界定，学界有两种不同的视角，一种从文化人类学的视角出发，认为文化生态是各民族、各地区自然形成的、原生态的、祖先传下来的文化存在状况，是植根于各地不同的自然生态环境、具有鲜明地域特征和民族特征的文化存在状况。它揭示了文化产生、发展、变迁的规律与其所处自然环境之间的关系。另一种视角从文化哲学的视角，从文化的各个不同元素之间的关系、不同文化之间的相互影响来界定文化生态，认为它指的是一定时期一定社会文化大系统内部各种具体文化形态之间相互影响、相互作用、相互制约的方式和状态。⑤ 高建明（2005）认为，所谓文化生态是借用生态学的方法研究文化的一个概念，是关于文化性质、存在状态的一个概念，表征的是文化如同生命体一样也具有生态特征，文化体系作为类似于生态系统中的一个体系而存在。

段超（2005）认为，文化生态是影响文化生存、发展的各要素的有机统一体，它包括文化的自然生态（或称自然环境）和社会生态（或称文化生态、社会环境）两方面。文化生态是维系文化生成和发展的基础，应注意研究有关民族文化事象生成、发展、演变的规律，将文化生态建设与自然生态建设结合起来。⑥ 刘魁立（2007）认为，关于文化生态的研究，大致可以分为侧重解释文化变迁的生态学研究和把文化类比为生态整体的文化研究。前者把文化置于生态之中，

---

① Steward J. Theory of Culture Change[M].Urbana: University of Illinois Press, 1955.

② 方李莉. 文化生态失衡问题的提出 [J]. 北京大学学报，2001（3）.

③ 魏美仙. 文化生态：民族文化传承研究的一个视角 [J]. 学术探索，2002（4）.

④ 邓先瑞. 试论文化生态及其研究意义 [J]. 华中师范大学学报，2003（1）.

⑤ 李学江. 生态文化与文化生态论析 [J]. 理论学刊，2004（10）.

⑥ 段超. 再论民族文化生态的保护和建设 [J]. 中南民族大学学报，2005（4）.

侧重研究文化演变与生态的其他部分的关系；后者把文化类比为和生态一样的整体，虽然也顾及文化与自然环境的关系，但是侧重研究文化与社会的关系。这些研究一方面为我们提供理论和范例，另一方面为我们提供观念和方法论的借鉴。[①] 王晖（2009）认为，文化生态是一个自然—社会—经济复合生态系统，人的活动是构成这一系统的重要因素。[②]

张松（2009）认为，文化生态是一种历史过程的动态积淀，是为社会成员所共享的生存方式和区域现实人文状况的反映，它与特定区域的地理生态环境和历史文化传承有着密不可分的因缘关系。[③] 朱以青（2012）认为，文化生态指的是人类文化赖以生存的自然环境和社会环境。[④] 周桂英（2012）认为，文化生态是一个由各种文化相互影响并且相互作用而形成的动态系统，其中的每一种文化就像自然生态系统中的一个物种，是文化生态系统中的一个个鲜活的生命个体，各种不同的文化构成了一个多姿多彩的世界文化生态圈。[⑤] 宋曾文等（2013）认为，文化生态主要是指人类的文化和行为与其所处的环境之间的相互作用。[⑥]

学界关于文化生态的概念可以划分为三大类[⑦]：其一，将文化生态视为各种文化相互作用、相互影响而形成的动态系统，以冯天瑜、方李莉、孙兆刚、李学江等为代表；其二，认为文化生态是文化系统与生态环境系统的耦合，以司马云杰、邓先瑞、魏美仙为代表；其三，文化生态是一种新文化理念，以余谋昌、陈寿朋、杨立新等为代表。综合上述观点，本书用的文化生态概念是指人类在适应自然环境和社会环境的基础上，不断生产和创造的各类文

①　刘魁立. 文化生态保护区问题刍议 [J]. 浙江师范大学学报，2007（3）.

②　王晖. 文化生态问题中的文化主体保护 [J]. 求索，2009（2）.

③　张松. 文化生态的区域性保护策略探讨——以徽州文化生态保护实验区为例 [J]. 同济大学学报，2009（3）.

④　朱以青. 文化生态保护与文化可持续发展——兼论中国的非物质文化遗产保护 [J]. 山东大学学报，2012（2）.

⑤　周桂英. 文化生态观照下的全球文化互动图式研究 [J]. 江西社会科学，2012（10）.

⑥　宋增文，等. 文化生态保护实验区文化生态旅游发展研究——以热贡文化生态保护实验区为例 [J]. 中国人口.资源与环境，2013（5）.

⑦　熊春林，等. 国内文化生态研究述评 [J]. 生态经济，2010（3）.

化成果的总和。

（四）多元文化

我国是一个多民族国家，多元性是中华民族文化的一个基本特点。不同的民族创造了不同的历史、语言、宗教、艺术，共同构成了丰富、多样的中华民族文化。各民族既有独特的本民族文化，也在历史发展过程中互相学习、互相借鉴，形成了多民族共享的文化。经济交往、文化交流和人口流动，形成了众多的多民族杂居地区。不同民族的人们，既共享着一定的文化，也传承着独具特色的文化，形成多民族地区色彩斑斓的文化共生景观，用生动的形式彰显着中华文化的博大精深。

费孝通（1999）认为，结合自己半个世纪以来的民族工作，从人类学、考古学、历史学、地理学、语言学等多学科出发，综合分析了中华民族多点起源、区域性的多元统一、汉民族作为凝聚的核心以及民族之间的交往融合，运用长时段的整体性视角对中华民族形成的历史过程进行了深入研究，提出中华民族多元一体格局的理论思想。[①] 宋蜀华（2002）认为，中国是一个拥有多种生态环境和多元文化的多民族国家。由于地域辽阔，地理生态环境复杂多样，各民族生活于不同的地理环境，在对环境的适应和改造过程中，创造出各具特色的文化。[②]鲁西奇（2014）认为多元文化产生的基础是区域自然的多样性、区域人群的多样性和人群对多样性自然的适应、抉择与互动的多样性，最终形成文化的多样性和多元文化。[③]王明珂（2016）认为，人类社会复杂多变的文化可以从四个层面进行分析，人群所在的自然生态环境，在此基础之上进行的经济生产和社会结群，最终通过文化表征反映出来。[④]

文化多元是历史和现实的存在。由于地理条件、生产方式以及偶然性等因素的影响和制约，各民族的生活方式自然形成差异，文化呈现多元。由于人是社会性生物，人类社会在发展进程中会逐渐形成人类所特有的理性，形成不同的文化，不同文化之间或因迁徙，或因种族的生存和延续，或因保护和争夺稀

---

① 费孝通.中华民族多元一体格局（修订本）[M].北京：中央民族大学出版社，1999.

② 宋蜀华.论中国的民族文化、生态环境与可持续发展的关系[J].贵州民族研究，2002（4）.

③ 鲁西奇.中国历史的空间结构[M].桂林：广西师范大学出版社，2014.

④ 王明珂.史学反思与反思史学——文本与表征分析[M].上海：上海人民出版社，2016.

缺的物质生活资源而相遇，产生文化交融。中国多元文化的基础是地域辽阔、人口众多、历史漫长，表现在生物多样性、文化多样性和人群多样性三个方面。多元文化可以从不同的历史时期和不同的地域进行界定。因为文化是由人类创造并使用的，是以人为载体进行演进、传播和再生的。人的活动有一定的时空范围限制，但同时也具有一定的流动性和主动性，在不断地与外界发生联系和互动时，文化就具有了多样性这个核心特质。鄂西南民族文化生态区是多民族聚居之地，亦是多元文化共生之所，更是中华民族文化的多样性、包容性、复合性特点的一个典型代表区域。

四、研究综述

（一）国外有关文化生态研究的综述

人与自然的关系一直是各个学科的经典议题。"尽管我们许多人居住在有着先进技术的城市化社会，但仍然像我们以狩猎和采集食物为生的祖先那样依赖地球的自然系统。"[①] 早期西方学术界深受"环境决定论"的影响，以法国的孟德斯鸠和英国的巴克尔为代表[②]，其主要观点是以地理环境为唯一因素，以致发展到以气候因素来解释国家、人种和民族优劣的论调盛行一时。环境决定论的思想渊源可追溯到古希腊罗马时代，其中对当时和后世影响最大的莫过于德国学者 F. 拉策尔（1844—1904）。F. 拉策尔在其著作《民族学》和《人类地理学》中，通过考察人种、民族和文化的分布、传播与模仿，进一步探索民族及其文化与自然环境的关系[③]。F. 拉策尔关于地理分区、民族文化分布和传播的理论，对后期的地理学和人类学都产生了极为深远的影响。

20 世纪 20—40 年代，继拉策尔之后，人类学依然较为明显地倾向人文地理学。20 世纪前期，以博厄斯为代表的美国人类学家注重区域调查和实证研究，很多学者展开了对文化要素分布和传播问题的研究，以阐释自然环境和民族文化之间的关系。文化区的概念首先由博厄斯的学生威斯勒提出，继而由克鲁伯

---

① ［美］恩特·R. 布朗 . 生态经济：有利于地球的经济构想 [M]. 林自新，译 . 北京：东方出版社，2003：5.

② 王恩涌 . 文化地理学导论 [M]. 北京：高等教育出版社，1989：24.

③ ［日］今西锦司 . 民族地理（上卷）[M]. 北京：商务印书馆，1965：11-17.

发展，极大地推动了民族文化地域研究的发展。威斯勒在《美洲印第安人》（1922）一书中，将新大陆原住民的文化设定为 15 个文化区域，并认为，"赋予文化地域特性的因素是经济形态，尤其是食物获取手段，即表现于部落生活中最显著的地域特性乃是食物的获取。"[①] 克鲁伯重视与自然环境差异相对应而表现出的文化特征差异，据此在其专著《北美土著民的文化区域和自然区域》（1939）一书中，将北美洲分为 6 个大文化区 21 个小文化区 [②]。

威斯勒和克鲁伯有关"文化区域"的研究，都是着眼于与自然环境差异相对应的文化差异，并指出不同的文化区即不同的地域文化乃是经济形态和以作为生存资料的植被为基础的文化，这种论点已经看到人类文化与自然环境的本质关系，可以说初具生态学的基本内涵。拉策尔倡导了民族及文化的地理分布和传播的研究；威斯勒和克鲁伯创立了进一步研究文化分布及地域特征的"文化区域"概念，并已经注意到对应于自然环境的文化层面。然而，人类文化为什么总是因自然环境的差异而不同，并且总是表现出惊人的对应关系呢？对此，威斯勒和克鲁伯并没有做出合理的解释。

20 世纪 50 年代，后继者斯图尔德的贡献在于对这个问题进行了回应：以生计为中心的文化的多样性，其实就是人类适应多样化的自然环境的结果。斯图尔德的学说之所以被视为人类学独树一帜的方法论，且被称为跨学科的文化生态学，原因就在于他把生态学的"适应"概念引入到人类学并运用于文化及其演化的阐释中来。[③] 适应，一方面承认自然环境对具有生物属性的人类具有不可忽视的强大规约性；另一方面又强调具有社会属性的人类对自然环境所具有的认知、利用甚至改造的能力。"适应"一词勾连人类与环境，阐释了文化及其演化的基本状态。斯图尔德 1955 年首次在《文化变迁论》中提出"文化生态学"的概念，强调人类生态学和社会生态学的不同，并借以说明不同区域的文化特征，探讨这种文化起源的学科即为文化生态学。[④] 尽管其学说有诸多不当之处，也曾招致激烈的批判，但是其倡导的对地域集团的生产形态和生存环境进行细

---

① [日] 今西锦司. 民族地理（上卷）[M]. 北京：商务印书馆，1965：18-20.

② [日] 今西锦司. 民族地理（上卷）[M]. 北京：商务印书馆，1965：12-19.

③ 黄应贵. 见证与诠释——当代人类学家 [M]. 台湾：正中书局，1992：180.

④ [美] 朱利安·斯图尔德 [M]. 谭卫华，罗康隆，译. 贵阳：贵州人民出版社，2013：20-26.

致研究的做法，逐渐成为文化生态学的主要研究方法。

20 世纪 60—70 年代，格尔茨在《农业过密化》（1963）中首次提出在文化人类学研究中运用生态系统方法。1968 年，美国人类学家韦达和拉帕波特正式使用"生态人类学"一词。然而，在确定正式名称之前，其实际工作早已在田野中展开。莫斯关于爱斯基摩人①季节性生产活动的分析，普理查德关于努尔人②在雨季和旱季对游牧区域选择的分析，都曾涉及自然环境与人类文化活动的双向影响。这一时期先后产生了三部重要作品，分别是内廷《尼日利亚的山地农民》（1968）、拉帕波特《献给祖先的猪——新几内亚人生态中的仪式》（1968）、贝内特《北方平原居民》（1969）。其中，拉帕波特作为第一代受到斯图尔德影响的人类学家，他从人口、种群、经济、生计等方面论述了生态环境与文化仪式的相互影响，并在斯图尔德研究思路的基础上发展了生态人类学的研究，拓宽了研究视野，其作品《献给祖先的猪》是前人研究成果的集大成之作，是早期文化生态学成果的集中体现，被视为文化生态学研究的典范之作。拉帕波特并非只是继承前人的成果和理论，而是进一步克服和改进前人的不足，如对斯图尔德提出的"文化核心"概念仅仅停留在技术层面，而未涉及仪式和意识形态与环境的相互作用，进行了全面的反思和重述，并在此基础之上全面应用生态系统理论，为研究人与生态系统内部复杂的内在动力和运行机制提供了基础，为研究有人类参与的生态系统和无人类参与的生态系统提供了可能。拉帕波特将研究视角从过去的环境如何促进人类社会文化的发展，转变为社会文化如何维持与环境的互动关系。其将生态系统视为一个单元进行分析和定量统计的研究方法被广泛应用，如艾伦关于印尼、文莱的土著及森林的研究，内汀关于尼日利亚乔斯高原的克夫亚居民的研究，莫兰关于巴西亚马孙河流域农业的研究，班尼特关于美国和加拿大中西部以及北部平原农业的研究，英格尔德关于芬兰的北极萨米语居民的畜牧业的研究等，都是在拉帕波特之后持续关

---

① ［法］马塞尔·莫斯. 论关于爱斯基摩人社会季节性变化：社会形态学研究 [M]. 佘碧平，译. 社会学与人类学. 上海：上海译文出版社，2003.

② ［英］埃文斯·普理查德. 努尔人——对一个尼罗特人群生活方式和政治制度的描述 [M]. 褚建芳，译. 北京：商务印书馆，2013.

注人与环境互动研究的成果①。

　　20 世纪 60—70 年代，是欧美公众对环境问题热情高涨的阶段，同时也是生态人类学迅速发展的时期，出版了一系列讨论生态人类学概念和研究方法的书籍②。这一时期人们针对斯图尔特和怀特的相似和不同之处展开了讨论。该阶段有两个主要趋势：一种是新进化论，认为斯图尔特和怀特都是正确的；另一种是新功能主义，认为他们都是错误的。新进化论学派的研究深受卡尔·波兰尼③基于互惠和重新分配，以及市场交换而提出的三种经济形式的影响。一些研究考察了明显的文化倒退，或者是从文化进化中高级阶段退化到低级阶段，他们把这些例子看作是异常情况，并用来加强对新进化论中一般进化的说明，而他们强调更多的多元特殊进化则是对斯图尔特理论的健全和完善。其中，塞维斯④综合采用一般的系统理论、考古学家和社会人类学家的方法来研究农业的起源和国家的形成。新功能主义⑤以马文·哈里斯、维达和拉帕波特为代表，立足于社会组织和文化，以此来揭示相关人群对所处环境的文化适应，并以此评估文化适应的具体功能。应该说，尽管新功能主义与斯图尔特和怀特的研究有相同之处，但是他们的区别更加明显，新功能主义是把当地人群而非文化模式当作研究单位。

　　20 世纪 80 年代，马文·哈里斯作为斯图尔德⑥和怀特⑦的学生，继承了文

---

　　① [美]罗伊·A.拉帕波特.献给祖先的猪——新几内亚人生态中的仪式[M].赵玉燕，译.北京：商务印书馆，2016：1-5.

　　② Patricia K.Townsend，Enviomental Anthropology_From Pigs to Policies[M]. Long Grove：Waveland Press，2009：11.

　　③ [匈牙利]卡尔·波兰尼.大转型：我们时代的政治与经济起源[M].冯刚，译.杭州：浙江人民出版社，2009.

　　④ [美]莱宾·塞维斯.原始社会组织的演进[M].李洪斌，译.昆明：云南人民出版社，1999.

　　⑤ 新功能主义是在对前期以斯图尔德为代表的文化生态学理论的继承与批判基础之上发转起来的，其与前期不同的特质主要集中在对人群的研究视角上，其中以哈里斯最具代表性。

　　⑥ [美]朱利安·斯图尔德.文化变迁论[M].谭卫华，译.贵阳：贵州人民出版社，2013.

　　⑦ [美]莱斯利·A.怀特.文化科学：人和文明的研究[M].曹锦清，译.杭州：浙江人民出版社，1988.

化生态学和新进化论的主要思想，并在此基础上吸收马克思的学说[①]，形成了独具特色的文化唯物主义理论。马文·哈里斯从自然环境的角度解释了社会文化及其发展，认为所有的文化特征都是人类对自然环境适应的结果，并在此基础上提出了"基础结构决定论原则"[②]：客位行为的生产方式和人口再生产方式，通过决定客位行为的家庭经济和政治经济，进而决定作为思想的上层建筑。哈里斯的文化唯物主义避免了斯图尔德将文化特征划分为文化核和遗留物（即次级特征、二级特征）所引起的理论和方法上的困难。但是，哈里斯还是滑向了他曾小心翼翼要避开的环境决定论陷阱；他认为，在与环境有关的物质条件范围内，所有的文化特征都具有生态意义。哈里斯的最大贡献是系统地提出了对此后整个人类学界产生深远影响的主位和客位研究方法，前者是指旁观者使用对参与者富有意义的、适合参与者的概念和分类，后者是指旁观者使用对旁观者富有意义的、适合旁观者的概念和分类。主位方法的特点是提高本地人中提供信息者的地位，将其描述和分析作为最终的判断依据。客位方法的特点是提高旁观者的地位，将其在描述和分析中使用的范畴与概念作为最终的判断依据。哈里斯以对印度禁忌吃牛肉的研究[③]为例具体说明以上两种研究方法：从客位方法（人类学家所处的西方文化认知框架）来看，这种禁忌是非理性的，牛肉一直是西方人的主要食物之一；从主位方法（当地人的思维方式）来看，这种禁忌是理性的，因为在印度，牛有着其他动物无法替代的用途——提供牛奶、耕地、运输以及可作为燃料、肥料及地面覆盖物的粪便，这样禁吃牛肉实际上是维护着一个社区的存在与发展。主位方法与客位方法使人类学家既考虑到世界文化的普遍性，又关注到世界文化的多元性与差异性[④]。哈里斯的理论构架周详而庞大，对生态人类学发展意义重大，不过同文化生态学一样，唯物论者也过于

---

① 马克思认为，"物质生活的生产方式制约着整个社会生活、政治生活和精神生活。不是人们的意识决定人们的社会存在，相反，是人们的社会存在决定人们的意识。"引自：《马克思恩格斯选集》1995 年版，第二卷，人民出版社，第 82 页。

② 马文·哈里斯 . 文化唯物主义 [M]. 北京：华夏出版社，1989：65.

③ [美] 马文·哈里斯 . 好吃：食物与文化之谜 [M]. 叶舒宪，译 . 济南：山东画报出版社，2001：136–152.

④ [美] 杰里·D. 穆尔 . 人类学家的文化见解 [M]. 欧阳敏，等，译 . 北京：商务印书馆，2009：230.

强调环境的作用，将文化视为功利性的、适应性的工具，具有一定局限性。

20世纪90年代以来的生态人类学有两大发展趋势[①]：反对极端的文化相对论，在后现代主义的影响下失去自身的同一性。极端的文化相对论在倡导所有文化平等的同时，也强调不同文化之间的不可比性和不可翻译性，即不同文化互为分离的实体。这就否定了文化之间交流沟通和跨文化比较的可能性，这与当今全球范围内不同文化之间存在频繁而广泛的交流沟通的事实不符合，也与人类学家一直行之有效的研究方法——跨文化比较法相矛盾。甚至可以说，由于人类学的学科宗旨在于理解文化，极端的文化相对论否认某个社区或社会之外的人能理解该社区或社会的文化，从而在根本上动摇了人类学存在和发展的根基。因为极端的文化相对论有此缺陷，就不断有人类学家对其提出质疑和异议，从而推动了人类学的发展，并使倡导使用人类学知识服务社会的应用人类学获得了理论依据。后现代主义一直与人类学有不解之缘：列维·施特劳斯的结构主义人类学推动了波及法国人文社科界的结构主义和解构主义的兴起，之后以解构主义为先锋，萌芽于法国的后现代主义迅速在英美世界呈星火燎原之势，并且影响至今。在此过程中，人类学也对源于自身的后现代主义作出种种回应，相继兴起了民族生态学、实验民族志、反思民族志及女性主义人类学等。

民族生态学一方面采用结构语言学研究方法，像后现代主义一样关注话语。另一方面，受到后现代主义反对整个西方传统关于肉体与心灵、行动与思考、女人与男人、自然与文化之间的二元对立的启发，提出"环境是文化建构的产物"的观点。这使得生态人类学能更深入地看待自然、文化与人之间的关系，逐渐形成了多样性的理论观点。此外，后现代主义主要是一种文本层面的话语，这使得生态人类学逐渐偏重文化研究：从自然看／决定文化的视角（环境决定论）逐渐转变为从文化看／决定自然的视角（民族生态学）。由于主流文化人类学（美国历史特殊论学派）一直坚持文化只能被文化解释的信条，所以生态人类学视角的转换在一定程度上可以说是与美国主流人类学合流的标志。

---

① Conrad Kottak.The new ecological anthropology[J].American Anthropologist, 1999, 101（1）；
Arturo Escobar.After Nature：Steps to an Anti-essentialist Political Ecology[J].Current Anthropology, 1999, 40（1）.

在以上两层意义上，米尔顿认为生态人类学失去了自身的同一性①，而这恰恰是生态人类学仍然在发展的标志之一。

生态人类学家早已认同，生态学的工具对理解传统民族的文化至关重要。这项研究不仅是一项极深奥的纯学术探讨，而且对于当前的生态安全维护具有直接的现实意义。美国俄勒冈大学人类学系的比尔赛克在回顾拉帕波特的新生态学基础上，指出生态人类学发展的新趋势——复数的新生态学或多种生态学的理论特点②。比尔赛克认为，旧生态人类学往往陷于唯物主义与唯心主义的二元对立中。唯物论者强调文化的物质效果，将文化视为功利性的、适应性的工具，而唯心论者则将文化看作是独立自决的现实秩序。无论是唯物论者还是唯心论者，都只关心那些边界明确的、稳定的、自我调控的地方实体及其所生存的环境。新生态人类学则超越旧的自然—文化、唯物主义—唯心主义的两分法和化约论，关注全球化和地方—世界的关系，是一种反化约论的唯物主义，具有较强的综合性。旧生态人类学持自然—文化的两分法，认为自然是先于人类的客观存在，具有不依赖于社会的独立运行秩序，提供了建立人类社会所需的原材料，而文化则是人类在自然的基础上建立起来的独特的生存适应方式。历史生态学则不完全同意上述看法，提出环境是文化建构的。环境是一定文化历史条件下的产物，是人们实践的积淀，是各种社会关系和社会互动的体现，是一件"工艺品"（符号和物质的双重意义上）。人类和环境的关系是辩证的，在重塑自然的过程中，社会也重塑了自己。新生态人类学的一个显著特点就是拒绝了原来的"文化孤岛"概念，将文化当作是无时间的和纯粹孤立的观点已经过时了。原来被当作是对当地体系的搅扰与扭曲的外界影响与历史变迁，现在则成为了关注的焦点。③总之，在生态人类学看来，环境不再是封闭单位内某民族生存方式简单而直接的原因，而是现代世界中政治、经济、社会、文化、历史等多种因素共同作用的表现。生态人类学既不是以生态为重地，也不是以文化为重地，而是将两者

---

① [英]凯·米尔顿.环境决定论与文化理论——对环境话语中的人类学角色的探索[M].袁同凯，周建新，译.北京：民族出版社，2007：217-226.

② Aletta Biersack. Introduction：From the 'NewEcology' to the New Ecologies[J].American Anthropologist，1999（1）.

③ Peter Brosius. Analyses and Interventions：Anthropological Engagements with Environmentalism[J]. Current Anthropology，1999,40（3）.

巧妙地结合起来，因为人们毕竟是生活在一体化的世界之中。

西方文化生态学的早期研究以孟德斯鸠和拉策尔的地理环境决定论为代表，曾长期占据西方学界的主流阵地，发展至以博厄斯、威斯勒和克鲁伯为代表的地理环境可能论逐渐深入人心，再至斯图尔德为代表的文化生态学观点盛行一时，直至拉帕波特的著作《献给祖先的猪》问世——成为早期文化生态学的集大成者，而后以哈里斯为代表的文化唯物主义逐渐兴起，到最后深受后现代主义思潮影响而产生的环境人类学应运而生，文化生态学的名称一直在变更，但其研究的主题——人与自然的关系则始终不变。回顾文化生态学的百年进展，有助于我们将自然科学的生态系统运用至人文社会的社会文化研究领域，可以兼具自然科学的理性实证和社会科学的人文关怀。这一学术流派的著作和观点对于本土学者而言，似乎异常遥远，而事实上，中国的人类学在发展之初便与文化生态学有着千丝万缕的联系。

（二）国内有关文化生态的研究综述

在我国，人类学、社会学、民族学、地理学等学科均为 20 世纪早期从西方引入的学科。20 世纪 30—40 年代，中国民族学已经出现功能学派和历史学派等多种学派的分化①，在文化地理学领域，也有部分译作问世，但是关于民族地理文化的研究依然较为少见。20 世纪 50—60 年代，在完成的民族调查报告中，几乎都涉及民族分布、自然资源、地理环境以及生计方式的记录。文化与自然的关系研究始终没有完全停止。1958 年，林耀华与苏联民族学家切博克沙罗夫合作编写的《中国经济文化类型》，便是运用经济文化类型理论，从纵横两个方向对中国乃至东亚的经济文化类型进行了细致的划分，并阐述了各种类型的特征及其地理与生态基础。林耀华认为，"东亚各族的各个经济文化类型，反映着他们处在不同自然地理条件下社会经济发展的特点。"② 林耀华的经济文化类型观与美国的文化区域学派和斯图尔德的文化生态学显然存在某些共同之处。而有所差异的是，林耀华重视自然环境所影响的横向的经济文化类型的同时，还强调各个社会经济发展阶段的纵向的采集、渔猎、犁耕农业三组经济文化类

---

① 王建民. 中国民族学史：上卷 [M]. 昆明：云南教育出版社，1997：140–152.

② 林耀华. 中国经济文化类型 [M]// 民族学研究. 北京：中国社会科学出版社，1985：104.

型的进化，形成了环境影响论和社会进化论相结合的阐述方式。

20世纪80年代，沉寂了近20年的中国人类学开始迅速恢复。人与自然的相关研究也开始进入到一个活跃期。这一时期，主要是对国外的文化生态学进行翻译和介绍，了解和认知国外对于该领域的研究动态。其中，较具有代表性的有科兹洛夫的《民族生态学研究的主要问题》（1984）、内亭的《文化生态学与生态人类学》（1985）、绫部恒雄的《文化人类学的十五种理论》（1986）、田中二郎的《生态人类学——生态与人类文化的关系》（1988）、斯图尔德的《文化变迁的理论》（1989）、唐纳德·哈迪斯蒂的《生态人类学》（2002）、秋道智弥的《生态人类学》（2006）[1]等。此后，在杨堃、林耀华、童恩正、陈国强、龚佩华、宋蜀华、白振声、和少英、庄孔韶等编著或编译的人类学和民族学通论、概论以及人类学和民族学的理论与方法等著作中，都有文化生态学和生态人类学的专章、专节的介绍和论述。

20世纪末21世纪初，以中央民族大学的宋蜀华为代表，提出的"生态文化区"概念，论述生存环境与民族发展繁荣和民族文化的关系，根据中国历史文化生态的状况划分出八个大的生态文化区，并强调了传统文化与现代化的矛盾和调适。并进一步指出："我国是一个多民族、多种生态环境和多元文化的国家，正确处理三者之间的关系，对促进民族发展和进步，适应现代化具有现实意义"[2]。在宋蜀华之后，中央民族大学的张海洋、杨圣敏、任国英等继续从事相关研究。而后以云南大学的尹绍亭教授为代表，以吉首大学的杨庭硕、罗康隆为代表的学术团体，逐渐兴起。其中在这一阶段，仍有学者[3]对生态人类学的思想、理论与方法进行持续的关注和评述。

其一，关于文化生态学理论的探索研究。尹绍亭是国内较早运用生态系统

① 祁进玉. 生态人类学研究: 中国经验30年（1978—2008）[J]. 广西民族研究, 2009年（1）: 47-50.

② 宋蜀华. 人类学研究与中国民族生态环境和传统文化的关系 [J]. 中央民族大学学报, 1996（4）: 64-67.

③ 李霞. 文化人类学的一门分支学科: 生态人类学 [J]. 民族研究, 2005（5）; 罗康隆. 生态人类学述略 [J]. 吉首大学学报, 2004（3）; 任国英. 生态人类学的主要理论及其发展 [J]. 黑龙江民族丛刊, 2004（5）; 尹绍亭. 人类学生态环境史研究的理论与方法 [J]. 广西民族大学学报, 2010（2）。

论的学者之一，并根据实地调查和文献资料，对云南地区的文化与生态环境进行深度阐释，先后完成《一个充满争议的文化生态体系》（1991）、《云南刀耕火种志》（1994），这两本著作皆为中国文化生态学的开创之作。[①] 而后杨庭硕[②] 等人撰写的《民族、文化、生境》（1992），以细腻的文笔论述了民族与所处生态环境之间的互动关系。高力士[③]《西双版纳傣族传统灌溉与环保研究》（1999）、尹绍亭[④]《人与森林：生态人类学视野中的刀耕火种》（2000）、杨庭硕《人类的根基：生态人类学视野中的水土资源》[⑤]（2004）、罗康隆《文化适应与文化制衡：基于人类生态文化的思考》[⑥]（2007）等多部书籍分别依据不同的实证材料，完善了文化生态学理论的建构。在大量书目出版的过程中，相关论文也集中出现。其中，《贵州民族学院学报》在 2006 年第 6 期开设生态人类学研究专栏[⑦]，讨论理论方法本土化问题。2006 年吉首大学以空间理论建构为依据，推出系列丛书四本[⑧]，研究区域主要集中在湘黔地区，部分学者[⑨] 逐步

① 尹绍. 一个充满争议的文化生态体系 [M]. 昆明：云南人民出版社，1991；云南刀耕火种志 [M]. 昆明：云南人民出版社，1994.

② 杨庭硕，罗康隆，潘盛之. 民族、文化与生境 [M]. 贵阳：贵州人民出版社，1992.

③ 高力士. 西双版纳的传统灌溉与环保研究 [M]. 何昌邑，译. 昆明：云南人民出版社版，1999.

④ 尹绍亭. 人与森林：生态人类学视野中的刀耕火种 [M]. 昆明：云南教育出版社，2000.

⑤ 扬庭硕，等. 人类的根基：生态人类学视野中的水土资源 [M]. 昆明：云南大学出版社，2004.

⑥ 罗康隆. 文化适应与文化制衡：基于人类生态文化的思考 [M]. 北京：民族出版社，2007.

⑦ 崔海洋. 生态人类学的理论构架论略. 麻春霞. 生态人类学的方法论. 陆永刚. 生态人类学的研究对象和方法. 田红. 生态人类学的学科定位 [J]// 贵州民族学院学报，2006（6）.

⑧ 罗康隆. 发展与代价：中国少数民族经济发展问题 [M]. 北京：民族出版社，2006；杨庭硕. 生态人类学导论 [M]. 北京：民族出版社，2007；杨庭硕，田红. 本土生态知识引论 [M]. 北京：民族出版社，2010；罗康隆. 传统文化中的生计策略：以侗族为个例 [M]. 北京：民族出版社，2012.

⑨ 崔延虎，等. 生态人类学与新疆文化特征再认识 [J]. 新疆师范大学学报，1996（1）；麻国庆. 草原生态与蒙古族的民间环境知识 [J]. 内蒙古社会科学，2001（1）；崔明昆. 云南新平花腰傣野菜采集的生态人类学研究 [J]. 吉首大学学报，2004（1）；白玛措. 生态人类学与西藏草地研究 [J]. 中国藏学，2005（4）.

将新疆、内蒙古、云南、西藏等边疆地区纳入文化生态学理论建构体系。

在理论建构方面，可以划分为两类类型：以云南大学尹绍亭、吉首大学杨庭硕和罗康隆为代表的区域个案研究；以宋蜀华为代表的整体宏观研究。尹绍亭主要倾向于生态人类学以人类的文化适应为主，借鉴应用生态系统的概念，在系统结构中具体考察各类文化、环境要素之间的相互关系和功能，挖掘和整理人类适应的知识和行为体系，从而最大限度地进行文化生态学的阐释。[①] 罗康隆认为研究人类社会生态问题的文化人类学，只能从人类文化的视角出发，认识和应对人类社会所面对的一切生态问题，并指出，在文化与生态的耦合中探寻各民族的生态知识与生态智慧，为当代的生态灾变救治与生态维护提供理论支持与实践方案[②]。

从微观个案的镜像来看，以宋蜀华为代表的宏观研究主要集中于中国文化生态学的理论建构[③]。宋蜀华指出："生态人类学着重研究人类群体与周围环境间的关系，它把人类社会和文化视为特定环境条件下适应和改造环境的产物。因为研究人类与生态环境相互影响的特点、方式和规律，并寻求合理利用和改造生态环境，以及从生态学角度研究民族共同体的形成、发展及其和所处自然生态环境之间的关系，便成为生态人类学研究的对象。"[④]

其二，关于文化生态学的应用性研究。改革开放以后，随着经济的快速发展、生态环境的日益破坏以及文化生态失衡的加剧，应用性研究逐渐在实践领域展开。1998年在贵州六枝建立国内第一座生态博物馆[⑤]，同年，由尹绍亭主持的"云

①　尹绍亭. 人类学生态研究中国历史与现状 [M]// 中国民族学纵横. 北京：民族出版社，2003.

②　罗康隆. 生态人类学的文化视野 [J]. 中央民族大学学报，2008（4）.

③　宋蜀华. 我国民族地区现代化建设中民族学与生态环境和传统文化关系的研究 [M]// 民族学研究第十一辑. 北京：民族出版社，1995；人类学研究与中国民族生态环境和传统文化的关系 [J]. 中央民族大学学报，1996（4）；生态人类学与中国民族传统文化研究 [M]// 中国民族学纵横. 北京：民族出版社，2003.

④　宋蜀华. 中国民族学理论探索与实践 [M]. 北京：中央民族大学出版社，1999：70–82.

⑤　贵州六枝梭嘎乡是中国境内第一家生态博物馆，与挪威合作开发，并于1998年10月正式对外开放。一改过去静态展示和隔离展示的缺陷，让居民和观者可以参与其中，实行的是动态的参与式管理模式。

南民族文化生态村建设项目"① 开始进入实践阶段。2004 年 11 月，广西南丹生态博物馆② 开馆。2007 年吉首大学启动的"中国西部各民族地方性生态知识的发掘、传承、推广及利用研究"项目，在中西部民族地区建立了 17 个生态民族学田野调查基地，致力于开展我国西南地区石漠化治理、水资源维护等应用性研究工作。同时，由于我国少数民族多分布在边疆山区地带，生态环境异常脆弱，需要采取有效措施协调人与环境的关系。任国英③ 对内蒙古生态移民的调查，良警宇④ 对水满村旅游开发与民族文化关系的分析，都在一定程度上反映了文化生态学广泛的社会应用性。

其三，经济文化类型的研究。20 世纪 50 年代至今，经济文化类型的研究对我国的文化生态学起着至关重要的作用。进入 21 世纪，经济文化类型的研究持续深入。罗康隆（1997）、李伟（2002）、邓红（2006）等研究集中在对经济文化类型的概念和理论的探讨⑤。韩荣培（2002）、任国英（2002）则对中国经济文化的类型进行了划分，试图将中国各民族具体区分为不同的经济文化类型⑥。虎海峰（2005、2006）强调经济文化类型是民族因素介入民族地区经济发展的集中体现⑦。王俊敏（2005）、马桂宝（2007）将经济文化类型的改变与变迁放置在一个序列进行思考，其中前者以东北的"三少"民族为代表，后者以

---

① 尹绍亭. 民族文化生态村：一个生态人类学的课题 [M]// 民族学通报. 昆明：云南大学出版社, 2001. 其实施效果评估, 反映良好。集中体现在居民的参与性和主体性层面, 即带来了一定的经济收入也对当地民族文化的可持续发展给了一定程度的保护。

② 此馆为中国境内第一家以瑶族的白裤瑶为主题的生态博物馆, 是在参考和借鉴贵州梭嘎乡博物馆基础上的特色展区。

③ 任国英. 内蒙古鄂托克旗生态移民的人类学思考 [J]. 黑龙江民族丛刊, 2005（5）.

④ 良警宇. 旅游开发与民族文化和生态环境的保护：水满村的事例 [J]. 广西民族学院学报, 2005（1）.

⑤ 罗康隆. 民族经济生活差异得失综论 [J]. 世界民族, 1997（1）；李伟. 对经济文化类型的再认识 [J]. 兰州大学学报, 2002（5）；邓红：对前苏联经济文化类型理论的在研究 [J]. 广西民族研究, 2006（3）.

⑥ 韩荣培. 贵州经济文化类型的划分及其特点 [J]. 贵州民族研究, 2002（4）；任国英：论满通古斯语族民族的经济文化类型 [J]. 内蒙古社会科学, 2002（1）.

⑦ 虎海峰. 哈萨克族畜牧经济文化类型与阿克塞县域经济发展 [J]. 伊犁师范学院学报, 2005（4）；经济文化类型与民族地区经济发展 [J]. 伊犁师范学院学报, 2006（4）.

西南少数民族为代表进行区域个案分析①。罗康隆（2002）、蒋立松（2005）、李旭东（2007）等将经济文化类型理论用于探讨其他相关问题②。这种以区域性案例为主的综合性研究方式，进一步丰富了本土文化生态学的内涵与方法。

通过上述文献的回顾，可以看出，国内文化生态学的研究不论在深度还是广度方面都取得了重要的进展，但仍有值得拓宽探讨的领域：第一，承认人类的能动性与适应性，人类可以主动积极地适应环境；第二，承认文化的多样性，前提是共同的价值观；第三，调整文化生态学的研究方向，探索建设一个稳定的社会文化生态体系。

五、理论关照

历史学与人类学的结盟起始于 20 世纪 20 年代后期法国社会年鉴学派对人类学手法的借用，提出历史人类学的初衷，是要借鉴人类学的基本理论与方法，让历史学的研究可以建立在实证主义基础之上，从而让传统史学焕发新的生机。经过法国社会年鉴学派三代学者的不懈努力③，"历史人类学"最终走出欧洲，迈向全球。关于历史学与人类学的关系，末成道男④将希罗多德的《历史》与司马迁的《史记》视为人类学诞生之前的优秀历史民族志。他还认为，前者详细记载了周边民族的风俗习惯，后者为后世留下了不受单方面价值标准束缚的各种人间图像。勒高夫⑤则认为，两者曾有过密切关系期和分道扬镳期，而后者是因为进化论的观点将发达社会与所谓未开化社会切割开来而产生的现象，如今历史学与人类学的关系则进入蜜月期。历史学与人类学的交叉在"自下而

①　王俊敏.狩猎经济文化类型的当代变迁 [J].中央民族大学学报，2005（6）；马桂宝：对西南少数民族地区经济文化类型变迁的思考 [J].和田师范专科学校学报，2007（2）。

②　罗康隆.斯威顿耕作方式的实存及其价值评估 [J].贵州民族研究，2002（2）；蒋立松：经济文化类型：西南地区民族关系的物质基础 [J].西南民族大学学报，2005（5）；李旭东：经济文化类型与少数民族生育和性别文化 [J].贵州民族学院学报，2007（1）。

③　马克·布洛赫.国王的幻术（1942）、吕西安·费弗尔.拉伯雷和 16 世纪的非信仰问题（1942）、埃马纽尔·勒华拉杜里.蒙塔尤（1975）、费尔南·布罗代尔.十五世纪至十八世纪的物质主义与资本主义（1979），等.

④　末成道男.人类学与历史研究 [M].东洋文化，1996（76）：2.

⑤　勒高夫.历史、文化、表象——年鉴学派与历史人类学 [M].北京：生活·读书·新知三联书店，1999：18–22.

上的历史学"中更为显著。这种历史学是从对偏重政治史和事件史的历史研究的批判中产生出来的，它发现了那些曾经被认为没有历史的人群集团的历史，在重构他们的心性和过去时采用了人类学的模式，历史学家开始重视口述资料等文献以外的资料。

"人类学除非是历史学，不然就什么也不是。"① 在人类学领域，自 20 世纪 50 年代起，西方人类学界便开始出现重视历史研究的趋势。英国人类学家埃文斯·普理查德② 指出，社会人类学本质上是一种历史的编写，而历史的阐释会受到时代和文化的影响并发生变化，这本身就可以成为知识社会学的研究对象。人类学与历史学的关系更加亲密的契机可以从结构主义与历史学的关系上一窥究竟。列维·施特劳斯从语言学那里引进了共时和历时的概念，他虽然反对历史方法优于共时方法的立场，但承认两者的作用是等价的。③ 结构人类学比任何种类的人类学都要关心"人"的存在，以"人"为中心考察各种社会现象，通过"人"的考察来整体地把握社会。④ 实际上，西方人类学研究历史是针对人类学与殖民地主义关系的反思，而将历史叙述纳入民族志书写的主体是在20 世纪 80 年代之后。萨林斯将结构主义历史人类学的方法和理论应用到大洋洲的许多岛屿之上，从此大洋洲成为人们围绕历史人类学进行各种讨论的大舞台。⑤

日本人类学家川田顺造曾在《无文字社会的历史》（1976）中尝试了人类学的历史研究，尤其是对无文字社会的历史研究。川田以非洲西部的莫西族个案为中心，阐明了无文字社会的历史特征，并依此来实现与有文字社会的相对化，提出不依赖文字的历史，尤其将口头传承视作一种历史的可能性。川田在研究中注意到"传统性"的虚像，他认为，"传统性的东西本身是在某个时代、

---

① E.E.Evans-Pritchhard, Social Anthropology and Other Essays[M].New York：Free Press, 1962：198.

② E.E.Evans-Pritchhard, Social Anthropology and Other Essays[M].New York：Free Press, 1962：152-160.

③ 克罗德·列维-施特劳斯.野性的思维 [M].李幼蒸，译.北京：中国人民大学出版社，2006：76-82.

④ 勒高夫.历史与记忆 [M].北京：中国人民大学出版社，2010：25.

⑤ 宫崎广和.大洋洲历史人类学研究的最前线 [J].社会人类学年报，1994（20）.

某个社会和某个社会条件下创造出来并在此后不断发生变化的，尽管这一事实在原理上非常清楚，但人们还是很容易将它视为固定不变的东西。"①此观点的提出，对后期历史人类学的研究具有极大的启发性。直至今日，关于如何看待历史，人类学研究领域尚未形成一个系统的方法。人类学家怀着各自的初衷去靠近历史，有意识地将历史作为研究对象，希冀实现历史的客体化。在欧美和日本，历史学和人类学的结盟，主要反映在研究有殖民地经验的非洲和大洋洲区域。

　　反观中国，其情况截然不同。对于文献资料极为丰富的中国人类学，无论是深受功能主义影响的人类学家还是接受美国式历史特殊论人类学训练的人类学家，始终没有将历史视角排除在外。林惠祥在 20 世纪 30 年代便指出，历史学是有历史性质的，人类学所要考出的原是人类历史上的事实，所用的方法也是历史的方法。关于历史学和人类学的关系，林惠祥则认为，"人类学的目的之一是还原人类的历史，历史学与人类学的关系极为密切，两者有很多互相交错、互相借重的地方，"②此外，费孝通作为马林诺夫斯基的高徒，受其功能主义思想影响较大，具体反映在社区研究与历史的关系上，并认为社区历史记述模式的基础在于该社区历史资料的建构。③此后，关注当地社会认知体系和民族志历史的中国研究层出不穷④，《中华民族多元一体格局》堪称历史人类学的集大成之作。中国的人类学自诞生之日起，就已经把历史纳入其研究视野。

　　20 世纪 80 年代以后，中国的历史学与人类学开始出现新的结合趋势。主要表现在历史学向人类学靠近。1986 年，中山大学成立了由历史学和人类学学者组建的历史人类学研究中心，并在香港科技大学历史人类学中心的协助下苗壮成长。中心开始重视民间资料和田野实证相结合的研究方法。以陈春声、刘

---

　　① 　川田顺造.无文字社会的历史 [M].北京：生活·读书·新知三联书店，1996：184–186.

　　② 　林惠祥.文化人类学 [M].北京：商务印书馆，2002：6.

　　③ 　费孝通.乡土中国 [M].北京：生活·读书·新知三联书店，1985：94.

　　④ 　林耀华，金翼.一个中国家族的史记 [M].北京：生活·读书·新知三联书店，2015；杨懋春.一个中国村庄——山东台头村 [M].南京：江苏人民出版社，2001；许烺光.祖荫下：中国文化与性格 [M].福州：南天书局有限公司，2001。

志伟、科大卫、萧凤霞等为代表的一批学者[①]展开了对珠江三角洲、潮汕地区、闽南地区、香港等区域的明清时期地方史进行了批判性的反思研究，并形成了"华南学派"的"文化过程"或"文化实践"的研究方法，它兼顾了对平民史、日常生活史和当地人想法的关注，对以往的精英史学、事件史和国家的历史权利话语进行了批评。[②]此后，一些关注历史人类学理论与方法的学者[③]也先后发表专文或专著对其进行讨论。近年来，受后现代思潮的影响，历史学和人类学领域出现了重视口述史的倾向，刊发了大量的研究成果。国外的中国研究也有同样的趋势，产生了一系列采用人类学研究方法的历史学著作。人类学对历史、社会乃至人文科学研究所产生的影响也愈来愈大。此外，历史研究对人类学的影响也不可忽视。在历史学著作中使用人类学的部分话语或辞藻并不等同于历

---

① 陈春声的研究聚焦在广东潮州"樟林"小村，以挖掘民间文献的史料价值为主，探讨地域神三山国王的崇拜，对樟林神庙系统表达的信仰空间和潮州民间神信仰的象征意义都作了深刻的分析。刘志伟重点研究珠江三角洲的宗族问题，他与科大卫合作的《宗族与地方社会的国家认同——明清华南地区宗族发展的意识形态基础》一文则比较系统地表达了他们对珠江三角洲宗族问题的看法，认为考察明清时期"宗族"的历史，应该超越"血缘体"或"亲属组织"的角度。

② 张小军.历史人类学化和人类学的历史化[M].历史人类学刊.中山大学历史人类学研究中心，香港科技大学华南研究中心，2003：12.

③ 王明珂是近年来采用历史人类学理论与方法进行田野作业的主要学者之一，其在多部历史人类学著作中都在或显或隐的提出一个观点："将历史记载视为人类资源情景下社会结群的一种表征。因此，执着于对一个历史的纠正与争辩，不如将之视为历史记忆而去理解其产生的背景，历史书写背后的资源情境、社会认同与个人情感。"这种理解，有助于解决历史争端背后的认同问题，以及更加理性地解决人类资源分配与分享的问题。王明珂的历史人类学视角是迥异于传统史学和人类学的。主要表现在：其一，对于史料，不辨真伪，只看情境；其二，不论古今，皆存在人群的认同与区分；其三，有资源决定论的嫌疑；其四，赞成共同历史记忆产生的客观根基性情感因素，但现实利益却成为凝聚人群的主观工具；其五，用动态综合的观点来对过去进行新的解读，并以此来理解当下；其六，解构历史实体论，跳出近代建构论，进而从未来世界族群和谐平等共处的观点来谋划人类的幸福。在专文方面，常建华：《历史人类学的理论与在中国的实践》；程美宝、蔡志祥：《华南研究：历史学与人类学的实践》；陈春声：《走向历史现场》；林超民：《历史学与族源研究》；周振鹤：《从历史文献学到历史人类学》；鲁西奇：《汉水流域乡村聚落形态的演变与社会变迁》；王振忠：《明清徽州的祭祀礼俗与社会生活》；孙立平：《土改口述史：忆苦思甜与实践的总体性》等，学者们围绕历史人类学的理论与实践的主题进行延伸性阐释。

史人类学，在人类学作品中运用历史学的部分概念或方法也不等同于历史人类学。历史学家要关注底边阶级的日常生产生活，去反思国家和政治精英建构的历史，尤其是关注当地人的历史观和现实感。

每一个社会群体都有自己的时间意识和历史意识，该问题的研究是历史学最基本的课题之一。但在近代西欧意识标准的历史学领域里，该问题却没有得到充分的挖掘和认识，具有悠久文字传统的中国也不例外。历史历来都是国家为巩固政权而使用的工具。在重视庙堂之高的正史时，历史人类学家更关注江湖之远的民间日常生产生活。如今，生活史、口述史、心态史、环境史、日常琐事以及各类遗迹已经不再专属于人类学家的研究领域，而正在成为"新史学"以来历史学和人类学共同关注的对象。目前，历史人类学的研究仍有几个关键问题亟待解决：其一，研究时间集中于明清时期，研究时段可否延展；其二，研究空间集中于华南地区，能否跳出华南；其三，研究对象能否从结构过程回归到人类本身。上述问题，笔者将在行文中尝试给予关照和回应。

六、研究思路与方法

（一）研究思路

本书是在运用历史人类学理论与方法的背景下，综合研究鄂西南民族文化生态区形成与发展的历史过程和动力机制。从文化的空间分布来考察鄂西南民族的文化生态区是一个边界清晰的文化群体，与邻近民族文化相比较，其文化群内部共性突出，文化群外部差异明显。从文化的时间变迁分析，鄂西南民族文化生态区的形成是一个不断与外界发生联系，不断适应的过程。本书将鄂西南民族文化生态区视为一个特殊的场域，将研究视角聚焦于鄂西南民族文化生态区在历史与现实的交织下，变与不变之间的张力和动力问题的探讨。按照鄂西南民族文化生态区的时空环境—概念内涵—演进周期—特征价值—动力机制的逻辑关系进行论证，对鄂西南区域的民族文化生态进行长时段的整体视角分析，以对当下文化生态保护区建设提供可资借鉴的经验。

（二）研究方法

其一，文献分析法。在广泛阅读和了解相关文献的基础上，综合利用正史、地方志、档案、碑刻、家谱、专著、史料汇编等多种纸质文献，并使用网络数据进行电子资源的收集和整理，及时关注国家和地方新闻动态，尽可能做到资料占有的全面性和权威性。其中正史资料主要是以二十四史为主，地方志包含恩施八个县市和宜昌五峰、长阳两个地区的县志，同时对《鄂西少数民族史料辑录》《容美土司史料辑录》《鄂西文史资料》等史料汇编进行分析，特别是对有关鄂西南民族地区近现代以来的专著和论文进行收集整理，如：《鄂西南土家族传统文化概论》《土家族区域的考古》《土家族文化史》《土家族文化发生学》《转型与发展——当代土家族社会文化变迁研究》《土家族简史》《鄂西土家族简史》《土家族社会历史调查》《土家族经济史》《土家族百年实录》《土家族传统制度与文化研究》《土家族与古代巴人》《鄂西南族群的流动》等，这些文献都在一定程度上反映了鄂西南民族文化生态历史进程的某一个侧面。在充分了解学术前史的基础上结合学术前沿问题，展开后续研究。

其二，实地调查法。深入鄂西南民族地区进行参与观察，针对不同职业、年龄、性别和区域的民众群体、政府官员、民间企业、市场组织、新闻媒体等主体做好访谈记录与问卷调查，以恩施、利川、来凤、长阳为重点调查区域。其中恩施作为鄂西南文化生态的核心地带，是最具代表性的区域之一；利川紧邻重庆，可以在一定程度上反映早期川东文化与该区域的互动；来凤与湘西毗邻，可以展现早期两地文化的交融与借鉴；长阳的传统文化保护活动一直开展得有声有色，同时保留有大量巴人早期的历史文化遗迹和民间神话传说。上述调查区域的选择都能在一定程度上反映出鄂西南民族文化生态的时代和地域特色。其余六个县市为辅助调查区域，以电子调查问卷形式进行资料的收集和整理。在对资料进行初步整理和分类后，还将进行二次实地调研，主要是有针对性地查缺补漏，并带着问题意识加深对区域性文化生态的认识和反思。

其三，比较分析法。比较分析是传统史学的常用方法之一，通过比较可以寻找到事物的内在规律与外在异同，有助于更加全面和客观地认知事物本质。鄂西南民族地区是武陵山区的重要组成部分之一，同处这一地带的还有武陵山区（湘西）土家族苗族文化生态保护实验区，武陵山区（渝东南）土家族苗族文化生态保护实验区。鄂西南地区与周边文化生态存有诸多共性，同时又有其自身的独特价值，因同处武陵山区的自然环境背景下，所以从宏观上看，具有一定的生态相似性，又因其所处周边群体的差异性而导致社会文化的差异性。

本书将同一时段的不同区域空间进行比较，以此来反思鄂西南民族地区文化生态形成的机制和特点，从而为整个武陵山区的文化生态建设提供亚区域的研究个案。

第一章　鄂西南民族文化生态区的空间环境

鄂西南地处湖北省西南部，东连荆楚，南接潇湘，西临渝黔，北靠神农架，面积约 3 万平方千米，人口约 516 万，内辖恩施、利川两市，建始、巴东、宣恩、来凤、咸丰、鹤峰六县以及宜昌的五峰和长阳两个土家族自治县。在历史上，鄂西南是众多族群迁徙流动的重要通道，如早期巴人、蜑人的西徙；汉代以降，楚鄂汉人以屯兵、避难等原因为主的迁入；鄂西南也是历代盐商、马帮往来中国西南与内地的必经之地，从而成为民族走廊和文化通道。特殊的地理位置，让鄂西南成为五方杂处的共居之地，也使得多样文化在这里得以生根、发芽和流变。从区域来看，鄂西南的周边分布有三大粮仓沃土，分别是东部的江汉平原、北部的关中平原和西部的成都平原。作为连接三大粮仓的中间地带，鄂西南以其独特的山地环境成为重要的枢纽地带。鄂西南在历史进程中长期受到北部关中文化，东部荆楚文化和西部巴蜀文化以及南部少数民族文化的多重影响，特殊的地理区位对于鄂西南的政治、经济、文化、社会和生态产生了持续而深远的影响。

第一节　地理环境

自然环境对于文化的形成和发展至关重要。人类的各项活动都是在自然环境中展开和实践的。鄂西南地区崇山环绕、河流众多、森林密布、物产丰饶，鄂西南地区的民族文化正是基于这种地理环境而不断产生和发展。

一、复杂的地形

鄂西南地处我国阶梯状地形的第二阶梯东缘，云贵高原东部延伸部分，平均海拔 1000 米。地形大致由西南向东北延伸，形似一个不规则的菱形。境内绝大部分是山地，有"八山半水分半田"说法。按照山地高度划分，海拔在 1200

米以上的高山地区，占总面积的 30%，海拔 800～1200 米的第二高山区，占总面积的 44%，海拔 800 米以下的低山地区，占总面积的 26%。其中武陵山、巫山、大娄山、大巴山是鄂西南地区最主要的四条山脉。

　　武陵山占据了鄂西南中部、南部的广大地区，约占总面积的 60%。它从湖南伸入鄂西南地区，分成数支展开；咸丰、来凤两县交界处为天山坪，是唐崖河和酉水的分水岭；在宣恩县的东北角和恩施东南角一带形成椿沐营高原，延伸到鹤峰县下坪一带，成为清江与溇水的分水岭；宣恩县中部为万岭山，是清江支流贡水与酉水的分水岭。巫山山脉穿插于恩施州、建始县的北部和巴东县的中部，是我国第二、第三阶梯地形的分界线，山势陡峭。东流的长江切开巫山，形成著名的长江三峡。大娄山山脉是从重庆东部深入鄂西南西部边缘，形成一个西南—东北走向，长约 120 千米，平均宽 6 千米，高 1500 米的山脉——齐岳山。大巴山是从陕西西南部切入，绵延于长江以北的巴东境内，平均海拔在 1500 米以上，位于巴东的小神农架与大巴山主峰的大神农架紧连。

　　鄂西南的地质构造属于新华夏构造体系隆起带的一部分，经过局部断陷，整体不断上升和长期的外力侵蚀，形成了不少的小高原、小盆地和峡谷。小高原中面积最大的是利川小高原，近 300 平方千米，高度在 1000～1300 米之间，这里土地肥沃，生产大米，又是烤烟的重要产区。高山小平原众多，有利于发展畜牧业，也有利于高山地区修建公路和解决粮食问题。嵌在丛山之间的盆地（本地称为"坝子"），大小不一地分布在鄂西南地区，这些盆地是该区域人口聚集地和主要粮食产区。其中最大的恩施盆地，面积 548 平方千米，由金子坝、龙凤坝、高桥坝、方家坝、七里坪等十几个坝子组成，其他还有清江流域的宣恩盆地和建始盆地，酉水流域的来凤盆地，溇水流域的鹤峰盆地、走马盆地等。

　　鄂西南的岩溶地貌遍布各处，大小溶洞数以万计，溶洞、伏流、石林、泉井随处可见。著名的大溶洞有利川腾龙洞、咸丰的黄金洞、来凤的卯洞、鹤峰的容美三洞。这些溶洞曲折深邃，内有大量的钟乳石和石笋，且伴有地下河。溶蚀洼地底部，常常伴有落水洞，地表水由洞潜入地下，形成伏流或溶泉。而泉井则是鄂西南各族儿女饮用的主要水源。巴东信陵镇的无源洞，建始城郊的茨泉，来凤城郊的虎泉，鹤峰容美镇的九峰泉，恩施城郊的龙洞，都是水量巨大、水质优良的大泉井，不仅可做生活水源，还是工业制造的水源。岩溶地貌的大面积存在使得鄂西南地区自然风景奇丽，为发展旅游业提供了珍贵的自然资源。

岩溶地遍布的石灰岩，是烧制石灰、水泥的重要原料，有利于发展建材产业。同时岩溶地区还富集磷、铅、锌、锡等稀有矿石资源。

二、多变的气候

鄂西南地区属亚热带湿润季风气候，因山地地形的影响，这一区域多呈现立体气候的特点。表现为：四季分明，雨热同期，夏无酷暑，冬无严寒，雨量充沛，雾多湿重，风速小，地区气候差异大，平均温度13℃～16℃，年日照1400小时，年平均降水量1400毫米。季风对此区域的影响十分明显，来自海洋的夏季风，越过广阔的华南地区，于5月底自东南方向进入，9月底回归，长达四个月的季风在此活动，形成高温多雨的夏季。这一时期由于受到高温、高湿海洋气团的影响，水汽充足，日照时数和降雨量占全年的一半左右。而来自西北的冬季风，自9月下旬南侵，夏季风随之撤离，这时正是各种植物果实成熟的秋季。如果根据气温来划分四季，秋季在一年之中最短，仅两个月左右。到11月下旬，寒冷干燥的冬季风则开始控制此地，冬季的降雨量、蒸发量、气温和日照时数都降到全年最低点，月平均温度4℃～5℃，大多数动植物进入休眠期。元月是全年的最冷月，月平均温度只有2℃左右。3月上旬，南方暖气流逐渐北上，冬季风撤出，鄂西南正式进入春季。这期间，由于冷暖气团南来北往交相冲击，是全年中大风日数最多的，而且天气多变，雨量增加，春季降雨日有45天左右，占春日总数的一半。但是早春期间，由于北方冷空气的突然袭击，气温骤降，常伴随阴雨天气发生倒春寒，对农业生产种植有一定的影响。

由于地势高峻，山脉连绵不断，鄂西南地区成为我国中部热量较少的地区，盛夏凉爽舒适，在海拔1500米以上的高山，全无夏季炎热的感觉。同时，高山又在一定程度上阻挡了冷空气的侵入，低山盆地便成了热量资源较丰富的地区，明显表现出冬暖的特点。山地地形还影响着鄂西南的降水量和日照量，其中武陵山脉的东北—西南走向，是面向夏季风的来向，因此这里成为我国雨日及云雾较多的地区，太阳辐射量相对其他地区较少。

鄂西南地形复杂，山高谷深，海拔高差达2965米，形成了典型的垂直气候和多层次的立体气候。当地百姓对此的评价是："山高一丈，大不一样，阴坡阳坡，差得很多。"初冬季节，低山河谷地带郁郁葱葱，而高山则已白雪皑皑。这种因垂直气候差异而形成的多层次立体气候，大致可分为低山温暖丰雨层、二高山温凉少光层和高山多雨丰光层三个层次，雨量、气温、日照、无霜期的差别都很大。无霜期和气温与海拔高度成反比，而降水量则随海拔升高呈增多的趋势。同时，区域气候还受到纬度的影响。降雨量大致由北而南递增，长江以北年降雨量在1200毫米左右，而南部的鹤峰县年降雨量可达1600毫米。日照则由北向南递减，长江以北年日照1600小时以上，而西南部地区年日照量在1400小时以下。因山川阻隔，鄂西南地区的大风日数少，且多为地形风，除夏季伴随梅雨偶尔产生地区性大风外，日常风力较小。

鄂西南的气候条件，有利于多种作物的生长，为发展多种经济提供了可能。但是受到季风不同程度的影响也常伴有低温阴雨、暴雨、干旱、冻害、冰雹等灾害性天气，对当地百姓的日常生产、生活造成一定损失。

三、纵横的河流

鄂西南地区境内冬无严寒，夏无酷暑，雨热同期，降水充沛。境内有大小河流2000多条，以清江、溇水、酉水、唐崖河、马水河、忠建河、郁江、野三河、沿渡河为主干，呈树枝状展布于各地，分属清江、乌江、洞庭湖、三峡区间南岸、三峡区间北岸等水系（酉水、溇水属于洞庭湖水系）。清江地跨恩施土家族苗族自治州的利川、咸丰、恩施、宣恩、建始、巴东、鹤峰与宜昌的五峰、长阳、宜都等10个县市。流域面积16700平方千米，水能蕴藏量700多万千瓦。

清江发源于湖北省恩施土家族苗族自治州利川市的齐岳山，由西向东流经利川市、恩施市、宣恩县、建始县、巴东县、长阳土家族自治县，在枝城汇入长江。流向为自西向东，干流全长423千米，总落差1430米，位于东经108度35分至111度35分，北纬29度33分至30度50分之间的副热带地区，流域面积17000平方千米。清江流域与湖南省和重庆市接壤，东起江汉平原西缘的宜都，西面和北面与重庆的万州和黔江地区交界，南面与湖南龙山接壤，为典型的"老、少、边、穷、山"地区。

清江发源于利川市齐岳山以西的庙湾。水自洞出，汇大鱼泉、汪家营、忠孝诸水后，入落水洞，伏流9.7千米于黑洞复出，汇流料河、车坝河，折向东至屯堡汇龙桥河，南流于大龙潭汇带水河，至恩施城南汇高桥河、米田河，向东南流有长沙河、忠建河注入，在两河口处汇马水河，东流汇马尾沟、巴溪沟诸水，至绵羊口汇伍家河，入建始界，经巴东、长阳等县，至宜都注入长江。

清江水系发达，支流流短坡陡，分布成羽状，除清江主流外，还有忠建河、马水河、野三河、龙王河、招徕河、丹水、渔洋河等主要支流，共同构成完整的清江水系。

酉水发源于宣恩、鹤峰两县交界的将军山罗家川，流经宣恩、来凤进入重庆酉阳，东折入湖南湘西土家族苗族自治州，由沅陵县注入沅江，成为沅江的最大支流。酉水年平均流量每秒 125 立方米，年总水量 39.5 亿立方米。主要支流有宣恩的高罗河、李家河，来凤的老峡河、新峡河、怯道河、长大河等，流域面积达 4079 平方千米。

溇水发源于鹤峰县的洪家台，从鹤峰江口进入湖南，在慈利县附近汇入澧水，是澧水的第一大支流，由于地处多雨中心地带，水量极其充沛，年平均流量为每秒 109 立方米，年总水量 34 亿多立方米。溇水的主要支流有大典河、南渡江等，流程 121 千米，流域面积 2882 平方千米。

唐崖河发源于利川东南境，斜穿咸丰县境，将咸丰县一分为二，然后进入黔江境内，注入长江支流乌江。年平均流量为每秒 63.8 立方米，年总水量 20.1 亿立方米。唐崖河的主要支流有南河、马河、马鹿河等，流程 113 千米，流域面积 249 平方千米。

郁江发源于利川福宝山，与唐崖河平行流向重庆，在彭水县城注入乌江，年平均流量每秒 59.8 立方米，年总水量 18.9 亿立方米，总落差 1334 米，流程 82 千米，流域面积 1802 平方千米。

沿渡河自北向南，从神农架奔腾而下，天然落差 1710 米，全长 8 千米，流域面积 103 平方千米。

四、多样的土质

鄂西南地区土壤类型复杂，共有黄壤、棕壤、红壤、黄棕壤、紫色土、石灰土、草甸土、沼泽土、潮土和水稻土等 19 个土类，53 个土属，139 个土种。主要土类的分布和性状，随海拔高度的变化而有比较明显的垂直分布规律。其中黄壤多分布在 800 米以下的低山地区，约占耕地面积的 16%。由于淋浴作用强烈，盐基饱和度低、呈酸性强酸性反应。耕层有机质一般在 2% 左右，有机质、氮、钾含量中等，磷含量低。适宜红苕、小麦、苞谷、洋芋等粮食作物和油菜、苎麻、茶叶、油桐、柑橘等亚热带经济作物以及经济林木的生长。

　　黄棕壤分布在 800 ~ 1500 米的二高山地区和部分高山地区，约占耕地面积的 50%。成土母质有石灰岩、砂页岩等。淋浴作用较强，土壤呈酸性或偏酸性，耕地耕作层中性偏酸，pH 值 6.5 左右。有机质含量较黄壤高，一般占 2% ~ 3%，适宜苞谷、洋芋、土豆、油菜、烟叶等作物和漆树、乌桕、棕榈等经济林木的生长，也适宜杉木、楠木、马尾松及部分中药材的生长。

　　棕壤分布在 1500 米以上的高山地区，约占耕地面积的 10%。成土母质有石灰岩、砂页岩等。土壤呈弱酸性或酸性反应。表土层含有机质 5% ~ 7%，但分解缓慢，利用率低。耕地有机质可达 4%，氮钾含量较高，磷含量中等，适宜黄连、当归、党参、天麻、杜仲、厚朴等多种名贵药材的生长。

　　紫色土多分布在 500 米以下的低山地区，约占耕地面积的 2%。成土母质有紫色页岩或紫色砂页岩。有机质含量 1.5% 左右，含氮量 0.1%，速效钾 100ppm，pH 值 4.5 ~ 5.5，呈弱酸性反应。

　　除此之外，潮土多分布在河流沼泽地带，红壤多分布在低山坪坝，草甸土、沼泽土多分布在高山低洼积水地带，但这几类土壤所占比重不大。

五、丰富的资源

　　被称为"动植物黄金分割线"的北纬 30 度穿越鄂西南腹地，同时受秦岭和大巴山阻隔，这一区域免遭第四纪冰川的洗劫，成为动植物的"避难所"。这里动植物种类繁多，有 215 科、900 余属、3000 余种植物和 500 多种陆生脊柱动物，其中有 40 余种植物和 77 种动物属于国家级珍稀保护动植物，是华中地区重要的"动植物基因库"。鄂西南属亚热带季风和季风性湿润气候，特点是冬少严寒，夏无酷暑，雾多寡照，终年湿润，降水充沛，雨热同期。但因地形错综复杂，地势高低悬殊，又呈现出极其明显的气候垂直地域差异。这种垂直立体复杂多元式的气候赋予了这里极为丰富的动植物资源。恩施州共有树种 171 科，645 属，1264 种。其中乔大木 60 科，114 属，249 种；灌木 32 科，89 属，228 种，约占全国树种的七分之一。经济价值较高的有 300 余种。属国家重点保护的珍稀树种有水杉、珙桐、秃杉、巴东木莲、钟萼木、光叶珙桐、连香树、香果树、杜仲、银杏等 40 余种，约占全省列入国家重点保护树种的 90%。

　　药用资源品种多达 2080 余种，"鸡爪黄连"产量居全国前列，"板党"质地优良，供出口，"紫油厚朴"乃国家珍品。党参、当归、黄连、天麻、贝母、杜仲、厚朴、黄柏、丹皮、半夏、银花、百合、舌草等药材种类比《本草纲目》所载还多，其品名数量，成交额在全省独占鳌头。特别是中国板党、湖北贝母、鸡爪黄连、紫油厚朴、窑归、天麻、丹皮、首乌、竹节参、江边一碗水，头顶一颗珠等数十种名贵中药材，量大质优，国内外久负盛名。长阳有70多种经济鱼类，有白甲、乌鳞、鲤鱼、季花鱼（鳜）、杨鱼、黄骨头、鲇、青鱼、麻古丁、鱼勺子、鲫鱼、赤眼鳟、黄鳝、泥鳅、火烧翁、甲鱼、乌龟、岩蛙。名贵稀有鱼类有：银鱼、叉尾回鱼等。种类如此丰富的动植物造就了这里采集渔猎的早期生活方式，并利用竹木等材料进行生产生活用具的制作和使用。

恩施州属沉积岩分布地区，沉积矿产比较丰富。到目前为止，全州已发现各类矿产70余种，矿产地370余处，其中探明储量的有31种，矿产地235处，在31种矿产中，已探明大型矿床10处，中型矿床23处，小型矿床202处，矿点23处。铁、煤、石煤、磷、硫铁矿、天然气、高岭土、耐火黏土、石膏、冶金用白云岩、生物大理石、硒矿、硅等13种矿产位居湖北省各地市州前列。恩施州矿产资源潜在价值估算在11000亿元以上，目前由于受交通"瓶颈"和市场的限制，还未发挥应有的价值。鄂西南属云贵高原与东部低山丘陵的过渡区域，境内小气候发育，冬无严寒，夏无酷暑，雨热同期，降水充沛。独特的地理气候环境，造就了生物的多样性。地处鄂西南的恩施州目前森林覆盖率已达到62%，素有"鄂西林海""华中药库""天然植物园""烟草王国"的美称。恩施州所产"毛坝生漆""金丝桐油""利川鸡爪黄连""富硒茶叶""恩施板党"等土特产品蜚声海内外。

第二节　民族分布

鄂西南地区的民族分布呈现为大分散、小聚居和交错杂居的形态，各民族在长期的交错杂居中，交往频繁，互惠互换，相互通婚，互相影响，彼此渗透着共性又保持着鲜明的个性，是中华民族多元一体格局中的典型代表性区域。

一、分布区域

鄂西南境内少数民族众多，有土家族、苗族、侗族、白族、蒙古族、回族、满族、维吾尔族、朝鲜族、瑶族、黎族、彝族、纳西族、哈萨克族、壮族等29

个民族。

土家族是鄂西南少数民族中人口最多，分布最广的民族。截至 2016 年，恩施土家族苗族自治州总人口 402.61 万人，其中，少数民族人口占 54%，土家族人口约占 46%；长阳土家族自治县户籍人口为 42 万，其中土家族人口占 51%，五峰土家族自治县户籍人口 20.9 万人，土家族人口占 84.77%。

苗族是鄂西南第二大少数民族，人口 20 余万，约占总人口的 5.5%。苗族主要分布在利川市、来凤县、宣恩县、咸丰县，四县（市）苗族人口占鄂西南苗族总人口的 90% 以上。苗族分布呈现出大杂居小聚居的特点，较为典型的聚居点有宣恩县的小茅坡营、大茅坡营，来凤县三胡乡苗寨沟、来凤县大河镇冷水溪，咸丰县的官坝、小村、梅坪、龙坪，利川市的文斗等地。

侗族总人口为 6.7 万人，主要分布在宣恩、恩施、咸丰、利川等县市交界的山区。主要分布区有恩施市的干溪、芭蕉、大集、白果、双河等地；咸丰县的黄金洞、清坪、活龙、马河等地；宣恩县长潭河侗族乡的会口、洗马坪、龙马、兴隆、中间河，晓关侗族乡的桐子营、覃家坪、八台、西坪、张官、猫山、大岩坝、晓关镇，李家河的板栗园、上洞坪，沙道沟的桂花园和椿木营等地。

白族主要聚居在鹤峰县的铁炉白族乡。铁炉白族乡地处湖北鹤峰县和湖南张家界市桑植县接壤地带，是湖北省唯一的白族乡。

蒙古族主要分布在鹤峰、利川、建始三县市，其中，鹤峰的三家台、上升、二台村，建始的申酉村、封竹村、子母村等均是蒙古族聚居的村落。

二、区域特点

从人文环境来看，在鄂西南民族文化生态区内，土家族苗族文化有侗族、蒙古族、白族、回族、瑶族等民族文化的嵌入，还有汉族文化的包裹与渗透。鄂西南东临楚汉，北接秦陇，西连渝蜀，历史上，特别是宋代以来，周边汉族文化对鄂西南的包裹与渗透逐步增强，以致恩施土家族苗族自治州利川、恩施、建始、巴东（野三关镇以北）四县（市）部分地区和五峰土家族自治县（采花乡渔泉河、五峰镇竹桥村以东以北）、长阳土家族自治县的部分地区成为汉文化沉积明显的地区，导致文化生态保护实验区内南北文化的明显差异。从自然环境来看，山地连片，谷溪纵横，造就了鄂西南各类文化明显的山地、河谷文化特点。

从武陵山区区域文化横向关系来看，鄂西南、湘西、渝东南地区土家族苗族文化，由于历代人口迁徙等原因，存在着密切的交流与深刻的相互影响，但各区域的文化生态系统具有相对独立性。鄂西南由北而南横跨峡江、清江和酉水三大流域。巴东部分地区属于峡江流域文化生态系统，来凤县和宣恩县部分地区属于酉水流域文化生态系统，但鄂西南民族文化生态区的范围大部分处于清江流域文化生态系统。清江流域的土家族、苗族在向自然生态获取食物等生存能量的同时，也独立创制并传续了与清江流域自然生态有密切关系的文化事象。

第三节　经济结构

鄂西南地处我国西南山区，区域内山高林密、河谷纵横、气候适宜、动植物丰富，是人类早期活动的理想之地，鄂西南地区的先民上山捕猎、下河摸鱼、林中采集、坝子耕地，多元化的生计来源，形成了鄂西南地区复合多元的经济结构和当地居民多样化的生活方式。

一、采集经济

鄂西南山地特殊的地形、气候以及湿度都非常有利于各类动植物的生长和繁衍，采集的物种极为丰富。采集的对象主要是野生动植物，山林中有许多结满浆果和硬壳果的树木，近水的阶地和山坡上杂生着各种植物，各种草根、茎块、嫩芽、野菜、蘑菇以及鲜嫩的树叶，还有各种雏鸟、蚯蚓、蜗牛以及其他昆虫。虽然采集野生植物较为容易，但需要熟悉其生长习性、分布范围和成熟季节，采集的野生植物除作为当地居民的食物以外，还为鄂西南地区的民族提供了丰富的生活资料。例如：利用野生植物纤维搓绳结网，纺线织布；用采来的竹木、茅草修盖房屋和制作生活用具；通过野菜和野草的采集，识别中药材和茶叶等不同性质的物品；利用采集而来的植物制作弓箭和原始农具等。随着采集经验的不断累积，还催生了种植业，从野生植物的采集到栽培的转变，标志着原始农业的产生。

二、渔猎经济

作为典型的山地人群，山是当地百姓生活物资的主要来源，而渔猎方式则是鄂西南地区的居民根据当地多山水的自然特点，逐步发展起来的。鄂西南地区各民族为了生存与发展，以各种方式对山中野兽和水中鱼虾进行猎取，并由此产生群团式生活群体。在以渔猎为主要生活方式的早期阶段，原始农业以刀耕火种、轮歇耕作为主，原始畜牧业以驯养小型动物为主，原始手工业包括编织、纺织和制陶业。进入土司时期后，渔猎所占生活来源的比重开始下降，农业开始出现牛耕、水利设施，畜牧业饲养的家畜种类繁多，手工业较为发达，商业有所发展。改土归流后，农业减免赋税，分配土地，鼓励垦荒，移民涌入；地方特产如桐油、茶叶、蚕丝、蓝靛、黄蜡、蜂蜜、生漆、烟叶、木料等，以及大量的中药材，逐步成为当地人民重要的经济收入；畜牧业形成了以猪、牛、羊、鸡、鸭、鹅等为主体的种类齐全的畜牧业结构；手工业发达，商业集镇兴起。渔猎经济时代，鄂西南地区百姓的日常生活便是入山猎兽、临渊捕鱼，这种生活习俗长期延续，尽管后来鄂西南民众并不是以渔猎为主要生计来源，但却是其重要的生活资料来源之一，同时喜渔猎的生活习性一直存在于该区域民众之中。1949 年以后，国家对鄂西南民族地区进行改造和调整，最终过渡到社会主义经济阶段。1978 年改革开放至今，鄂西南民族在市场经济浪潮中迎来了快速发展的机遇和挑战。

三、农耕经济

鄂西南传统经济是典型的山地农耕经济。改土归流前，鄂西南农耕方式主要为刀耕火种，山区遍布"火畲田""雷公田"等，作物以土豆、玉米等杂粮为主。除刀耕火种外，土家族等民族兼事狩猎，土家族俗谓"赶仗"。改土归流后，由于汉族人口的迁入以及犁牛耕作方式的传入，山地被大量开垦，水稻种植面积大大增加，但高山、半高山地区仍以种植杂粮为主，采集渔猎的生计方式逐渐减少。1949 年以后，经济形式主要为社会主义经济体制。改革开放以来，鄂西南大量引进现代农业方式，发展茶园和旅游观光农业，耕作方式的现代化程度大大提高，农业生产水平大幅提升。

由于历史和地理的原因，早期鄂西南地区的先民因辗转迁徙而又缺乏与中原地区的交往，只能以采集渔猎作为主要的生存方式。直到两宋时期，移民的进入和农耕技术的推广，才使得当地居民的农业生产得以快速发展。唐宋元明的朝贡制度，也在一定程度上促进了农业经济的发展。鄂西南地区的朝贡品，多为地方特产，必须精耕细作，这又刺激了当地农业生产的积极性，在农耕经济中，清油、黄连、茶叶、桐油等都成为名产方物。改土归流后大批外来人口的涌入，流官的治理和先进技术的使用，加快了鄂西南农业经济发展的步伐。进入当代以来，以山地农耕经济为主的复合型生计模式依然是鄂西南地区的区域特色之一。鄂西南地区的居民从以采集渔猎为主，刀耕火种为辅的经济结构到以山地农耕为主，采集渔猎为辅的多种混合型经济结构的改变，是综合适应自然环境和社会环境的必然产物。

第四节　政治制度

一、羁縻政策

羁縻政策是中原王朝对周边少数民族实行的一种以俗为治的治理政策，"其义羁縻勿绝而已"。即在少数民族地区实行"修其教，不易其俗；齐其政，不易其宜"的政策，保持该地区原有的社会组织形式和相关机构，承认其首领的政治合法地位，任用其为地方官吏，除政治上隶属于中央王朝、经济上有朝贡的义务外，其余事物均由少数民族首领自己管理。表现在：政治方面，设置羁縻州，官赐少数民族中的强宗大姓，"树其酋长，使自镇抚，始终蛮夷遇之"，其首领均由朝廷任命，并世袭官位；军事方面，实行赐虚衔、收实利的手段以夷制夷；经济方面，施以恩惠，以粟易盐，厚赏朝贡群体。中央王朝以拉拢、约束和有限放任为前提的社会治理，对鄂西南民族的各个方面产生了较大的影响。

羁縻政策对于鄂西南地区的山地民族而言，自身的发展始终不能脱离王朝力量的介入。自秦灭巴后，巴人开始大量流散，迫于现实生存的需要，巴人与周边群体进行融合重组，实乃生存策略的一种适应性选择。羁縻政策的实施，让流散的巴人群体得以长期保存自身的语言、信仰和文化习俗，巴文化在该区域得到传承与演进。羁縻政策实施的长时间性，不仅与当地特殊的地理环境有关，也与王朝对地方治理的方针政策密切相关，在这两方面的共同影响下，由于在同一区域长时间共居，相互影响、借鉴、融合，形成了以巴人为主体的区域性共同体，发展至唐宋时期的鄂西南民族开始出现"土蛮""土人""土丁"等称呼。随着经济交往的频繁以及大量移民的涌入，给当地的文化也带来了巨大的转变。但是，羁縻制度的推行，没有从本质上改变土著民族强宗大姓的社会形态结构，间接治理的方式，进一步拉大了鄂西南地区社会、经济、文化等方面与中原地区的差异，也促进了地方自治势力的进一步形成。

二、土司制度

土司制度与羁縻政策的区别在于，由原来的松散治理变为严格控制，特别是在承袭、纳贡、征调等政策方面，土司制度均有严格的规定，从而加强了对鄂西南民族地区的控制。鄂西南民族地区的土司制度集中表现在：第一，全面实行土司治理。第二，采用卫所与土司结合的军事建制。明代土司职衔，分武职与文职两种。武职为宣慰司、宣抚司、招讨司、安抚司、长官司、蛮夷司诸种，隶兵部武选，省都指挥领之；文职为土府、土州、土县诸种，隶属吏部验封，省布政司领之。鄂西南地区土司建制只设武职。除土司之外，朝廷还在边缘地带设置卫所，驻扎重兵。明王朝在鄂西南地区采用卫所与土司相结合的军事建制，目的在于加强对该区域的治理。第三，隶属关系严密，建制稳定。洪武二十三年（1390 年），改施州为施州卫军民指挥使司，同时划定并实行大土司管辖小土司的隶属关系，使得土司建制初具规模。永乐四年（1406 年），对隶属关系进行微调；宣德二年（1427 年），又部分调整了隶属关系，并增设长官司及蛮夷司多处，自此之后鄂西南土司变动极少。土司制度在鄂西南地区实施的连贯性，减少了因变动频繁而带来的社会动乱，这无疑是有积极意义的。第四，用高职官衔实行笼络。鄂西南地区共设有四个宣抚司（从四品）、九个安抚司（五品）。明王朝给予如此多而又如此高的职衔，是因为鄂西南地处川、黔、湘交界之地，军事战略价值极高，所以极尽笼络之势。

三、卫所设置

从元代到明代，中央王朝在鄂西南地区建立土司制度的同时，还在其周边的边缘地带、险要地区设置卫所，驻守重兵，实际是在鄂西南地区周围建立军事防御圈。朝廷设立土司制度与卫所制度并存、土官与流官参用这样一套政治机构，其目的是知达边情，防范土酋，以维护王朝的稳定。

明朝设立的卫所由中央王朝派兵驻扎，开垦屯田，卫所无事则荷锄，有事则执锐，并采取不同的方式进行区别治理。在一些地区，裁撤原有的土司，由中央派出流官担任知州、知县，而另外一些地区的治理模式则是以土官为主，流官为辅。以鄂西南地区为例，主要是土司与卫所并存。施州卫于洪武十四年（1381 年）设置。据《明史·土司》载："洪武十四年改置施州卫军民指挥使司，属湖广都司。领军民千户所一：曰大田；领宣抚司三：曰施南，曰散毛，曰忠建；领安抚司八……置大田军民千户所，隶施州卫。以蓝玉奏散毛、镇南、大旺、施南等峒蛮叛服无常，黔江、施州卫兵相去远，难应援。今散毛地与大水田连，宜置千户所守御，乃改散毛为大田，命千户石山等领兵一千五百人，置所镇之。"《清史稿》载："明制，施州卫辖三里、五所、三十一土司，市都里、都亭里、崇宋里，附郭左、右、中三所，大田军民千户所，支罗镇守百户所。"《明史·地理》载："施州卫军民指挥使司洪武初省，十四年（1381 年）五月复置，属夔州府，六月兼置施州卫军民指挥使司，属四川都司，十二月属湖广都司，后州废存卫。"

施州卫大田千户所层管辖散毛长官司等土司。据《读史方舆纪要》载："大田军民千户所，卫西三百五十里。本蛮地，宋为羁縻柔远州，元曰散毛峒，洪武五年（1372 年）定其地，二十三年（1390 年）始置散毛千户所，明年改曰大田千户所，城周不及三里，隶施州卫。"大田所土官首领姓覃，领百户一、土官百户所十、剌惹等三峒。大田所城于洪武二十三年（1390 年）为千户郑瑜修，清代改土时，以其地改属咸丰县。《清史稿》载："支罗所，旧隶龙潭司。明嘉靖四十四年，因峒长黄中叛，讨平之，遂割半置所立屯，以百户二员世镇之，而今峒司属焉。"支罗百户所土官为唐姓，清雍正十三年改土后属利川县。明代湖广土司与元代所置土司的不同之处是土司制度与卫所制度的结合。明朝在湖广行省改设卫所机构，各卫设指挥使一员、指挥同知二员和指挥佥事四员。各守御所设正、副千户数员。每卫约有 5600 人，每千户所有 1120 人，每百户所 112 人。由于湖广行省卫所机构多在民族地区，其地之民政多与军务有关，故民族地区的土司分别隶属于都司、卫所，这样便将土司制度与卫所制度结合在一起。

卫所的设置不仅缓和了中央与土司之间的矛盾，还有利于王朝的统一和国家的安定，更有利于鄂西南地区与中原地区的交往互动以及当地人民的安居乐业。

四、改土归流

鄂西南地区与南方其他地区的改土归流相比较,有其独特之处。其一,"改流"彻底。据《清史稿·土司列传一》载:"清有天下,仅施南、散毛、容美三宣抚使,永顺、保靖两宣慰使而已。雍正年间,施南、容美、永顺、保靖,特设施南一府,隶北布政使,永顺一府,隶南布政使。两府既设,合境无土司名目。"湖广地区的改土归流是南方地区最彻底、最全面的,而云、贵、桂等地区在改土归流后仍分布有大量土司。根据吴永章的考证,乾隆年间(1736—1795年),全国文武土官共计408人,而鄂西南地区却无一家[①]。之所以形成这样的局面,主要是因为湖广土司与中原王朝地缘相近,所居腹心,清王朝势必不会让湖广土司在"卧榻之侧鼾睡",高度集权的清王朝是不会允许这种隐患长期存在的。可知,鄂西南土司改土归流的彻底性是其所处的地理位置客观决定的。

其二,时间较晚。鄂西南地区的改土归流是在雍正十年(1732年)至雍正十三年(1735年)。据《东华录·雍正十三年》载:"雍正六年(1728年)谕曰'湖广土司甚多,各司其地,供职输将,与流官无异。其不守法度者,该督抚题参议处,改土为流,以安地方。若能循分奉法,抚绥其民,即与州县之循良相同,朕甚嘉悦,何必改土为流,使失其世业……,朕思从前该土司改土为流之请,大抵由于土民之怂恿,及土司所请未曾准行,而土民复又列款控告,冀朕严治土司之罪而尽改为流。其所控必非实情,著该杜甫留心详查。凡属土民,必不敢控告土司,皆由汉奸唆使播弄,冀生事端,以便从中逞奸滋弊耳。若各处土司等,因他处已改为流,不得已而仿效呈请者,朕皆不准。若被汉奸唆使控告,俾土司获罪而改土为流者,朕更不忍。该督抚等当以朕内外一体之怀,通行晓谕,俾土司等守土奉法,共受国恩,不必改土为流,始为向化。至于土司实在不法,恶迹确著者,该督抚据实参劾治罪'。"从中可以看出,清廷对鄂西南地区改土归流前后观念的变化,是受到时局与地方官吏影响的。

五、民族区域自治

从现实来看,民族区域自治促进了鄂西南地区的繁荣发展,保证了鄂西南各民族之间的平等和团结。祖国统一是各族人民的最高利益,民族团结是祖国

---

① 吴永章,田敏.鄂西民族地区发展史[M].北京:民族出版社,2007:207.

统一的重要保证。民族区域自治制度始终强调加强民族平等、维护民族团结、推动民族互助、促进民族和谐。少数民族与汉族在这里和睦相处，共同进步，构成了鄂西南民族的多样性。鄂西南是多民族居住地，有土家族、苗族、侗族、汉族、回族、蒙古族、彝族、纳西族、壮族等29个民族，少数民族人口占总人口的54%。各民族习俗相互影响，文化相互交融，发展互相促进，共同组成了一个团结和睦的大家庭。

本章小结

各民族在对自然条件的改造利用过程中，形成了自己特有的获取和利用资源的生计方式，这一过程便是民族生计方式对自然条件的调适过程。这一过程的实现最终与该民族所处的自然环境形成耦合的局面，与该民族的其他文化融合为社会事实，并呈现出这样的逻辑关系：在多样性的生态环境之中选择了一种经济生计，便意味着选择了一种多彩的生活方式，在生态与生活之间搭建起桥梁的便是生计。以鄂西南地区的民族为例，历史上鄂西南地区的经济文化类型是以山地农耕为主，渔猎为辅的复合型文化。生产方式以旱地作物种植为主；聚落空间上有由借山势而建的吊脚楼组成的村寨；日常用具善于利用本地山林资源，将竹木加工为器物。这些文化内容和事象都是适应鄂西南地区特定的自然生态和社会生态环境的结果。

第二章　鄂西南民族文化生态区的概念内涵

　　区域是一个空间地理概念，是地球表面上具有一定空间的、以不同物质客体为对象的地域结构形式，是地理空间和文化空间相重合的概念。鄂西南民族文化生态区山水相连，民族共生，交往频繁，具有类似的山地经济文化模式，各民族在鄂西南地区的文化空间与地理空间交叉重叠，是一个典型的民族文化生态区。同时，鄂西南民族文化生态区内部各要素之间相互作用、相互依赖、相互关联，形成一个整体，并按照区域内各民族自身的文化逻辑进行着文化的再生产，共同维持着鄂西南民族文化生态区的稳定延续和发展壮大。

第一节　鄂西南民族文化生态区的概念

一、学术概念

　　我国是历史悠久的统一多民族国家。2014 年中央民族工作会议指出，"各民族共同开发了祖国的锦绣河山、广袤疆域，共同创造了悠久的中国历史、灿烂的中华文化。"各民族文化生态系统是其多样性文化物种与其特定的自然环境、生产生活方式、经济形式、语言环境、社会组织等相依相存、相互作用的完整体系，具有动态性、开放性、整体性的特点。由于各民族在空间区域的自然条件和社会文化的差异，导致区域之间的历史文化逐渐呈现出各自的特点和走向。这一特点很早便被中外学者发现并进行研究，从中国早期的《山海经》《禹贡》《淮南子》《华阳国志》等著作，到以拉采尔为代表的国外传播论学派，无疑都认识到人类在不同地理空间所创造的文化之间的差异性。在历史地理学领域，复旦大学的谭其骧、葛剑雄、周振鹤等，北京大学的侯仁之、李孝聪、韩茂莉、辛德勇等，陕西师范大学的史念海及朱士光、侯甬坚等，都对中国的历史地理进行了不同程度的分区和分期，并根据语言、宗教、风俗、经济、政治、社会等因素展开不同地域和不同时期的文化研究。而在国外以美国人类学者博厄斯为代表的历史学派提倡文化相对主义的观念，便是建立在不同区域文化的差异性基础之上的。各民族文化生态区是中华民族文化生态组成的一部分，从区域到整体，从物到人，从物质文化遗产到非物质文化遗产，民族文化生态的概念在其中起到基础性作用。

施惟达、肖青（2010）认为，民族文化生态是一种与民族文化的产生、存续、发展密切相关的复杂的生态系统，包括自然生态和社会生态两大子系统。民族文化生态的本质是其"创生性"。要使民族文化能够存续和发展，就要保护好民族文化生态。构建一套科学合理的民族文化生态评估指标，将有助于保护民族文化生态的"创生性"，有效实现民族文化的传承、保护、创新和延续。[①]龙运荣（2010）对近二十年来民族文化生态的概念进行了回顾性总结。[②]石群勇、龙晓飞（2011）认为，民族文化生态是指民族文化各要素之间以及民族文化与其所处民族生境之间的制衡关系，这种制衡存在是维护民族稳态延续的根本动力。[③]民族文化生态应包含区域性、系统性、动态性和脆弱性等特征。在历史进程中，少数民族在不断地应对民族生境时，构建了特有的民族文化生态，要建设好民族文化生态保护区，必须准确认知少数民族文化生态特征，这样民族文化生态保护区的建设工作，才具有针对性和实效性。杨洪林（2016）认为，民族文化生态保护区是指对具有代表性的民族文化形态或非物质文化遗产集中分布地区，经相关部门批准，通过维持或修复文化生态因子来保护非物质文化遗产而划定的区域。[④]从文化的本质上看，每一个民族文化生态区都有自己形成和发展的特殊的历史背景、社会基础、文化渊源、独特形态、发展变迁历程，任何文化都是在一定的时空范围内由人群与周边环境的互动中逐步衍生的，并有一个积累、发展、传播、扩散、再生的过程。

[①] 施惟达，肖青.论民族文化生态及其评估指标[J].思想战线，2010（5）.

[②] 龙运荣，李技文.近二十年来我国民族文化生态研究综述[J].贵州民族学院学报，2010（1）.

[③] 石群勇，龙晓飞.民族文化生态特征与民族文化生态保护关系研究[J].青海民族研究，2011（1）.

[④] 杨洪林.民族文化生态保护区建设的理念与实践研究述论[J].黑龙江民族丛刊，2016（5）.

从人类学发展来看，关于民族文化生态区的研究，一直是其不变的主题之一，从一地一隅到跨文化比较，从某一时段或长时段分析研究其文化的演进历程，从德奥文化圈理论到美国历史学派的文化区理论再到苏联的历史民族区理论，无疑都是建立在个案的区域研究基础之上的，从区域个案出发可以更好地反观整体全貌。得益于此，本书所使用的"民族文化生态区"是指在一个特定的空间区域内，由区域内的群体在与自然环境及周边群体的长期互动中所创造的文化集合，人群共同体有相似的文化特质，同处一个生态区位，在生计上有着类似的谋生手段，在生活上展现出交织融合的状态。民族文化生态区强调的是将过去在一个区域之内散落的点状和线状分布的文化资源进行整合，形成网状结构，从而实现民族文化生态区域内的整体性保护，改变过去静态的物质文化保护局面，突出活态的非物质文化遗产的保护与传承，并将其赖以生存的整个空间结构纳入其中，形成见人见物见生活的全景图像。

二、官方话语

中国是一个多民族国家，要立足于世界之林，必然要思考在全球化、现代化、信息化浪潮的冲击下，如何保护好我们的传统民族文化。从 20 世纪 50 年代对各少数民族民间文化的调查和研究，一直到当下中国的非物质文化遗产保护工程及民族文化生态保护实验区建设等，都体现了中国政府在当今风云变幻的国际背景和时代变迁中的一种"文化自觉"。自 2001 年 5 月 18 日，中国昆曲艺术被联合国教科文组织选入第一批"人类口头和非物质文化遗产代表作名录"以来，中国的非物质文化遗产抢救与保护工作便掀起了高潮。2003 年 1 月 23 日，原文化部与财政部联合国家民委、中国文联启动了中国民族民间文化保护工程。2004 年 4 月 8 日，原文化部、财政部联合发出《关于实施中国民族民间文化保护工程的通知》。2004 年 8 月 28 日，在第十届全国人大常委会第十一次会议上，表决通过了中国政府正式加入联合国教科文组织《保护非物质文化遗产公约》的批准决定。2005 年 3 月 26 日，国务院办公厅颁发了《关于加强中国非物质文化遗产保护工作的意见》。2006 年公布了第一批国家级非物质文化遗产名录518 项，2008 年公布了第二批国家级非物质文化遗产名录 510 项，第一批国家级非物质文化遗产扩展项目 147 项。

与此同时，中国非物质文化遗产保护的理论研究也成为学界的热点课题。

专家学者主要对非物质文化遗产的内涵、特征、价值、功能、保护的原则和措施等方面进行了相关的研究。随着非物质文化遗产保护实践和理论的进一步深入，许多学者从历史学、经济学、博物馆学、民族学、社会学、美学等多学科角度研究非物质文化遗产保护的相关问题，为国家制定相关保护政策提供了学理上的支持，国家也适时地调整了文化遗产保护工程战略。

2005 年 12 月 20 日，国务院《关于加强文化遗产保护的通知》提出"对文化遗产丰富且传统文化生态保持较完整的区域，要有计划地进行动态的整体保护"，并计划在"十一五"期间确立 10 个国家级民族民间文化生态保护区。从 2007 年 6 月至今，文化部相继设立了闽南文化生态保护实验区（福建省，2007 年 6 月）、徽州文化生态保护实验区（安徽省、江西省，2008 年 1 月）、热贡文化生态保护实验区（青海省，2008 年 8 月）、羌族文化生态保护区实验区（四川省、陕西省，2008 年 11 月）、客家文化生态保护区实验区（广东梅州，2010 年 5 月）、武陵山区（湘西）土家族苗族文化生态保护实验区（湖南湘西，2010 年 5 月）、海洋渔文化生态保护实验区（浙江象山，2010 年 6 月）、晋中文化生态保护实验区（山西省晋中，太原市小店区、晋源区、清徐县、阳曲县，吕梁市交城县、文水县、汾阳、孝义，2010 年 6 月）、潍水文化生态保护实验区（山东省潍坊，2010 年 11 月）、迪庆民族文化生态保护区（云南迪庆藏族自治州，2010 年 11 月）、大理文化生态保护实验区（云南大理白族自治州，2011 年 1 月）、陕北文化生态保护实验区（陕西延安、榆林，2012 年 4 月）、铜鼓文化（河池）生态保护实验区（广西河池，2012 年 12 月）、黔东南民族文化生态保护实验区（贵州黔东南苗族侗族自治州，2012 年 12 月）、客家文化（赣南）生态保护实验区（江西赣州，2013 年 1 月）、格萨尔（果洛）文化生态保护实验区（青海果洛藏族自治州，2014 年 8 月）、武陵山区（鄂西南）土家族苗族文化生态保护实验区（湖北恩施土家族苗族自治州，宜昌市长阳土家族自治县、五峰土家族自治县，2014 年 8 月）、武陵山区（渝东南）土家族苗族文化生态保护实验区（重庆黔江区、石柱土家族自治县、彭水苗族土家族自治县、秀山土家族苗族自治县、酉阳土家族苗族自治县、武隆县，2014 年 8 月）、客家文化（闽西）生态保护实验区（福建龙岩市长汀县、上杭县、武平县、连城县、永定区，三明市宁化县、清流县、明溪县，2017 年 1 月）、说唱文化（宝丰）生态保护实验区（河南宝丰，2017 年 1 月）、藏族文化（玉树）生态保护实验区（青海玉树藏族自治州，2017年1月），共计21个国家级文化生态保护实验区。

尽管当前中国文化遗产保护工作已经上升为国家文化发展战略，但是经济全球化趋势和现代化进程的加快以及多元文化的交流碰撞，使得传统文化依然面临着严峻的挑战，传统生活方式依然受到严重的影响，许多优秀的民族传统文化正在逐步消失，文化多样性正在遭到破坏，文化遗产及其生存环境正在遭受严重威胁，文化生态正在发生巨大变化。在此背景下，国家提出建设国家级文化生态保护实验区的概念。国家级文化生态保护实验区是指以保护非物质文化遗产为核心，对历史文化积淀深厚、存续状态良好，具有重要价值和鲜明特色的文化形态进行整体保护，并经文化和旅游部同意设立的特定区域。2011年6月1日起实施的《中华人民共和国非物质文化遗产法》规定："对非物质文化遗产代表性项目集中、特色鲜明、形式和内涵保持完整的特定区域，当地文化主管部门可以制定专项保护规划，报经本级人民政府批准后，实行区域性整体保护。"

三、学术概念与官方话语的关系

民族文化生态区是一个学术概念，民族文化生态保护区是一个官方话语。前者是在历史进程中逐渐形成的，后者是在当下由国家提出的。前者是后者的基础，后者是前者的升华，两者之间有一种前后相继的关系，反映出从学术概念到官方话语再到国家与民众共同参与的转变过程，反映出地方性知识的重要性和地方性主体地位不断攀升的社会事实。前者是从学术理念视角关注其演进和流变过程，后者是从官方视角关注当下的传承与创新，而我们的研究立足于两者的联通，通过在学术脉络上追根溯源，为今天的国家文化生态建设提供可资借鉴的经验，让优秀的民族传统文化绽放出璀璨夺目的光芒。

第二节　鄂西南民族文化生态区的层级

鄂西南民族文化生态区的范围为鄂西南全境，即恩施土家族苗族自治州的2市6县全境，宜昌市的长阳土家族自治县和五峰土家族自治县全境。根据自然生态环境、民族分布格局、文化遗产分布和文化生态现状，将该范围划分为核心区、重点区和一般区。

一、核心区

核心区主要为：区域内非物质文化遗产丰富，且具有较高的历史、艺术、科学价值，能够体现区域特色，有较好的文化空间作为依托，民众积极，政府重视，现将其概括如下：

清江文化走廊。包括清江流经区域的利川、恩施、宣恩、巴东、五峰、长阳等共计26个乡镇。该区域主要文化遗产有肉连响、傩戏、恩施灯戏、土家山歌、撒叶儿嗬、南曲、廪君传说、都镇湾故事、刘德培故事、白虎崇拜、向王崇拜、十姊妹歌、薅草锣鼓、江河号子、清江号子、制茶技艺等，还有多个特色村落和特色村寨。清江两岸主要乡镇构成的文化走廊，从地理上讲，清江将这些乡镇连成一体。从历史上看，土家先民巴人一直在这些地区活动。巴人由清江南部的长阳北上，活动遍及整个清江流域。清江流域从上游到下游都有巴式文物出土。五代末宋代初，活动在清江流域的巴人与其他部族融合，形成土家族。清江流域土家族一直生活在这个区域，是一个稳定的人群共同体。清江流域土家族形成了自身的特色文化，如敬白虎、跳撒叶儿嗬、女儿会、都镇湾故事等。

酉水文化走廊。包括宣恩县椿木营乡、沙道沟镇、李家河乡、来凤县翔凤镇、绿水乡、漫水乡、百福司镇，共7个乡镇。该区域主要有三棒鼓、摆手舞、土家八宝铜铃舞、舍把节、土家年、傩戏、土家山歌、赶白虎、"三抚官"崇拜、土家织锦"西兰卡普"等文化遗产，还有仙佛寺、舍米湖村、百福司镇等特色旅游景点。这7个乡镇位于酉水上游，地理上属于山地河谷区，是一个整体。土家先民很早就在这个地区活动，留下许多文化遗迹，著名的有来凤县仙人洞遗址等。春秋时期巴人的一支——板楯蛮在此活动，他们在五代末年宋代初年，与其他部族融合，形成土家族。唐宋时期，朝廷以羁縻制度统治酉水流域土家族，元到清初实施土司制度。信奉彭公爵主、向老官人和田好汉，跳摆手舞，喝油茶汤，打三棒鼓，过赶年、舍巴节，土家语留存较多，如今许多地名为土家语遗存，百福司镇兴安村、舍米湖村部分民众还能说土家语。

溇水文化走廊。包括鹤峰县中营、下坪、容美、太平、五里、走马，共6个乡镇。该区域主要文化遗产有鹤峰傩戏、土家打溜子、鹤峰满堂音、鹤峰柳子戏、鹤峰山歌、鹤峰花鼓灯、鹤峰讲书锣鼓、土家吊脚楼营造技艺、鹤峰围鼓、走马渔鼓、金阳豆豉制作技艺、白酒酿造技艺等，还有三家台蒙古村、容美土司等特色村落建筑。

郁江文化走廊。包括利川市忠路镇、沙溪乡、文斗乡。该区域有薅草锣鼓、孝歌、灯歌、利川石刻、文斗阴米制作技艺、忠路鞭炮生产技艺等10余项非物质文化遗产代表性项目。有张高寨、三元堂、旧司坝遗址、回龙董氏墓碑群、长顺秦氏墓、和尚坟、石桥张公墓、堡上衙门、文斗禹王宫、关庙、南华宫、魁兴阁等遗址。还有老屋基村老屋基老街、张高寨村、长干村张爷庙等国家级传统村落和少数民族特色村寨。

唐崖河文化走廊。包括咸丰县唐崖镇、黄金洞乡、丁寨乡、朝阳寺镇。该区域有国家级非物质文化遗产代表性项目土家族吊脚楼营造技艺，以及油茶汤制作技艺、板凳拳、绕棺、石雕（尖山石刻）、三棒鼓、唢呐、采莲船等省、州、县级非物质文化遗产代表性项目。还有世界文化遗产唐崖土司城址，麻柳溪村等国家级少数民族特色村寨。

苗族文化核心区。苗族传统文化留存较多、保护传承较好的地区，包括来凤县大河镇冷水溪村，宣恩县高罗镇小茅坡营村、大茅坡营村和咸丰县官坝村。冷水溪等4个苗寨的苗族非鄂西南世居民族，他们是在明清时期从湖南、贵州迁入鄂西南。由于进入鄂西南较晚，他们生活在坡地，依山建寨，与当地土家族、汉族和睦而居。苗族传统文化主要内容依旧保留，例如：小茅坡营苗寨仍有老人会讲苗话，喜欢在山湾避风处修房，建筑风格与当地土家族有区别，至今还保留着传统的图腾崇拜，以及哭丧、敬祖、过四月八等习俗。

二、重点区

重点区主要为：有较多国家、省、州（市）级非物质文化遗产代表性项目，文化特色较为浓郁，传统村落保存较好，建立了较多文化传承中心、传习所，非物质文化遗产保护传承工作开展良好的区域。其中包括恩施市盛家坝乡、板桥镇、崔坝乡，利川市毛坝镇，建始县高坪镇、巴东县信陵镇、官渡口镇、东瀼口镇、溪丘湾乡，鹤峰县太平镇、燕子镇，宣恩县珠山镇、椒园镇，咸丰县清坪镇、尖山乡，来凤县三胡乡、革勒车镇，长阳土家族自治县贺家坪镇、高家堰镇、龙舟坪镇，五峰土家族自治县仁和坪镇、长乐坪镇等22个乡镇。

三、一般区

一般区主要为：国家级、省级非物质文化遗产代表性项目的延展地区，有一定数量的州（市）级、县级非物质文化遗产代表性项目，保护传承工作有一定的基础。包括区域中除核心区及重点区以外的地方。

第三节　鄂西南民族文化生态区的内涵

鄂西南地区的民族文化生态是在所处的自然环境和社会环境互动运行中形成的复合产物，包含区域内各文化要素之间遗传和变异的动态过程。区域内的各民族在相互交融中，形成了一幅动人的多民族和谐共生的文化景象，我们通过反观文化遗产的方式，深入探究鄂西南民族文化生态区的内涵。

一、物质文化遗产

（一）建筑遗址

鄂西南民族文化生态区独特的地理位置和历史上闭塞的交通环境，使这里保存了丰富的建筑遗址。现有全国重点文物保护单位 10 个，包括唐崖土司城址、容美土司遗址、施州城址、大水井古建筑群、鱼木寨、彭家寨古建筑群、仙佛寺石窟、五里坪革命旧址等；省级文物保护单位 77 个，其中恩施土家族苗族自治州 64 个，长阳土家族自治县 7 个，五峰土家族自治县 6 个；州（市）级文物保护单位和县级文物保护单位星罗棋布。

施州城址，位于湖北省恩施市舞阳坝街道办事处周河村、六角亭街道办事处六角亭老城区，占地总面积达 10 余平方千米。由六角亭办事处的古施州城楼城墙遗址和位于舞阳坝办事处的柳州城遗址、南宋引种西瓜摩崖石刻、通天洞石刻共同组成。始建于宋代，初为土城，后经元、明、清各朝的扩建和维修，成为目前全国较少保存有古城墙、碑刻和有丰富历史文化内涵的宋城遗址。

建始直立人遗址，原名巨猿化石洞，位于湖北省建始县高坪镇麻扎坪村七组与金塘村交界的山坡上，为旧石器时代遗址。该遗址是首次发现的直立人与巨猿共生的化石地点，是我国目前发现的最早的古人类遗址之一。

大水井古建筑群，位于利川市柏杨坝镇的莽莽群山之中，始建于明末清初，是目前长江中下游规模最大、保护较好、艺术价值极高的古建筑群，集西方建筑与土家建筑特色于一体。整个建筑群由李氏宗祠、李氏庄园和李盖五宅院等三部分组成。

鱼木寨，明清时期古建筑遗址，位于鄂渝交界处，东距利川市 61 千米，四周皆绝壁。占地 6 平方千米，居住着 500 多户土家山民。这里有土家古堡、雄关、古墓、栈道和民宅，是国内保存最为完好的土家山寨，区内城堡寨墙、古栈道保存完好，数十座古墓石雕图案精湛，隘关险道惊心动魄，村民生产生活用具古朴传统，民族风俗别有风味，素有"世外桃源"之美称，堪称土家文化的遗留中心。

仙佛寺石窟，位于来凤县沙坨鱼种场关口上村酉水西岸，始凿于初唐至盛唐时期，此后历代均有增凿，清代于龛上设檐，寺内摩崖造像群（俗称咸康佛）坐西朝东、依山临水，有佛、弟子、菩萨等 31 尊。仙佛寺摩崖造像不仅是长江中游、两湖地区唯一的唐代摩崖造像，同时也是现存规模最大的摩崖造像，其中通高 6 米的大型倚坐式弥勒佛像，不仅在两湖地区首屈一指，也是国内较早、较大的实例之一。仙佛寺石窟以鲜明的民族特色，从不同侧面展示了我国石窟艺术风格及民间宗教信仰在长江中游地区的重大发展，集中展现了唐至五代期间，长江中游最具规模和最为优秀的石窟造型艺术，代表了两湖地区石刻艺术的最高峰，具有不可替代的历史、艺术、科学和鉴赏价值，是长江中游地区石窟艺术的杰出例证。

唐崖土司城址，位于咸丰县唐崖镇，背靠玄武山，面临唐崖河，是西南少数民族地区最为典型的古文化遗存，城址内既有物质文化遗产，又有非物质文化遗产，既有静止的文物，又有活着的文化，其完整性体现了迄今已经消亡的土司文化传统，反映了土司及土司制度产生、发展和消亡的过程，为研究制度文化、家族文化、政治文化等多元一体的土司文化提供了见证，填补了中国土司制度考古学的空白，在 2015 年第 39 届世界遗产大会上入选世界文化遗产。

彭家寨，始建于清代，位于宣恩县沙道沟镇两河口村，是武陵山区土家聚落典型代表之一，建筑规模约 8000 平方米，全部为吊脚楼，有房屋 22 栋及风雨桥 1 座。吊脚楼群依托观音山，建于山脚斜坡上，寨前是一排稻田，面向龙潭河，河上架有铁索桥。左是召大沟，右为叉几沟，沟上架有一座有百年历史的凉亭桥。寨前是公共用地院坝，寨后竹林间有一横排苕窖，东边为彭氏墓地。

从聚落的选址布局、植被配置到单体吊脚楼的建造，体现了土家族生活方式、建筑与环境的和谐关系。

（二）传统村落

传统村落作为文化遗产，具有较高的历史、文化、科学、艺术、社会和经济价值，是乡村历史、文化、自然遗产的"活化石"和"博物馆"。从 2012 年 9 月起，全国共公布了四批中国传统村落，鄂西南地区共有 46 个村落入选。

滚龙坝村，总面积约 5 平方千米，812 户，3021 人，是以土家大姓向氏家族居住为主的自然小村落。坐落在山间小平地，左有"黄龙"尖龙河，右有"青龙"洋鱼沟，四面环山，林木葱茏，古树参天，山峰独秀。文化遗存以古民居与古墓葬为主。古民居主要分布于茅坎山、中村、老虎山脚三处。现有明清及有保护价值的近现代建筑群总面积超过 30000 平方米，且 70% 保存较好，与山水和谐成趣，构成一幅美丽的画卷，是中国历史文化名村、恩施州"民族民间文化生态保护区"之一。

金龙坝村，地处恩施、利川、咸丰三县（市）交界处，自古有"一足踏三县"之说。面积 50.26 平方千米，947 户，3169 人。村里茶园成片，梯田相连，约 500 栋吊脚楼点缀在山峦之间。村里鱼篓网鱼、木叉背柴、铁三脚架鼎罐煮饭等传统的生活方式以及山民歌和土家长篇叙事歌《吴幺姑》的传唱，见证着金龙坝村古朴与深厚的民族文化。

鱼木村，全寨占地 6 平方千米，原名成家寨，以成姓、向姓居多，自古就是土家族居住地，有"天下第一土家古寨""世外桃源"的美誉，婚丧、饮食、建筑具有独特古老的民俗风情。寨内保存有清代碑墓 10 座，堪称中国最大的"青石博物馆"，正逐步成为自然、现代与历史和谐共生的历史文化名村。

庆阳坝村，面积 2.5 平方千米，460 户，1706 人，70% 以上是少数民族。古街道始建于清朝乾隆年间，长约 561 米，宽约 21 米，属于木质结构凉亭式古街道。在清朝和民国时期，是湘、鄂、川、黔四省的边贸中心，老街依山顺水而建，目前保存完整的房屋约 40 余栋，为穿斗式结构，楼高 2 至 3 层，形成三街十二巷，临街为燕子楼，背水为吊脚楼和侗族凉亭构架于一体。每逢农历二、五、八赶场，千余人在街市内从事竹编、山货、铁石器、理发等经营。该村是中国历史文化名村、恩施州"民间文化生态保护区"之一，为远近闻名的新农村建设示范村。

大茅坡营村，全村面积7.29平方千米，160户，600多名苗族村民聚居在一个寨子里。由于该村位于大山深处，吊脚楼建筑和风俗习惯得以完整保存并延续至今。该村以种植油茶树、中药材、玉米和水稻为主。

舍米湖村，舍米湖，土家语为“阳光照耀的小山坡”。全村170户600多人都是土家族，其中90%以上的人姓彭。村内有一始建于清顺治八年（1651年）的摆手堂，独立于村寨之外，崛于坡，隐于松柏古树之间，因其年代久远且保存完整，被誉为“神州第一摆手堂”。舍米湖村原汁原味的摆手舞已列入国家级非物质文化遗产，摆手舞大师彭昌松、鼓手彭承金被誉为“摆手舞传人”，百福司镇被国家命名为“民间文化艺术之乡（摆手舞）”。

三家台蒙古族村，隐匿在大山深处，与外界隔绝，与外族通婚，近300年来不为人知晓。2002年，鹤峰县以原三家台村为中心，将周边几个蒙古族聚居的村民小组合并成立，这是湖北省唯一的蒙古族村，254户人家散居在18.8平方千米的山腰、坡尖、坪坝。

铁炉村，湖北省唯一的白族乡，面积15平方千米，共490户，2006人，其中少数民族1683人，白族、土家族、苗族、汉族在此和谐聚居。铁炉村以加工原始农用铁具而得名。村内河谷低平，土地肥沃，气候温暖，雨量充沛。

（三）少数民族特色村寨

少数民族特色村寨，是指民居特色突出、产业支撑有力、民族文化浓郁、人居环境优美、民族关系和谐的村寨。自2014年起，国家民委、财政部先后命名了两批“中国少数民族特色村寨”。鄂西南地区共有41个村寨入选“中国少数民族特色村寨”。

庌口村，庌口村地形呈“V”字，形如庌斗，是以得名。庌口村平均海拔700米，全村共1030户，3777人。这里翠峰绵亘、白云缭绕、溪水淙淙。楼房“青瓦屋面、飞檐翘角、木门木窗、白脊白墙、咖啡裙墙、石头砌坎”，与四周葱郁的山林交相辉映，相得益彰。庌口村有成片的千年古桢楠木群，其中“桢楠树王”为湖北省内发现的最大桢楠树，树龄逾千年。该村先后获得“湖北省新农村建设示范村”“全国美丽宜居示范村庄”等荣誉称号。

高拱桥村，高拱桥村枫香坡侗族风情寨绿油油的茶园、果园，廊檐飞翘的侗家小屋点缀于青山绿水间，婉转悠扬的鸟鸣伴着侗乡人劳作的欢歌不时传入耳中，浓郁的侗乡风情让人流连忘返。该村发挥独特的民族文化优势，在美丽乡村建设过程中打造侗族特色民居建筑，先后获得"全国环境优美镇""湖北省品牌建设示范乡镇""湖北生态农业特色示范品牌乡""十大荆楚最美乡村"等多项荣誉称号。

围龙坝村，地处清江以北的巴人发祥地中心区域，面积 5.2 平方千米，全村 1030 人，其中土家族人口占 95%，是清江沿岸少数民族特色浓郁的村寨，有近千年的历史，先后被评为"省级达标新农村""民族团结示范村"。一栋栋白墙青瓦的特色民居错落有致，一垄垄修剪整齐的茶树青翠欲滴，"吃住围拢坝，观赏清江景"是围拢坝人的口号，目前正朝着"宜游宜居生态村"的目标努力。

彭家寨，山川秀美，地形奇特，风光旖旎，绚丽多彩，古吊脚楼始建于清代前期，现存建筑多建于 20 世纪 50 年代，总占地面积约 3.5 万平方米，总建筑面积约 1.2 万平方米。寨中现存 30 余栋吊脚楼和干栏式建筑，被誉为"巴楚文化的活化石、土家建筑的典藏"。寨前龙潭河上架有一座长 40 多米的铁索桥。彭家寨民风淳朴，民族风情浓郁，是中国历史文化名村，也是恩施州民族民间文化生态保护区。

小茅坡营村，目前湖北唯一保留完整苗语地区，全村 5 个村民小组，共140 户 483 人，其中苗族 407 人。这里是一处完整的苗家聚落，地理环境幽深，建筑文化独特，苗风苗俗浓郁，是湖北省苗族语言唯一"活着"的村寨。苗寨房屋建于山湾、河湾、树林等避风处，单家独户或两三栋房屋聚集，与宣恩彭家寨鳞次栉比的土家吊脚楼群、野椒园及张官铺侗寨的四合天井院形成鲜明对比。

伍家台村，面积 8.5 平方千米，559 户，2020 人。处在北纬 30 度神秘纬度线上，是茶叶生长的理想之地。清乾隆四十八年（1784 年），皇帝御赐"皇恩宠锡"牌匾，伍家台"贡茶"因此名扬天下，现已获得国家地理标志产品保护，并多次荣获省优、部优及博览会金奖。伍家台是湖北最美乡村之一。

（四）历史文化名镇名村和特色小镇

历史文化名镇名村，是指保存文物特别丰富、历史建筑集中成片、保留着传统格局和历史风貌,历史上曾经作为政治、经济、文化、交通中心或者军事要地,或者发生过重要历史事件，或者其传统产业、历史上建设的重大工程对本地区的发展产生过重要影响，或者能够集中反映本地区建筑的文化特色、民族特色的小城镇和村落。特色小镇是住房和城乡建设部为促进小城镇的保护和发展，评选的特色鲜明、前景良好的小城镇。鄂西南地区恩施市滚龙坝村、宣恩县庆阳坝村、两河口村和利川市鱼木村、谋道镇入选中国历史文化名村和特色小镇。

鱼木村，又名鱼木寨村，位于鄂渝交界处的利川市西部，全寨占地6平方千米，四周皆绝壁。村中鱼木寨是全国保存最为完好的土家族古寨。寨内有100余户居民，大都是土家族，至今仍保留有完整的土家人传统生活、饮食、婚丧、建筑习俗。鱼木寨明初属龙阳峒土司，后归附石柱土司，万历十四年（1586年）编籍万县。其土家古堡、古墓、栈道和民宅保存完好，有"天下第一土家古寨""世外桃源"美誉。2006年国务院公布为第六批全国重点文物保护单位；2013年入选第二批"中国传统村落"名录。

两河口村，地处土家族母亲河酉水源头，位于国家级自然保护区——七姊妹山的缓冲地带。风光秀丽，两条山脉自东向西南绵延，龙潭河贯流其中。全村1300余人，土家族占80%。两河口村拥有三项国家级桂冠——中国历史文化名村、中国少数民族特色村寨、国家级非物质文化遗产薅草锣鼓和三棒鼓的盛行地。境内还有彭家寨和老街两处国家级和省级文物保护单位，宣恩耍耍、宣恩土家八宝铜铃舞、草把龙及民间绣活（土家族苗族绣花鞋垫）等省级非物质文化遗产。

滚龙坝村，位于恩施市崔家坝镇内，是以土家大姓向氏家族居住为主的自然小村落，也属恩施州"民族民间生态文化保护区"之一。山清水秀，风土人情独特，文化传统深厚。四面环山，林木葱茏，古树参天，山峰独秀。南北两条河水经流其间，面积约五平方千米，耕地面积约九百余亩，土地肥沃。现居住两百余户，八百余人，形成了各民族大杂居、小聚居之地。村中房屋建筑庭廓烟树，院落棋布，古朴雅致、雾霭迷蒙。四周山势形成了东有青龙是瞻（青龙山），西有天马辔鞍（马鞍山），北有猛虎下山（黄家岩），南有五凤朝阳（五峰山），中有文笔调砚（宝塔山）的格局，构成了一幅美丽的自然画卷。

庆阳坝村，位于宣恩县椒园镇西北部。全村辖10个村民小组，460户，1706人。面积2.5平方千米。近年来，庆阳坝村大力调整产业结构，发展特色农业，以庆阳凉亭街为依托发展旅游产业，不断完善基础设施、创新管理机制、改善人居环境，逐步成为远近闻名的新农村建设示范村和闪耀在武陵山区的历史文化名村。

（五）传统工艺美术

鄂西南地区有许多能工巧匠在长期的生产实践中用自己的双手创造了独具特色的民族工艺美术。包括织锦、挑花、刺绣、制陶、印染等多种门类。

西兰卡普是鄂西南地区民间的家庭手工织锦。西兰卡普在题材的选用、纹式风格、色彩运用等方面具有鲜明的民族特色。图案涉及当地百姓生活的各个方面，基本定型的传统图案便有二百多种。主要以动植物、生活物品、吉祥图案为主，整体效果古朴典雅，主题突出，色彩层次分明，惟妙惟肖，光彩夺目。西兰卡普与广西的壮锦、云南的傣锦、南京的云锦并列为中国四大名锦。

竹编工艺是鄂西南地区编织艺术中种类最多、工艺最精、与生产和日常生活关系最密切的一个门类。竹编工艺在当地百姓生产生活中，除了各种筐、箩、背篓、床、椅、架等大型用具外，还有牛羊嘴笼子、捞斗、壕子、斗笠、鸟笼等小型用具。按照制作类型大致可分为编篾类、丝篾类、编丝篾合用类三种。其中编篾类主要有筐、簸、席、箱和装饰品，丝篾类主要有花篮、背笼、饭篓和婴幼儿的摇篮，合用类竹器主要有竹桌、竹椅、竹凳、躺椅、书架和竹床等。

来凤县的宝石花漆筷已有百余年的历史，其制作工序繁复而精良，集适用、收藏于一体，色彩艳丽、古朴典雅、耐高温、耐摩擦、无毒无味、有杀菌抗癌等功能，远销东南亚，深受广大客户青睐。

（六）传统饮食

明末清初传入的苞谷，到清朝乾隆年间引的红苕、洋芋，这些食用植物特别适合山区种植，耐旱、产量高，在鄂西南山区得到广泛引种。至此，鄂西南地区百姓的主食开始以苞谷、洋芋、红苕、小米、大米等为主。肉食类以猪肉居多，辅以鸡鸭类，多以腌制熏烤类的腊肉为主。由于地处山区，动植物资源丰富，各种野菜和鱼虾也成为饮食中的调剂品。口味方面喜好酸辣，饮品方面喜饮酒和茶。合渣、面饭、酢广椒、糍粑、社饭、土腊肉、酸水坛子构成鄂西南地区独具特色的饮食风俗。

（七）传统民居

鄂西南地区的传统民居主要有四种类型：适应高寒山区的茅屋型，这种房屋结构一般为土墙，整个房盖形成一个整块，一般使用五至十年才一次性更换；适应二高山地区的土砖起瓦盖型或木架板壁瓦屋型；适应低山的木建筑，其中最有特色的便是土家族吊脚楼。山寨，多是依山凭险，一姓一寨或整村一寨，守险立寨。由于高山、二高山、低山的气候特点和材料特色而形成民居结构的多样化，而在同类地理条件下的民居结构又形成一种较为典型的模式，使鄂西南地区的民居形成了适应性、多样性和典型性的特色。

（八）传统工具

运载工具类是鄂西南人民在生产劳作中利用山地的天然材料，适宜山地运输行走而创制的工具。竹制的运载工具有背柴、背猪草等用的柴背篓，背质量轻而体积大的东西的筗笼，挑粮食和其他东西的箩筐，挑秧或挑草用的竹夹；木制的有背粪用的背桶，背小孩的背窝等。主要特点是就地取材，制作简便，经济实用。男性一般使用挑或扛的工具，女性一般使用背的工具。

采集渔猎类使用的竹篮、背篓、刀具、网坠、牛角、豪子等，其特点是种类繁多，用途多样，取于自然，实用为主。

生活用具以木料、竹料、石料为主，涉及日常生活中的各个方面，其制品多古朴自然。

二、非物质文化遗产

鄂西南地区有着丰厚绚烂的非物质文化遗产，包含民间文学、传统音乐、传统舞蹈、传统戏剧、曲艺、传统美术、传统体育、游艺与杂技、传统技艺、传统医药、民俗等诸多种类，囊括了非物质文化遗产第一层级的所有门类。从四级名录体系看，截至 2016 年，鄂西南地区共有国家级非物质文化遗产代表性项目 18 项、省级非物质文化遗产代表性项目 78 项、州（市）级非物质文化遗产代表性项目 144 项、县级非物质文化遗产代表性项目 364 项。

（一）民间文学

民间歌谣类。梯玛神歌即梯玛在进行法事活动时所演唱的一种古歌。梯玛民间俗称土老司，据地方志和各地传说，几乎在鄂西南地区都有过梯玛的活动。从形式上看，梯玛歌有双句押韵的自由体；有两句一节和四句一节，句尾押韵的格律体。唱腔有高腔和平腔之分，高腔高昂，感情激越；平腔舒缓，情感深沉。演唱时梯玛身穿八幅罗裙，头戴凤冠，手拿八宝铜铃和司刀，边唱边舞，出神入化。

摆手活动土家族叫"舍把日"，历史悠久。摆手舞在神堂举行，分大摆手和小摆手。摆手歌是主持摆手活动时由梯玛、掌坛师演唱的古歌。摆手歌分行堂歌和坐堂歌两种。行堂歌是随摆手舞内容演唱的歌，跳什么就唱什么，一人领唱众人合唱；坐堂歌则是梯玛等歌手坐下来唱的，有单唱、对唱、轮唱等。摆手歌有即兴而唱的内容，更多的是由梯玛世代传承，用土家语演唱，内容浩繁、唱词固定。

哭嫁歌是鄂西南地区姑娘出嫁时的风俗仪式歌，是鄂西南妇女长期创作，在历代传承中不断丰富和发展起来的艺术形式。哭嫁歌的内容庞大，程式复杂，体裁句式灵活，长短不一，语多重复，调多反复，节奏明朗，铿锵有力。哭嫁歌全面记录了鄂西南的婚俗过程，有助于研究鄂西南地区的社会演进和婚俗发展。

丧鼓歌是鄂西南地区民族悼念亡者的一种祭祀性歌舞活动——打丧鼓（跳丧或跳"撒尔嗬"）时所唱的歌。丧鼓有跳丧和坐丧两种形式。跳丧为亦歌亦舞，因其唱时多用衬词"撒尔嗬"，故又叫"跳撒尔嗬"。最有特色的是流行于清江中下游地区的跳丧，又称为"撒尔嗬"。"撒尔嗬"是且歌且舞的丧葬仪式，当村寨的老人死后，远亲近邻必须赶到，俗话说："人死众人葬，一打丧鼓二帮忙""人死众人哀，不请自就来"。在高亢的锣鼓声中，人们手舞足蹈，边唱边舞，通宵达旦，陪伴亡灵。丧鼓歌多为偶句押韵的七言歌，通俗诙谐，表演形式灵活多样，可独唱、合唱、对唱、轮唱。常常是几个歌舞班子相聚一堂，气氛热烈，达到娱神娱人的效果。

神话和传说。在鄂西南地区流行的有《冰天的来历》《佘氏婆婆》《祖先》《上天梯》《巴务相》《五谷神》《巴蔓子》《向老官人》《向王天子》《清江传说》《鸳鸯峰》《五子岩》等。鄂西南地区的神话传说口耳相传、经久不衰，得益于较高的语言艺术。神话是借助想象和幻想去描写自然和说明世界；传说是对以往的人和事及风物贯注艺术的灵感，借以表现或抒发对历史和现实的审视与期望。鄂西南地区的神话传说以英雄、动植物和山川景物为主，并与民族性格、习俗、理想和生活环境融合，具有典型的民族和地方特色。

民间故事。鄂西南地区的民间故事在口头文学中的产生相对较晚，但内容十分丰富。按其类型可分为幻想故事、生活故事、吟诗作对故事、机智人物故事和动物故事等。按其表现的内容可划分为婚姻爱情类，如：《赖大仙》《蛇郎》《王大和刘二》《南瓜兄妹》等；扬善惩恶类，如：《善恶有报》《人心不足蛇吞象》《穷八代与神仙石》《壶儿和鼻子》《兄弟种瓜》等；道德教化类，如：《三兄弟葬父》《金儿和银儿》《一百台陪嫁》《两口重箱子》等；抗争压迫类，如：《唐好汉斗土王》《财主出丑》《送草纸》等；聪明才智类，如：《新媳妇》《幸亏有个好媳妇》《该我一万一》《三考媳妇》等。民间故事从各个不同的侧面，反映了鄂西南地区民族的社会情态，艺术上一般都表现为篇幅短小，风格鲜明，妙趣横生，感染力强。

（二）民间表演艺术

民间舞蹈类。摆手舞是鄂西南地区民间传统舞蹈形式，一般在春节期间举行。"摆手"，根据民族居住地的差异有所不同，大摆手舞是表演军功的战舞，三年举行一次；小摆手是农事舞，每年都举行一次。表演内容为拖野鸡尾巴、跳蛤蟆、木鹰闪翅、犀牛望月等狩猎动作；砍火渣、挖土、烧灰积肥、种苞谷、薅草、插秧、割谷、织布、挖麻坨等生产生活动作。摆手舞的主要特点是摆同边手，并躬腰屈膝，以身体的扭动带动手的甩功。舞姿粗犷大方，刚劲有力，锣鼓节奏明快，十分优美，表现了鄂西南地区人民的勤劳朴实及其勇敢豪放的气质。

八宝铜铃舞在宣恩地区最为流行，是土老司祭祀起舞时的一种舞蹈形式。当地百姓祈求五谷丰登、人畜兴旺之时，便向祖先和神灵许愿、还愿，请来土老司跳神"解钱"。土老司跳神"解钱"是手持师刀、罡剑边唱神歌边舞，动作粗犷、敏捷，剑端所系的八个铜铃叮当有声，独具特色而受人喜爱，故称"八宝铜铃"舞。新中国成立后，文艺工作者将铜铃舞进行改造提炼，逐渐搬上了艺术的舞台。

肉莲湘。鄂西南利川地区流行的一项娱乐活动，具有鲜明的民族性和地域性。肉莲湘动作中有仰天大笑、急急拍打、前滚后翻、左顾右盼，动作活泼有趣。肉莲湘演员以手掌击额、脸、肩、臂、腰、腿等部位，边跳边打，配以舌尖弹动的声音，动作与打铜钱莲湘相似而得名，表演起来诙谐、明快、有趣，运动量较大，全身筋骨都处于运动之中，主要动作有鸭子步、秧歌步、穿掌吸腿跳、颤步绕头转身、双打、三响、七响、十响、滚坛子、鲤鱼打挺等。

戏剧类。茅古斯是鄂西南民间一种极为古老的表演艺术，是穿插在土家族传统祭祀摆手活动中的艺术表演形式，与摆手活动有着紧密联系而又相对独立，并且极具特色。茅古斯的表演者浑身都用稻草、茅草扎着，甚至面部也用稻草或树叶遮盖住，头上还要扎五条大棕叶辫子，四根稍弯，分向四面下垂。茅古斯从动作到内容，都别具特殊。演出自始至终，讲土话，唱土语歌。语气怪腔怪调，话语颠三倒四，意思含糊不清。动作粗鲁，形态滑稽，诙谐有趣。碎步进退，屈膝斗身，左右跳摆，浑身颤动，摇头耸肩，浑身茅草刷刷作响，全是模仿上古人类的古朴粗犷的仪态。茅古斯在一定程度上反映了土家族所经历的各种历史阶段的社会生活风貌，具有极高的历史文化价值。

傩堂戏。是一种流行于鄂西南地区的民间剧种，以酬神祭祀为主要目的。演出者头戴面具、身穿法衣，一般在厅堂内表演，虽然与其他周边地区的傩戏或傩愿戏称呼不同，但共同点都是粗犷、古朴、源远流长，有中国戏剧的"活化石"之称。傩堂戏早期受中原文化、巴巫文化的直接影响，后期又受到元明清民间戏剧弋阳腔、川戏、辰河戏和本地花灯潜移默化的影响，逐渐成为具有民族特色的艺术形式。傩堂戏的传承主要是口传面授，家传与师传结合。傩堂戏虽然带有一定的神化色彩，但"神"已人化，随着历史的发展，神的形象越来越淡薄，而现实的气息则越发强烈。

南戏。是鄂西南地区的古老剧种之一，又称"施南调"，流行于过去的施南府一带。南戏角色分生、旦、净、丑四大行，与中国古老的大剧种相同。净角、小生、生角、老旦、花旦唱本嗓，正旦、小旦唱边音。正戏开演之前，由"登场生"出场唱帝王传，介绍当天所演剧目及剧情，称为"定音"。各个行当文武兼备，正规严整。南戏传统剧目丰富多彩，存目有近 1000 个。剧本、唱词多用七字、十字句，唱和白中，也杂有鄂西方言土语，以求通俗易懂，增添生活气息。南戏经过多年的融会变异，参入地方和民族风情，从庭院走向民间高台坝场，逐渐与其母体分离，构成一个新的地方剧种，同时这也是土汉民族文化交流交融所结成的硕果之一。

地方曲艺类。长阳南曲，又名丝弦，流行于长阳、五峰地区，传统曲目约有 200 多个，今存唱腔曲牌 32 支，分南曲和北调两类，俗称"南腔北调"。其结构有单曲体、基本曲牌联曲体、混合曲牌联曲体三种。长阳南曲发展至今，出现了坐唱、走唱、一人唱、二人唱或三人对唱，以及多人演唱的表演形式，增加了散白、韵白，丰富了曲牌唱腔和乐队伴奏。南曲的特点是：唱词文雅，曲调优美，自弹自唱。主奏乐器为小三弦、云板击节、适当配以二胡、四胡、扬琴、目琴。

利川小曲，是流行于利川市南坪、茶兴一带的小曲种。形成于明末清初，其特点是说唱结合。演唱多以"联曲"亦即"组曲"形式为主，伴以梆鼓、木鱼、跳板，配二胡、三弦、笛子、唢呐。或座唱，或站唱，或走唱，辅以动作表演，男女均可，是一种轻便灵活的演唱体式。其代表曲牌《龙抬头》，可塑性大，通过演化变调，形成系列性的"变体曲牌"，写景抒情、叙事、刻画心理，各种功能兼备，大不同于一般民歌小调。

恩施扬琴，又名恩施丝弦，传唱于鄂西南的恩施、利川、咸丰、来凤、宣恩等地，是湖北地方小曲中音乐性较强、表现力丰富的一个曲种，距今有100余年的历史。恩施扬琴属自娱自唱的雅乐形式，无专业艺人，唱者多为文人雅士或行商座贾，也无职业班社，不"闹堂子"，不坐茶馆，不公开聚众欣赏，多系亲朋好友相邀而唱，以琴会友，不搭唱，不化妆，多在夜阑人静时，于深宅古庙中，围桌而坐，自奏自唱。按曲情中生、旦、净、丑、末、辅助角色递相杂唱，最少不得少于3人，自操扬琴、碗琴、鼓尺等乐器，结尾处常伴以众和彩腔。曲目多为传统题材，内容相当丰富，多取自《三国》《水浒》《说岳》《列国》《红楼梦》等。

（三）民间音乐

鄂西南地区的民间音乐形式多样，内容丰富。按体裁形式可分为号子、山歌、田歌、小调、灯歌等。号子产生于古代，发展于近代。鄂西南地区的劳动人民在从事各种劳动时所发出的以呼喊为主的一种歌谣，所以叫"喊号子"。它在劳动中起着协调节奏、鼓舞情趣、调节疲劳的作用。各种不同的劳动形式，产生各种不同的号子，如：船工号子、放排号子、石工号子、背脚号子、打油号子等。各种劳动号子歌词简短、句式工整、连贯易记。喊号子同劳动动作的起始、快慢紧密配合，一领众和，领和交替，领词带号令性质，合词多为劳动的呼声，音乐节奏感强烈。一般特点是气氛浓烈、声音激昂，顿挫有力，旋律高亢。号子的曲牌结构形式有半声号、两声号、三声号、四声号、五声号和大号子等。

山歌是随着高坡田野劳动或生活而产生的歌曲，山歌的歌唱性较强，多颤音、滑音，是一种自由悠扬的田野抒情曲。鄂西南地区的山歌种类繁多，主要有采茶歌、砍柴歌、赶马歌、放牛歌、翻山歌、盘歌等。山歌的曲牌结构形式有号头、半声子、上下句、四句子、五句子、连八号、穿号子、赶号子、穿尾子等。山歌可分为高腔山歌和平腔山歌。高腔山歌是一种高亢、淳朴的田野抒情曲，平腔山歌是一种优美、婉转的叙事曲。高腔山歌由于调高，演唱费力，除两人或多人演唱的穿号子和连八句外，一般歌词量不超过五六句；平腔山歌因其调门低，可容纳较长的歌词，而且字句的排列较高腔山歌密集，旋律激进得多。

田歌是一种配合生产的歌唱形式，属于野外劳动歌曲。鄂西南地区的田歌主要是薅草歌。在水田，有栽秧锣鼓、扯草锣鼓；在旱田锄草，兴打薅草锣鼓；挖荒田以及砍楂子烧火土也兴打锣鼓。锣鼓班子一般为四人或是两人。薅草歌的演唱或为固定戏文或是即兴演唱，唱词通俗，内容和形式易为民众所接受，因此流传甚广。薅草歌在不同的区域称呼略有不同，如：在恩施叫作歌锣鼓，有引子歌、杨歌、叫歌、姐罗也、排歌、冲天炮、尾声；在鹤峰叫作"雁将班"；巴东的薅草锣鼓有二十八支曲牌，其中高腔曲牌有半声号子、对声号子、二接头号子、三接头号子、杨歌、赶号子、带赶歌、下山号子等。

灯歌是一种歌舞相结合形式的民歌。灯歌在情趣上较小调更为热烈，节奏性也更强，多在逢年过节时演唱。多数以锣鼓为伴奏，并有道具，演唱时一般是一领众合。灯歌大体可分为鼓儿车、花鼓灯、花鼓、莲湘四大类。其中，鼓儿车流行于恩施、利川、宣恩、来凤、建始、巴东地区。巴东叫鼓儿车，建始叫喜花鼓，来凤叫地花灯，表演形式有推鼓儿车、划彩莲船、挑花等；花鼓灯在鄂西南各地都保有自己的特点，有流行于巴东、利川、宣恩、咸丰和来凤等地的滚铜钱，恩施、宣恩、利川、鹤峰的耍耍，咸丰的地盘子，还有巴东的万民伞；花鼓流行在宣恩和来凤等地，是一种说唱相间的演唱形式。莲湘在鄂西南最为流行，巴东称为九子鞭，来凤称为打花棍，宣恩称为滚龙莲湘，都各具特色。

（四）民间体育

猜谜语，是鄂西南民间盛行的知识趣味性较强的活动，一般在茶余饭后，节日聚会或劳作之余进行。谜子分字谜、物谜、事谜、现象谜等。

划拳，主要出现在民间宴饮之时，以划拳行酒令，三五人喊拳。拳诀有："全福寿，福寿全""哥俩好""四季发财""五经魁首""六合同春""八大金刚""十全十美""九如颂"等，出法随机挑选。

打毽子，是儿童的一种日常体育运动。毽子用公鸡腰毛一束，扎在铜钱上面制成。打毽子的方法多样，单人打、双人打、两队对打、两人对打、赛花样均可。此外，还有拍毽和抢毽等。

螺螺棋，因棋盘四角弧线如螺状而得名，四角螺线条数的多少和整个棋盘的大小，可根据对弈双方棋艺高低增减。分布阵、开战、决战、收局四个阶段，余子为胜，败方则一子无存。布阵为：在棋近身的一方各交叉点上布子，一直摆到最外围螺线的连线上。战法是：若是吃掉对方棋子，就必须沿上下左右任意一线转螺圈，转圈时遇敌子则打掉，谓之"吃子"。双方对弈时，棋局变幻莫测，虚虚实实，声东击西，妙招频出。鄂西南地区的棋类运动还有成三棋、裤裆棋、天棋、挑挑棋、牛眼睛棋、和尚棋等。

跳丁丁步，也称为跳拜拜儿。用一只脚跳起走，限距离，看谁先到终点，可单脚跳，到一定距离，又可换脚跳。

踩高跷，在长棍的尺把高处绑一截横木，做一双"高脚"，双脚分别踏上去，双手两臂持棍走路。另一种是把绑横木的短棍捆在脚掌及小腿上，摆手走路。赛动作、姿态和速度。

（五）民间医药

鄂西南人民在长期的生活实践中，对山区常见的跌打损伤、虫蛇咬伤、伤风感冒等疾病逐步有了基本的认知，利用山区丰富的植物、动物、矿物和水土等为药物，进行治疗。在反复的实践实验中，形成了许多方药。鄂西南民间药匠经过反复实践、探索，摸索出了既不同于中医，更不同于西医的草医草药和独特的疗法，形成了本民族的传统医药，并世代传习。鄂西南民间在长期与病痛斗争的过程中摸索出一套行之有效的治疗方法，主要有直观诊断法，即采用问、望、听、摸；内服外用法，是该区域最常用的治疗方法；封刀接骨法，是治疗各种骨伤、枪伤、刀伤、关节脱臼等伤病；重蒸坐浴法，是鄂西南民间治疗风湿等疾病的方法；烧药夹攻热药烫熨，是鄂西南民间治疗由风寒引起的腹痛、腹胀、嗝食、小儿发热、腹泻、心跳无力等症状的有效方法；针刺扎挑法，是鄂西南民间用于排脓、放血、消毒、退火、止痛的常用方法；刮痧，是鄂西南民间治疗头痛、发烧、受凉、鼻血、嗝食、腹泻等疾病的方法；拔火罐，是鄂西南民间治疗感冒、淤血、扭肿等疾病的方法；推拿按摩是鄂西南民间治疗小儿疾病和成人扭伤等病的常用方法。

（六）民间礼俗

二月二的土地节。传说这天是土地神的生日，为祈求土地菩萨赐给人们好年景，让人们幸福吉祥，各家各户去土地庙前点烛烧香，摆上酒菜，口头礼拜，给土地菩萨做生日以求五谷丰登，家境顺利，兴旺发达。

迎春日。是每年立春之日，人们举行盛大的集会，欢迎春天的到来，人们欢聚一堂，张灯结彩，在鼓乐声中挥动柳枝，拍打春牛三下，名曰打春。

闹元宵。是土汉人民的共同节日，白天，家家户户剁半边熟猪头祭"门神"；夜晚，村村寨寨，鼓乐齐动，管弦齐奏，人们举着各种形状的灯笼，到各家各户送灯，灯到哪家，哪家就吉祥，俗称"腊月三十的火旺，正月十五的灯亮"。这一天，每家每户都摆满食品，燃香点烛，迎接送灯队伍的到来。晚上还要舞狮子，演板凳龙，唱小曲，一片热闹景象。

女儿会。是鄂西南地区女性的喜庆节日。恩施、宣恩、鹤峰三个区域的交界之地，每逢五月初三、七月十二日都要举行女儿会。会期当天，远近都有人来此摆摊设点，互通贸易。在熙熙攘攘的人群中，歌声四起，有些男女趁机寻找配偶，有的互赠定情信物，约定再次相会的时间地点，也有因此相会成亲的。

鄂西南地区的许多节庆都与农事活动有关，并有一些特定的活动内容。最受重视的农时节俗有"惊蛰节""清明节""谷雨节""芒种节"等，对以山地农耕为生计来源的区域群体而言，时节性的节俗基本上都与当地的生产生活息息相关。

（七）民间信仰

鄂西南地区民间信仰的主要特征是多神崇拜。鄂西南地区的民间信仰经历了一个漫长的历史发展过程，历经万物有灵、图腾崇拜、泛神信仰、多元信仰四个阶段。在万物有灵阶段，鄂西南先民对变幻莫测的自然无能为力，而又惊恐万分，通过虚幻的认识从自然界中分化出各种各样的精灵和神，日月星辰、风月雷电、山川河流、动植物等，都曾被神化，它们成为鄂西南先民最早的崇拜对象。进入图腾崇拜阶段，鄂西南民族以白虎作为自己的图腾。泛神崇拜主要是指祖先崇拜和土王崇拜。而后随着土汉之间交流的逐渐增多，儒、道、佛教进入该区域，因道教和鄂西南的土老司有一种天然的契合感，出现了彼此逆向互化的趋势。近代以来，基督教和传教士也陆续深入到鄂西南民族地区，因其文化根基浅，始终没能融入主流社会，并在传播过程中不断发生教案事件，最终没能在鄂西南地区产生过多的影响。随着周边群体的不断融合，汉族的宗教信仰普遍被鄂西南民族所接收，其神祇也多为当地民众吸收，从而形成了鄂西南地区民间信仰多元并存的局面。

（八）乡约民规

为了满足生存和发展的需要，维护社会稳定和民众的共同利益，鄂西南地区形成了一些不成文的习惯法，即"乡约民规"。如："封山育林""保护秋收""打猎分配""维护地方秩序规约""收捡桐茶规约""草标规约""住房习俗规约""赶场规约""捕鱼规约"，以及家规族约，凡是约定俗成的规约人们必须自觉遵守。鄂西南民间形成的乡规民约是以村寨为单位，由全村寨人民主制订和共同遵守的行为准则。全村寨的人，不分族别、姓氏、男女，人人都要遵守。在制订和通过规约时，全村人聚集一堂，公推一名办事公道、精明能干，有较高威望的老人为主持人。由主持人提出制订规约的内容、目的、条款及执行的办法交大家商议。经民主协商，在认识一致的基础上，主持人宣布通过。有的地方由土老司主持祭祀，大家在摆手堂前盟誓；有的地方还"吃血酒盟誓"，显示规约的严肃性。民约条款通过之后，写在大木牌上，或刻在石碑上，立于村内的当道处，以昭示村内村外民众遵照实行，若有违犯，严加惩处。

本章小结

鄂西南地区的物质文化类型多样，留存丰厚。鄂西南在历史上处于巴国和楚国的领属范围，大量的遗址、遗迹、文物都明显带有巴楚文化风格。同时，特色村寨、村落等保存完整，文化底蕴深厚。非物质文化遗产大量保存在民间的民俗活动之中，由于居住在鄂西南地区的民族有语言无文字，所以口头文学、民间歌舞以及日常节俗非常发达，鄂西南地区的民众在广泛吸收借鉴周边群体文化元素的同时，还保留了自身独具特色的民族风情。民间歌谣种类繁多，传统戏曲和舞蹈在吸收汉族文化元素的基础上不断出现本地化和土家化的趋势。鄂西南地区既有本区域独特性的文化遗产，也有与周边群体共享的文化事项，更多的则是多民族之间相互影响的文化现象。

第三章　鄂西南民族文化生态区的滥觞时期

鄂西南民族文化生态区的滥觞时期是从先秦至唐宋阶段。这一时期时间跨度较大，但总体变化不大，是区域性文化形成的雏形阶段，对后来的影响极为深远，同时给鄂西南民族文化生态区打上了深刻的历史烙印和区域底色。从早期的廪君神话传说中，我们可以推测鄂西南地区的先民经过了穴居、渔猎、未有君长，俱事鬼神的原始氏族社会阶段。巴国在鄂西南地区长期活动，但实际上巴国是以巴人为主，包括了共、夷、奴等多个群体，巴国的政治主要是通过军事活动展开的，与周边的战争几乎贯穿整个巴国历史。这一时期的经济生计以渔猎为主，出现了刀耕火种的萌芽。秦灭巴后，造成巴人的大量流散，秦在巴地通过设置郡县，拉拢土酋，通婚联姻等一系列手段，迅速使得巴地的社会秩序恢复正常。由于地理环境的阻力和强宗大姓的割据，许多早期的文化习俗得以遗留。这一漫长的历史时期，也是民族大融合时期，各民族在同一区域长期杂居，相互影响、借鉴、融合，从而形成了以巴人为主体的区域性共同体。

第一节　元以前鄂西南地区的政治生态

一、先秦时期鄂西南地区的政治生态

先秦以前，在鄂西南地区，人类的早期社会是一个无文字记载的时代，人们以口耳相传的神话故事作为媒介，进行结群并组织人类活动。神话故事虽是以语言形式流传至今的，但能够在一定程度上反映当时的社会情境和生产生活状态，如在鄂西南清江流域曾广泛流传的一则神话故事："传说古时候两个部落大拼杀，其中一个部落惨败，被杀得只剩下一个十八岁的姑娘。这姑娘叫佘香香，她躲进岩洞，被神鹰救出，在它的陪伴下开山种地。一天，佘香香梦见

两只小鹰闯入怀中而怀孕，生下一男一女。男的名飞天，女的叫芝兰。佘香香叫兄妹俩不要忘记鹰的恩情。佘香香死后，兄妹俩按照天意成了亲，其后代便是土家族中一个庞大的谭姓家族。这个家族尊飞天为谭氏始祖，尊佘香香为'佘氏婆婆'。尊救命的鹰为'鹰氏公公'，世世代代不准打鹰。"[①]此则神话故事反映了鄂西南地区先民血缘婚姻的基本情况。诚如摩尔根所言："氏族是以血亲为基础的一种古老的社会组织。"[②]此种社会组织形式是当时历史阶段的一种适应性选择，是人类为了繁衍生息和结群合作的必然方式。

此阶段最具有代表性的当属关于廪君的神话传说，最早见于先秦典籍《世本·氏族篇》，后世版内容虽有增减，但多以《世本》为依据。现将《后汉书·南蛮西南夷列传》之内容摘录如下："巴郡南郡蛮，本有五姓：巴氏、樊氏、晖氏、相氏、郑氏，皆出于武落钟离山。其山有赤、黑二穴。巴氏之子生于赤穴，四姓之子皆生黑穴。未有君长，俱事鬼神；乃共掷剑于石穴，约能中者，奉以为君。巴氏子务相乃独中之，众皆叹。又令各乘土船，约能浮者，当以为君。馀姓悉沉，唯务相独浮。因共立之，是为廪君。乃乘土船，从夷水至盐阳。盐水有神女，谓廪君曰：'此地广大，鱼盐所出，愿留共居。'廪君不许。盐神暮辄来取宿，旦即化为虫，与诸虫群飞，掩蔽日光，天地晦冥。积十余日。廪君伺其便。因射杀之，天乃开明。廪君于是君乎夷城，四姓皆臣之。廪君死，魂魄世为白虎。巴氏以虎饮人血，遂以人祠焉。"[③]上述史料是巴人早期研究的重要资料之一，曾有诸多专家学者对其进行充分的研究和解读。史料交代了该区域氏族部落的地域空间分布、血缘姓氏、起源地、洞穴居住形式，内部同血缘的两大集团，外部的廪君部落和盐水女神，早期的鬼神信仰，原始氏族社会状态，掷剑和乘船的公平竞争，迁移路线，鱼盐资源的争夺，以及通过内部合作向外扩张，最终神化廪君的过程。此阶段，社会等级开始出现，集团规模开始扩大，生存空间向外拓展，资源争夺愈加激烈。

---

① 归秀文.土家族民间故事选 [M].上海：上海文艺出版社，1989：32.

② [美]摩尔根.古代社会 [M].杨东莼，等，译.北京：中央编译出版社，2007：48.

③ 范晔，撰.李贤，等，注.后汉书（卷八十六）[M].北京：中华书局，1965：2840.

二、秦汉时期鄂西南地区的政治生态

秦汉时期，《后汉书》载："秦惠王并巴中，以巴氏为蛮夷君长，世尚秦女，其民爵比不更，有罪得以爵除。其君长岁出赋二千一十六钱，三岁一出义赋千八百钱。其民户出幏布八丈二尺，鸡羽三十鍭。"秦利用秦女与蛮夷君长联姻，以此笼络控制巴人，稳固双方关系，此类联姻政治意义非凡，对后世的民族交往提供了可资借鉴的经验。同时，对于巴人的犯罪惩罚也比较轻微宽容，对巴人的税赋或减或免，除此之外，还有幏布、鸡羽等地方土贡，这种地方土特产品以物抵税赋的形式，后期逐渐演变为朝贡的主要形式。在秦昭襄王时期，秦与巴人刻石结盟。《后汉书》载："秦犯夷，输黄龙一双；夷犯秦，输清酒一钟。"上述资料反映出，秦代对鄂西南的地方势力是在拉拢中加以利用，双方的盟约更大程度上是一种象征。到了楚汉相争时期，刘邦利用当地酋长势力征讨三秦之地，《后汉书》载："秦地既定，乃遣还巴中。复其渠帅罗、朴、督、鄂、度、夕、龚七姓，不输租赋；余户乃岁入賨钱，口四十。"从中可以看出，秦汉时期鄂西南地区已经有大姓集团出现，并在后世的发展中逐渐形成强大的地方势力。

秦汉时期中央王朝对鄂西南地区的民族治理政策，对后世产生了极为深远的影响。除设立郡县、树立君长、减免租赋、有罪或抵或除、彼此通婚外，也出现了由王朝主导的有组织移民。秦占巴地后，为加强对该区域的控制和扩大区域开发，开始将部分秦人向此地迁移。《华阳国志·蜀志》：秦置巴郡之后，"乃移秦民万家实之"。移民不仅有利于彼此的了解和交流，也将巴人势力进一步分化。在有移入者后，汉朝采取移出策略，将巴人迁移至商洛之地。《隋书·地理志》："汉高祖发巴蜀之人定三秦，迁巴之渠帅七姓居于商洛之地。由是风俗不改其壤，其人自巴来者，风俗犹同巴郡。"这种人口的流动和迁移，都是王朝主导的移民方式。主要还是通过移民实边和异地迁徙的方式，达到加快融合，稳定区域社会的目的。

秦汉时期巴人的主要分布地是巴郡、南郡、黔中郡、武陵郡。《后汉书·南蛮列传》："秦昭王使白起伐楚，略取蛮夷，始置黔中郡。汉兴，改为武陵……时虽为寇盗，而不足为郡国患，光武中兴，武陵蛮夷特盛。"可见，早期的巴地区域是巴郡、南郡蛮率先兴起，至东汉后武陵蛮繁盛，其中有关武陵蛮的记载多以叛服无常的形式出现在史书之中。《后汉书·五行志》载："郡国四十二地震，南阳尤甚，地裂压杀人。其后武陵蛮夷反，为寇害，至南郡，发荆州诸郡兵，遣武威将军刘尚击之，为夷所围，复发兵赴之，尚逐为所没。"《后汉书·南蛮列传》载："蛮二万人围充城，八千寇夷道。遣武陵太守李进讨破之，斩首数百级，余皆降服。"《后汉书·冯绲列传》载："武陵蛮夷悉反，寇掠江陵间，荆州刺史刘度、南郡太守李肃并奔走，荆南皆没。于是拜绲为车骑将军，将兵十余万讨之。"魏晋南北朝时期，该区域的蛮夷势力成为各集团积极争取的对象。不论哪一方势力的进驻，都对这一区域进行严格控制，强化管理，为己所用。《宋书》载："建平太守，吴孙休永安三年（260年），分宜都立，领信陵、兴山、秭归、沙渠四县。晋又有建平都尉，领巫、北井、泰昌、建始四县。晋武帝咸宁元年（275年），改都尉为郡，于是吴、晋各有建平郡。太康元年（280年）吴平，并合。五年，省建始县，后复立。永初郡国有南陵、建始、信陵、兴山、永新、永宁、平乐七县，今并无。按太康地志无南陵、永新、永宁、平乐、新乡五县，疑是江左所立。信陵、兴山、沙渠疑是吴立。建始，晋所立也。领县七。"[①]这一时期，政治区划变更频繁，不仅是因为处于战乱时代，更重要的是外部力量对该区域的介入和治理，以及自身内部势力的增长，让周边势力不容小觑，并辅以官爵和金银以示安抚。孙吴政权在取得公南郡之地后，"逊径进，领宜都太守，拜抚边将军，封亭侯。备宜都太守樊友委郡走，诸城长吏及蛮夷君长皆降，逊请金银铜印，以假授初附。是岁建安二十四年（219年）十一月也。"[②]高官授、金银诱的原因是占据重要的地理位置且实力强大。"秭归大姓文布、邓凯等合夷兵数千人，首尾西方。逊复部旌讨破布、凯。布、凯脱走，蜀以为将。逊令人诱之，布率众还降。前后斩获招纳，凡数万计。"[③]"数万计"足以说明当时该区域内人口的快速增长，其背后是社会经济发展作为重要支撑。章武元年（221年）七月，刘备率军伐吴，"吴将陆议、李异、刘阿等屯巫、秭归；将军吴班、冯习自巫攻破异等，军次秭归，武陵五溪蛮遣使请

---

① （梁）沈约.宋书.卷三十七.志第二十七.州郡三[M].北京：中华书局，1974：1122.其中，信陵在今巴东县境，沙渠在今恩施县境。

② （晋）陈寿，撰.（宋）裴松之，注.三国志.卷五十八.吴书十三，陆逊传[M].北京：中华书局，1964：1345.

③ 同上。

兵。"[①] 章武二年（222 年），刘备"自秭归率诸将进军，缘山截岭，于夷城猇亭驻营，自佷山通武陵，遣侍中马良安慰五溪蛮夷，咸相率响应"。[②] 这些记载均说明三国时期，各方势力都在极力拉拢控制所在边界地区的蛮夷之兵为己所用，扩大地盘，拓展势力，并通过虚位和实利的手段实行对该区域势力的治理，蛮夷势力也在此过程中不断壮大。

三、魏晋南北朝时期鄂西南地区的政治生态

蛮族势力进一步扩大，《魏书·蛮传》：诸蛮"依托险阻，部落滋蔓，布于数州。东连寿春西通上洛，北接汝、颍，往往有焉……自刘、石乱后，诸蛮无所忌惮，故其族类，渐得北迁，陆浑以南，满于山谷"。蛮族"衣布徒跣，或椎髻，或剪发。兵器以金银为饰，虎皮衣楯，便弩射，皆暴悍好寇贼焉"。[③] 各蛮族之间互不统属，各有首领，依靠有利地形屡屡对行人和周边地区进行侵扰。尤其是在田、向、冉等大姓崛起之后，拥有一定武装势力，开始有僭称王侯之举。"有冉氏、向氏、田氏者，陬落尤盛。余则大者万家，小者千户，更相崇树，僭称王侯，屯据三峡，断遏水路，荆蜀行人，至有假道者。"[④] 鉴于蛮族对当地造成的不良影响，王朝对此地进行过多次的军事打击，如："攸之遣军入峡讨蛮帅田五郡等"[⑤]、"军至峡口，为蛮夷帅向子通所破，挺身而走"[⑥]。但由于王朝政局不稳，力量分散，很难对此地进行有效的控制和治理。大姓势力日益崛起，这不仅得益于各方势力对其极尽拉拢之势所给予的高官和厚禄，也受益于该区域特殊的地形造成的很多非编户齐民所带来的人口红利，由于在这一

---

① （晋）陈寿，撰 . （宋）裴松之，注 . 三国志：卷三十二 . 蜀书二，先主传 [M]. 北京：中华书局，1964：890.

② 同上。

③ （梁）萧子显 . 南齐书：卷五十八 . 列传第三十九，蛮传 [M]. 北京：中华书局，1974：1009.

④ （唐）令狐德棻，等 . 周书：卷四十九 . 列传第四十一，蛮传 [M]. 北京：中华书局，1974：887.

⑤ （梁）沈约 . 宋书：卷七十四 . 列传第三十四，沈悠之传 [M]. 北京：中华书局，1974：1122.

⑥ （梁）沈约 . 宋书：卷八十四 . 列传第四十四，邓琬传 [M]. 北京：中华书局，1974：2145.

区域可以享受较轻的税赋和劳力输出，很多汉民进入此地落户生存。其中有很多所谓的"蛮"，其实是汉民脱籍进入此地之后的结果。魏晋南北朝时期是我国政局大动荡、民族大迁徙、群体大融合的阶段，原有遍布湖北地区的诸蛮以人口流动的形式与周边族群不断重组分化，但地处鄂西南地区的群体却因为深山险阻而集中保留了浓郁的地方特色文化。

四、唐宋时期鄂西南地区的政治生态

唐代的羁縻州制，在继承前代的基础之上，正式被确认为治理民族区域的一种地方制度，并在诸多区域开始推行。《新唐书·地理志下》："唐兴，初未暇于四夷，自太宗平突厥，西北诸藩及蛮夷稍稍内属，即其部落列置州县，其大者为都督府。以其首领为都督、刺史、皆得世袭。虽贡赋版籍，多不上户部，然声教所暨，皆边州都督、都护所领，著于令式。"自此，从秦汉时期开始实施的羁縻政策在唐代正式成为一种治理地方事务的制度。羁縻州的数目也随之增多，《唐会要》卷七十载："凡天下三百六十州，迄于天宝，凡三百三十一州存焉，而羁縻之州八百。"可见羁縻州数目之多。在唐高祖武德四年（621年），在取得鄂西南地区之后，"悉召巴、蜀酋长子弟，量才授任，置之左右。"[①]宋仁宗黄佑三年（1051年），"以施州蛮向永胜所领州为安定州。"[②]宋高宗绍兴十二年（1142年），"诏以施州南砦路夷人向再健袭父思迁充银青光禄大夫、检校国子祭酒兼监察御史、武骑尉、知懿州事。"[③]由于中原王朝的大力治理，中原文化得以在此地传播，并使得鄂西南地区人口快速增长。《隋书·地理志下》载：隋代清江郡"户二千六百五十八"[④]。《旧唐书·地理志三》载：唐天宝年间有"户三千七百二，口一万六千四百四十四"[⑤]。《元丰九域志》卷八载，

---

① （宋）司马光.资治通鉴：卷一百八十八[M].北京：中华书局，1956：5902.

② （元）脱脱，等.宋史：卷四百九十三.列传第二百五十二.蛮夷列传一[M].北京：中华书局，1977：14185.

③ 同上，第14189页。

④ （唐）魏徵，等.隋书：卷三十一.志第二十六.地理志下[M].北京：中华书局，1982：890.

⑤ （后晋）刘昫，等.旧唐书：卷四十.志第二十.地理三[M].北京：中华书局，1975：1623.

宋元丰年间施州户数"主九千三百二十三，客九千七百八十一"①。人口在短时间的激增一方面是社会发展所带来的必然结果，另一方面是未纳入编户齐民的蛮民身份没有得到有效确证，移民的大量涌入是人口快速增长的原因之一。宋朝初年，其羁縻州制在唐代基础上进一步完善。《来凤县志·土司》："宋参唐制，析其种落大者为州，小者为县，又小者为峒，其酋皆世袭。"宋王朝在该区域委任豪酋，进行地方治理，在取得成效的同时，也由于宋朝后期国力的衰弱而逐渐缺失了控制力，地方土官随着实力的增长开始独霸一方。同治朝《来凤县志·土司》卷二七载："宋室既微，诸司擅治其土，遍设官吏，尽布籍属，威福自恣矣。"同治朝《咸丰县志·建置》卷二七载："南渡之后，神州陆沉，部落大长，割据世守，刑赏自专，大有小国封建之势。

第二节　元以前鄂西南地区的经济生计

由于鄂西南特殊的地理条件和位置，早在巴国时期就已经具有山地复合型经济形态的基本雏形。在早期以采集渔猎为主要生计的基础上，发展到唐宋时期的以山地农耕为主，采集渔猎为辅的混合型生计模式。这种刀耕火种的旱地耕作方式与中原地区的灌溉农业形成巨大的差异，这不仅仅是地形条件的差异所导致的生计差异，更是因为政策制度对该区域的限制。直至宋初，《宋史·蛮夷列传二》载：太平兴国二年（997 年）规定，蛮夷"不得与汉民通，其地不得耕牧"②。咸平六年（1003 年）四月壬戌规定，"禁蛮人市牛入溪峒"③。由于禁止劳动力的进入和牛耕的使用，加之复杂多变的山地自然环境，该区域的农业生产效率始终较低。这种情况一直持续到宋熙宁年间才有所改变，"熙宁天子圣远虑，命传檄令开边，给牛贷重使开垦，植桑植稻输缗钱。"④农业大力发展之后，手工业和商业也渐次兴起。

①　（宋）王存.元丰九域志：卷八，夔州路 [M].北京：中华书局，1984：67.

②　（元）脱脱，等.宋史：卷四百九十四.列传第二百五十三.蛮夷列传二 [M].北京：中华书局，1977：1496.

③　（宋）李焘.续资治通鉴长编：卷五十四 [M].北京：中华书局，1980：1187.

④　章惇.梅山歌 [M]// 厉鹗.宋诗纪事 [M].北京：商务印书馆，1937.

一、先秦时期鄂西南地区的经济生计

（一）渔盐为生

在考古发现的遗址中，早期聚落基本都分布在河流两岸，便于取水和捕捞。鄂西南周边众多的水域溪流滋养了种类繁多的水生鱼类。其中，"在长江三峡许多新石器时代文化遗址中，发现有用砾石做成的网坠，并一直传承到商周时期。在更晚的出土遗址中，发现了大量的鱼鳃骨以及大量的脊椎骨，大的鱼脊椎骨中心直径可达4～5厘米，在大溪文化阶段的鱼兽骨堆积层，达1.3米左右。另在香炉石遗址里也出土了很多的鱼兽骨骸。"[①] 捕捞鱼类的大量工具和鱼骨遗骸，说明此处的人类群体熟悉鱼的生物属性，并掌握了捕获鱼类的技能，可以生产加工制造捕捞工具。已有叉鱼、钓鱼、笼鱼、毒鱼、网鱼等捕鱼经验。与此同时，该区域自古盛产食盐，天然的盐泉为其提供了殷实的物质基础。

在鄂西南清江盐池河一带，盐使得人类得以聚集生活，并对盐进行开采和使用。任乃强在早期对盐的研究中认为，"人类有火，有石器，有食物之后，虽无追求食盐之意识，但在偶得咸水可饮，或岩可舐之处，必相与密集而依之。从而容易发展成为原始部落，又从而形成氏族集团及民族文化。苟非有如此，或其他类比是有吸引力之自然条件，人各散漫生活，漂流不聚，则不可能有突出先进文化集团。是故，上古文化最先进形成之地区，则必然为产盐之地区，或给盐便利之地区。此语起码用于石器时代以前之人类社会。"[②] 该区域因掌握了盐之利，为氏族部落的社会稳定发展提供了坚实的基础。据《水经注·夷水》载："夷水又东，与温泉三水合，大溪南北夹岸，有温泉对注，夏暖冬热，上常有雾气，疡痍百病，浴者多愈。父老传，此泉先出盐，于今水有盐气，夷水有盐水之名，此亦其一也。"盐对于人类至关重要，这也是早期人类活动集中于该区域的重要原因之一。鄂西南先民在采集渔猎的原始活动中，偶然发现盐便将其视为珍宝，盐业资源也成为后期战争的重要导火索。

---

① 邓辉. 土家族区域经济发展史 [M]. 北京：中央民族大学出版社，2002：15.

② 任乃强. 论盐 [J]. 盐业史研究，1982（1）.

（二）采集渔猎

在鄂西南地区广袤的山地环境中，采集和狩猎是早期人类获得生计来源的主要手段之一。垂直地带的地形分布，气候、土壤和温差的差异，利于该区域种类繁多的动植物生长。在不同的季节和地带，分布着不同的物种，采集狩猎资源丰富。随着采集的发展，野生块根和块茎类植物的营养成分和储存优势获得人类青睐。同时还可利用野生植物的纤维纺织、结网、搭屋等；同时制作工具，鉴别药材等。随着采集经验的累积，人类开始从采集到栽培，也就促进了原始农业的出现。其中采集工作主要是由女性和孩童负责，树上的野果，地下的根茎、野菜，山坡上的藤蔓，各类昆虫和小型动物都是他们的采集对象。男性主要负责狩猎野生动物获得肉类食物，在今天的鄂西南等地依然保存有"赶仗"习俗。"赶仗"多在农闲时进行，男性结伴进山，带有猎狗，早期狩猎工具较为简单，狩猎群体会根据不同猎物的习性进行不同方式的狩猎，"所赶猎物一般多为獐、麂之类，也有野猪、老虎等猛兽。春秋之际多野兔、山鸡、锦鸡之属。"[1] 董珞在研究土家族早期狩猎文化中认为，"土家族的猎神因流域和支系而异，在沅江流域和乌江流域是女性梅山阿打，在清江流域里是男性梅山张五郎，在澧水流域则是梅山阿打和梅山张五郎兼而有之。"[2] 鄂西南作为武陵山区的一部分，是典型的受到山地的阻隔和水域的联系组成的整体，这不仅体现在狩猎文化之中，更体现在其他文化生态表现形式上的共通性与特殊性。

鄂西南清江流域的猎神张五郎传说在民间广泛流传……"猎神，供在堂屋，其头盘长帕，腰挂牛角，裹肚，腿扎横脚蹬草履，肩扛猎枪，全然是一个土家赶仗人的形象。传说，有一次众人上山打猎，张五郎为救同伙，倒跌岩下而亡……大家把张五郎雕成猎神，供在堂屋里……以后凡进山打猎，都必须先敬猎神，祈求他保佑平安，碰上好运气，能获得猎物，并许愿大财大谢，小财小谢，敬毕将猎神倒立，回来时再将其扶正，若获得猎物，即用猎物伤口处的血抹在他嘴上，以示还愿的祭献。"[3] 人们在拜祭猎神仪式后，方可出门，带好狩猎工具和猎狗，并根据动物的脚印、粪便和习性进行狩猎。除赶仗外，还在山林中

---

① 邓和平. 荆南土家族研究 [M]. 北京：中央民族学院出版社，1992：134.

② 董珞. 土家族的山神和猎神 [M]. 武汉：中南民族学院出版社，1999：35.

③ 李德胜. 长阳土家风俗 [J]. 湖北少数民族，1985（1）.

布置各类套俱、木弩、夹子等捕猎工具，由于该区域洞穴较多，多采用烟熏的方式在洞口捕获动物。

（三）刀耕火种

先秦以前的鄂西南地区长期以采集渔猎为主要生计方式，农耕多通过刀耕火种的形式展开。《汉书·地理志》载：武陵郡土民"或火耕水耨，民食鱼稻，以渔猎山伐为业……"。鄂西南地区多山少田，先民们在山林之中采用刀砍森林，火烧成灰，以肥地利的形式，从事刀耕火种的早期农业种植。刀耕火种是新石器时代残留的农业经营方式。先以石斧，后来用铁斧砍伐地面的树木等枯根朽茎，草木晒干后用火焚烧。经过火烧的土地变得松软，不翻地，利用地表草木灰作肥料，播种后不再施肥，一般种一年后易地而种。相传，"火畲神婆是一位老祖母，尤其善于烧火畲和在火畲地里种小米。当土家族先民还没有进入农耕文明时，这位老祖母便上山砍林烧畲，将小米壳烧裂，使小米能在火畲地里顺利发芽。她种的小米又长又大，并将种植小米的技术传给大众。但在一次烧畲中，因天风大作，火畲婆婆不幸被烧死，被尊为火畲神婆。"[1]民间神话传说在一定程度上反映了早期人类烧畲伐木以种植土地的原始方式。

在耕地的选择上，主要是对林木的长势、所在的地形以及风向和光照等因素进行考虑。一般而言，会选择地势较为平缓，中间低两头高的盆地地形进行开垦。这些位置一般是林木生长比较茂盛，土质较为肥厚之地。在进行轮耕期间，会选择抛荒时间较长，地利恢复较好的区域再次耕种，或者选择原始森林没有被开发过的区域进行拓荒。砍烧林木比较注重季节的选择，多在春夏两季，一般在树干和枝叶充分晒干后进行焚烧。砍伐树木是自下而上地砍，充分利用树木的倾斜角度和地球引力，如此操作既安全省力又有利于焚烧。焚烧过后，开始播种，一般选择在下雨之前进行放火烧畲。[2]火焰刚熄，趁烟未灭，将谷物撒在畲地烟灰里，烟灰可以防止鸟类啄食，播种完毕，大雨倾盆，可以保证收成。播种工具多是石器和木棒，播种方式分为点播和撒播两种，其中荞麦采用撒播，玉米和豆类则需点播。[3]播种后主要是除草和防止鸟兽两项任务，先民们用草

---

① 向柏松．土家族民间信仰与文化 [M]．北京：民族出版社，2001：55–57.

② 周兴茂．土家族区域可持续发展研究 [M]．北京：中央民族大学出版社，2002：52–53.

③ 曹毅．土家族民间文学 [M]．北京：中央民族大学出版社，1999：33–34.

人和鸣锣的方式来保护庄稼，并在田地周边设置障碍和围栏等。这种迁移农业和刀耕火种是并生出现的，也是早期鄂西南地区人群生活的真实写照。

二、秦汉至唐宋时期的经济生计

（一）从以刀耕火种为主到采集渔猎为辅的经济方式转变

地理环境对民族区域内经济生产和生活方式的影响是根深蒂固的。人们的生存依赖自然环境，并需要从自然环境中寻找适宜的生活区域，因此地理环境对于民族文化的形成和发展有着直接的影响。鄂西南地区多山水的自然条件，滋养了种类众多的动植物，是大自然赐予人类的重要食物来源。《华阳国志·巴志》载："土植五谷，牲具六畜，桑、蚕、麻、织、鱼、盐、铜、铁、丹、漆、茶、蜜、灵龟、巨犀、山鸡、白雉、黄润、鲜粉、皆贡纳之。其果实之珍者，树有荔枝，蔓有辛蒟，园有芳蒻香茗，……其药物之异者有巴戟天椒，竹木之贵者有桃支、灵寿……其民质直好义，土风敦厚，有先民之流。故其诗曰：川崖惟平，其稼多黍。旨酒嘉谷，可以养父。野为阜邱，彼稷多有，嘉谷旨酒，可以养母。"从中不难看出，当时该区域的采集、渔猎、冶炼、畜牧、手工、酿酒等行业均有一定程度的发展。《汉书·地理志下》载：南郡、武陵郡"火耕水耨，民食鱼稻，以渔猎山伐为业，果蓏蠃蛤，食物常足"。这种耕种方式虽然属于简单粗放型的耕种模式，但食物常足，也说明当时的农业生产是可以满足该区域人群日常生活消费使用的。《华阳国志·蜀志》："司马错率巴蜀众十万，大舶船万艘，米六百万斛，浮江伐楚，取商于之地为黔中郡。"六百万斛军粮取自巴蜀之地，可见当时该区域农业发达之程度。

刀耕火种的农业种植方式广泛分布在长江流域，北起陕南山区，南至湘南丘岗，西自四川盆地，东达皖浙一带。[①] 由于长江以南多山地丘陵的地理形态，客观上决定了刀耕火种的农业方式。从秦汉到隋唐阶段，由于中原王朝对该区域的政策限制和地形阻力，农业发展一直都比较缓慢。这种情况持续到宋代才开始有所转变。宋代的农业，在早期阶段因地理空间的差异，居山地者，以刀耕火种为主，居平地者，开荒种田。鄂西南地区的屯田始于宋代，分军屯和民

---

① 周宏伟.长江流域森林变迁的历史考察 [J]. 中国农史，1999（4）.

屯两种类型。军屯的发展是为解决大批驻军的粮食问题而发展起来的，《宋会要辑稿·藩夷》载：夔州转运使丁谓言，"施州蛮人向者侵扰边鄙，委逐首领会兵讨除，已获宁静，自后于州南界要害处，建寨栅，益戍兵，兼置屯田赡给，不烦辇运。"①《宋会要辑稿》第154册载："凡军士，相险隘立堡砦，且守且耕，耕必给费，敛复给粮，依锄田法，余并入官。"这种兵农一体的军屯方式，可以充分调动军队的生产积极性并保证军粮的供应，而朝廷在早期的驻军中，采用的是"以盐易粟"之法。《舆地纪胜》卷163载："盖溪峒诸蛮，种类滋炽，保据岩岭，或叛或服，控制陬落，须其土人，故置是军，皆选自户籍，蠲免徭役，番戍寨栅。大率安其土风，则罕撄瘴毒，知其区落，则可以制狡狯。"

同时，在宋神宗年间，"禁蛮人牛市入溪峒"的禁令也渐渐被现实需要所打破，李周任施州通判时，开始引进牛耕技术，"州界群僚，不习服牛之利，为辟田数千亩，选谪戍知田者，市牛使耕，军食赖以足"②。在解除禁令之后，本地民众开始学习使用牛耕技术，军粮得以有所保证。宋代逐渐从刀耕火种进入牛耕使用，使得"均赐土田，货牛种粮，教之耕犁，以衣以食，无寒无饥"。在军屯大力开垦的同时，民屯也有所发展。《宋会要辑稿·藩夷五》载：咸平六年（1003年），"五月，荆湖转运使王贽上言：近溪峒田，先以蛮人侵扰，禁其垦殖，今边境安静，民复耕莳，已遣官检拨置籍，请令依旧输租，诏蠲常赋之半。"③此条是鼓励本地民众努力垦复地利或恢复农业生产，并采取减轻赋税的办法，加大垦殖力度。至景德二年（1005年），九月丁卯，夔州路转运使薛颜即口出"募民垦施、黔等州荒田"④。募民意味着需要大量的外来人口进行荒田耕种，而这些荒田多是本地群体不善于开垦种植的。

由于鄂西南地区有大量的荒田空地，适宜耕作，当地政策吸引了大量的汉民迁入这一区域进行垦荒种植，这些外来募民挽草为记，指山为界，用劳动开

① （清）徐松.宋会要辑稿：第一百九十八册.藩夷五之七五[M].北京：中华书局，1957：7804.

② （元）脱脱，等.宋史：卷三百四十四.列传第一百三，李周传[M].北京：中华书局，1977：10934.

③ （清）徐松.宋会要辑稿：第一百九十八册.藩夷五之七五[M].北京：中华书局，1957：7804.

④ （宋）李焘.续资治通鉴长编：卷六十一[M].北京：中华书局，1980：1368.

发着这片土地。宋宁宗开禧元年（1205年）六月二十五日，夔州路运判范荪言："本路施、黔等州，界分荒远，绵延山谷，地广人稀。其占田多者，须人耕垦，富豪之家争夺地客，诱说客户，或带领徒众，举室搬徙。乞将皇祐官庄客户逃移法稍加校订，诸凡为客户者，许役其身，而得及其家属妇女，皆充役作；凡曲卖田宅，听其从条离业，不许就租以充客户，虽非就租，亦无得以业人充役使；凡贷借钱物者，止凭文约交还，不许抑勒以为地客；凡为客户身故，而其妻愿改嫁者，听其自便，凡客户之女，听其自行聘嫁。庶使深山穷谷之民，得安生理，不至于强有力者之所侵欺，实一道圣灵之幸"①。宋代以前的鄂西南地广人稀，但是随着山地的开发，对于劳动力的需求开始逐步增强，对于迁入的客户不可以作为奴隶看待，客户本人可以种植开垦土地进行劳役，但不涉及其家属子女，对其种植的土地与修建的房屋，都可以自行处理。子女可以自由婚嫁，客户离世，其妻可以改嫁。但这种政策在一段时间后，就开始走向了另一面。客户及其家人逐渐成为当地豪酋的奴隶和仆人。

由于大量劳动力的进入，鄂西南山区的发展进入快车道，人员流动所带来的不仅仅是人口红利，还有大量先进的农业技术和种类丰富的农作物种子，该区域的粮食作物和经济作物种类愈加丰富，甚至在南宋时期还出现了西瓜等新的作物品种。主客群体之间的互动，也在一定程度上影响着当地的文化进程和自我认知。

（二）手工业的兴起

鄂西南地区的手工业主要集中体现在煮盐、酿酒、纺织、矿业等方面。巴地早期是因鱼盐之利而逐渐发展，秦灭巴后，依然重视此地的盐业开发。盐不仅是个人身体所需，也是国之大宝。《天工开物》卷五载："天有五气，是生五味……辛酸甘苦，终年绝一无恙。独食盐，禁戒旬日，则缚鸡胜匹，倦怠恢然。"卫觊与荀彧书曾言："盐，国之大宝也"②。同时，朝廷还在产盐铁之处设置相应官职，以保证资源的有效生产和控制。《华阳国志·巴志》载："盐

---

① （清）徐松.宋会要辑稿：第一百六十一册.食货之六九之六八[M].北京：中华书局，1975：6363.

② （西晋）陈寿，撰.（宋）裴松之，注.三国志：卷二十一.魏志.卫觊传[M].北京：中华书局.

铁五官各有丞、史"，即盐、铁合共五处。"凡郡县出盐多者，置盐官主盐税；出铁多者，置铁官主鼓铸。"唐宋以后中央朝廷进一步加强了对食盐的控制。《续资治通鉴长编》卷五十二载："咸平五年，七月己亥，先是蛮人数扰边，上问巡检厚廷赏。曰蛮人何欲，廷赏曰：蛮无他求，所欲唯盐耳。天子济我以食盐，我愿输与兵食。"蛮人屡次扰边并无恶意，只是对人体所必需的盐有所需求，但资源却控制在天子手中。于是形成天子给盐，蛮出兵的盟约。《宋史·丁谓传》："蛮地饶粟而常乏盐，谓听以粟易盐，蛮人大悦；先时，屯兵施州而馈之夔、万州粟。至是，民无转饷之劳，施之诸砦，积聚皆可给。"盐作为一种自然资源，成为王朝控制地方的一种载体和媒介。

酿酒习俗很早就在巴地出现，《水经注·卷十三·江水注》："巴乡村，村人善酿，故俗称巴乡清郡出名酒。"巴人与秦人的盟约中也有："夷犯秦，输清酒一钟"之言。酿酒需要大量的粮食和酒曲，以及工人和场地，对于时间、火候和配比都有极为严格的要求。必须在有丰裕的粮食，富余的劳动力和过硬的技术基础之上，才可能有美酒的出现。据《宋史·食货志下七》载：宋初，"颇兴榷酤，言事者多陈其非便，太平兴国七年罢之，仍旧卖麹……自春至秋，酿成即鬻，谓之小酒，自五钱至三十钱有二十六等。腊酿蒸鬻，厚夏而出，谓之大钱，自八钱至四十八钱。凡酿，用粳糯粟黍麦等，及屈法酒式，皆从水土所宜。"到宋代时期，鄂西南地区已经成为全国重要的酿酒基地，一年四季品种繁多，在使用大量粮食曲法酿造的同时，鄂西南的酿酒之风一直持续到今天，从土司时期的咂酒到近代以来的苞谷酒，都是该区域群体喜好的口味，长期的酿酒之风形成了嗜酒的习俗，酒也成为人们日常生产生活中必不可少的一部分。

鄂西南地区的纺织业一直在当地社会生活中占据着重要的位置。从秦代开始，廪君蛮已经开始用"賨布"进贡，这说明该地区的纺织业发达且手工精美。到了汉代，该区域民众以"賨布"作为税赋上交给朝廷，"秦昭襄王使白起伐楚，略取蛮夷，始置黔中郡，汉兴，改为武陵，岁令大人输布一匹，小口二丈，是谓賨布"[①]。賨布另一种说法是幏布，《风俗通》载："廪君之巴氏出幏布八丈，幏亦賨也，故统称谓之賨布。"发展至唐宋阶段，巴人之賨布开始以"溪布""峒布""斑布"的称呼出现，这些关于织锦的变化不仅仅是随着时代的更迭而产

---

① 后汉书：卷八十六.南蛮西南夷列传 [M].北京：中华书局，1973.

生变化，其背后更多的是隐藏的地域文化和民族精神。在后期的考古发掘中，曾在鄂西南的来凤卯峒仙人洞崖葬墓出土了丝绸和织锦带等物品[1]，相关物品的出土和发现可以证明，至迟在宋代，鄂西南地区已经开始出现养蚕织锦。

鄂西南地区的山地特质蕴藏着极为丰富的矿产资源。巴人很早就已经掌握采集和使用丹砂的技术。巴国早期便是以鱼盐立国的，而丹砂则是重要的矿产资源之一。秦汉时期，有一位当地著名的工商业主寡妇清，其夫君家里世代经营丹砂而致富，经寡妇清的悉心经营达到"礼抗万乘，名显天下"[2]的局面。不仅如此，丹砂也成为后世进贡朝廷的主要方物之一。在大力开采使用丹砂的同时，水银、银装剑槊、兜鍪、兵器等的使用，也都证明这一时期的矿产冶炼和手工制造业极其发达。

（三）商品交换与货币的使用

从秦汉时期的賨布土贡开始，鄂西南的强宗大姓就开始以优质的地方特产上贡给中央朝廷，日久成习，渐成惯例。《元和郡县图志·江南道六》载：施州贡赋，"开元贡：清油、蜜、黄连、蜡。元和贡：黄连十斤、药子二百颗。"《唐六典·户部》卷三载："施、宣二州黄连。"《新唐书·地理志》载："玄宗天宝元年（734 年），施州清化郡的清江、建始等地，土贡有麸金、犀角、黄连、蜡、药实。"《通典》卷六中载："诸边远州，有夷僚杂类之所，应输课役者，随事酌量，不必同于华夏。"羁縻所属地区不是赋税而是朝贡。《宋史·蛮夷列传一》："自今或将进奉上贡物纳入施州，贡表谐阙。其差来蛮人，依原定数，即就施州给赐，例物发回溪峒。如果稳便，即令蛮人连书文状，取候朝旨，若愿得食盐，亦所就近取射数目比折支与；弱蛮人坚欲谐京买卖，即许十人内量令三二人上京。"土司的朝贡与王朝的回赐形成一个闭合的贸易圈，其中土司和王朝在这个贸易圈之中都有所收益，土司在获利的同时，王朝也将义散播到土司地区，两者都成为王朝体系中的实际受益者，而百姓和土民并没有因朝贡而获得任何实利。

宋代开始，有大量的地方土酋进京朝贡，地方势力在慕义的同时，更多的

---

①　邓辉. 土家族区域经济史 [M]. 北京：中央民族大学出版社，2002：231.

②　司马迁. 史记：卷一百二十九. 货殖列传 [M]. 北京：中华书局，1974.

是以慕利为目的进行商业活动。由于每次朝贡的人数过多，间隔时间较短，给朝廷的社会安定和经济秩序都造成了一定的影响。有鉴于此，宋王朝开始对朝贡的时间、人数和线路等进行明确规定。《宋史·蛮夷列传一》载："天圣四年（1026 年），归顺等州蛮田思钦等以方物来献，时来者三百一人，而夔州路转运使司不先以闻，诏劾之。既而又诏安、远、天赐、保顺、南顺等州蛮贡京师，道里辽远而离寒暑之苦，其听以贡物留施州，所赐就给之。愿入贡者十人，听三二人至阙下，首领听三年一至。"《宋史·王立传》载："施州徼外蛮利得赐物，每岁来贡，所过烦扰为公私患，立奏以贡物输施州，遣还溪峒。"《宋史·仁宗本纪》：天圣四年，"诏施州峒首领三年一至京师。"《宋会要辑稿·藩夷》五之七八载："因诏蛮人有来贡者，选使臣一人要押，先须搜索兵刃器械，每程与驿官同给驿料。如抚遏蛮人不致违越，理为劳绩。"宋王朝对施州土酋的朝贡越加制度化和规范化，时间以三年为期，人数在十人以下，贡物放施州，并对沿途的使者和物品加以关照。朝贡是一个双向流动的闭合圈，在地方土酋向朝廷贡献方物的同时，朝廷也赐予地方豪酋一些重要物资。《宋会要辑稿·藩夷》五之七九载：大中祥符九年（1016 年），"诏溪峒蛮人因朝奉遣回者，并令夔州路转运使勘会贡方物者，人赐采二匹、盐二十斤；无方物者，人彩二匹，盐半斤；其近上首领，即加赐二两银碗一。"双方的贡和赐形成一种官方认可的贸易制度形式。其中，鄂西南土贡多为方物特产，而朝廷回赐多是布匹食盐等土酋地区稀缺之物。双方通过物品作为载体，既有经济贸易上的往来，也有政治隶属上的权力关系体现，这为土司时期的朝贡奠定了基础。

鄂西南地区早期以丹砂和盐作为商品交换的媒介，随着技术水平的提高，矿产资源的发现以及商品经济的不断发展，鄂西南地区开始出现货币的大规模使用。在清江流域出土的墓葬材料中，几乎都有钱币。在巴东境内的龙船河附近，曾发现的一批汉晋时期的墓葬中，含有大量的钱币"五铢"[1]。在清江流域的墓葬考古发掘中发现唐代时期的"开元通宝"，其中在巴东白羊坪地区出土最多。[2]宋代以后，商品经济快速发展，由于鄂西南地区的矿产资源丰富，朝廷允许该

---

① 邓辉. 土家族区域经济发展史 [M]. 北京：中央民族大学出版社，2002：175.

② 邓辉. 土家族区域经济发展史 [M]. 北京：中央民族大学出版社，2002：231.

区域进行铸造钱币，"施州广积监者，起于绍圣三年……岁额万缗。"①在鄢家坪墓葬、桃符口的文化遗址，均发现有宋代钱币"熙宁重宝"。在鹤峰地区的朱家台宋代墓葬中，发现有"开元通宝"和"圣宋通宝"货币。由于货币具有流通性和稀缺性，所以金银成为重要的等价物。《续资治通鉴长编》卷二四七载：熙宁六年（1073年）十月甲午的朝廷规定，"初，施州蛮因灾荒，以金银倍值质米于官，官司不能禁，至是姑令估实质以易之。"此条史料表明在宋熙宁年间，施州地区的蛮民因灾荒而用金银换米的情形，这不仅说明了金银作为硬通货的市场认可度，更重要的是虽然山地群体的农耕水平较低，手中却掌握着大量的货币。《宋史·理宗本纪·四》载：开庆元年（1259年）四月，"知施州谢昌元，自备缗钱百万，米麦千石，筑郡城有功，诏转一官。"缗钱百万，可见当时施州地区的货币持有之巨。《宋史·林粟传》卷三九四载："……施民谭汝翼者，与知思州田汝弼交恶……，田祖周由是惧，与其母冉氏谋献黔江田业，计钱九十万缗以赎罪，蛮缴逐安。"计钱九十万缗，可知当时地方豪酋独霸一方，掌握着巨额财富。

隋唐时期商品贸易开始增多，宋代随着屯田、移民和牛耕技术的发展，开始出现博易，并规定在固定的时间和地点进行商品的买卖和交换，而鄂西南地区的赶集交易，最早是从草市开始，逐渐发展成为宋代的博易场。宋代的边贸大力发展，有利于彼此之间的了解和互信，建立在经济交换基础上的相互往来和互补，直到土司时期也一直存在。宋代商品经济的发展和商品交换的繁荣，都为后续建立土司制度打下了坚实的基础。然而，宋代鄂西南社会经济快速发展的原因除政策导向外，人口的大量涌入也具有重要的推动效果。《元丰九域志》卷八载：元丰年间（1078—1085年），施州户数"主九千三百二十三，客九千七八八十一"。《通典·州郡三》载：施州"户三千八百二十五，口二万五千三百八十"。人口的增长必然带动商品贸易的发展，并形成一定的区域市场交易。《宋史·食货志》："楚、蜀、南粤之地，与蛮僚溪峒相接者，以及西州沿边羌戎，皆听与民通市。"熙宁六年（1073年），"湖北路及沅、锦、黔江口，蜀之黎、雅州，皆置博易场"；淳熙二年（1175年）臣僚建言："溪

① 李心传.建炎以来朝野杂记：卷一百六十九 [M].北京：中华书局，2000：975.

峒缘边州县皆置博易场，官主之。"① 以朝廷为主导的集市贸易，是根据民间实际需求和国家财赋的需要，必然走向的一种由官方主导的民间贸易。这种早期的集市形式，利于不同群体之间的了解和交流，以经济为先导，完成文化的传播和社会秩序的维护。同时，带动周边区域人群的互动和交往，有利于区域共同体的形成。

第三节　元以前鄂西南地区的社会生活

一、先秦以前鄂西南地区的社会生活

（一）先民的早期生活记忆

神话和传说是人类早期对周围生存环境的模糊认知，在想象和事实的基础上进行故事的编撰，虽有一定的夸张性，但鲜明地体现着人类试图征服自然、改造自然、主宰自然的强烈愿望。《话说人之初》："最初人浑身都长着长毛，还有一条尾巴。披的树叶，吃的树叶草根，后来神农教人们种五谷，才吃上了粮食，粮食多了，人们就糟蹋多了，地母娘娘于是给鸭嘴巴也安了钢。鸭子又出难题，说天天在水中，没时间孵蛋，地母娘娘又说鸭子只生蛋就行了，孵蛋由人帮忙。这样才把鸡鸭哄下了界。人有了吃的还没有穿的，天上又让轩辕黄帝教人们制衣裳遮羞，制弓箭杀野兽。他还让人们把刚出世的小伢儿的尾巴剁掉，这样剁了三、四代，人才不长尾巴了。后来杜康又发明了造酒，人们用酒来敬祖先，办红白喜事。开始时人们生产是用狗耕田，玉帝后来才派了牛下凡，从此狗把耕田的事让给牛，专门狩猎去了。"② 此则神话传说反映了原始先民从最初的衣不蔽体、食不果腹、洞穴居住到穿衣裳、种五谷、养家畜、牛耕地等一系列的变化。关于《谷种》："传说人间原没有稻谷，一只狗上天为人们偷谷种。它在晒谷场上打了几个滚，沾了一身稻谷。后被神追赶跳进了大海，身上沾的谷粒都沉了，只有狗尾巴上还带回了几粒。人们将这几粒谷种播下，这样

---

① 宋史：卷一百八十六 . 食货下八 [M]. 北京：中华书局，1977.

② 曹毅 . 土家族民间文学 [M]. 北京：中央民族大学出版社，1999：35.

人间才有了稻谷。为了感谢狗带来了谷种，人们就把狗养起来，每年收割时还专门给狗喂一碗新米饭。"①故事展现了鄂西南山地农耕民族对谷物的重视程度，以及早期生活中家畜饲养的情况。从这两则早期氏族生活神话中不难看出，鄂西南地区的神话传说内涵丰富，想象生动，既有本区域的地方特色也有中原文化的深刻影响。不仅如此，在鄂西南地区广泛流行的从巴务相到巴蔓子再到向王天子的传说，都深刻地映射出该区域先民起源、迁徙、居住并与大自然斗争的早期人类生活状态。

（二）先民与自然环境的互动

图腾崇拜是早期氏族公社的一种宗教信仰形式，与早期氏族生存生活的地理环境和动植物资源有着深刻的联系。在鄂西南地区特殊的山地环境之中，巴人产生过蛇图腾、鸟图腾、虎图腾、鱼图腾等图腾崇拜。关于图腾的早期研究可以追溯至清代学者严复，他将图腾解释为，"图腾者，蛮夷之徽帜，用以自别其众于余众者也。"而后提出"古书称闽为蛇种，盘瓠犬种，诸此类说，皆以宗法之意，推言图腾，而蛮夷之俗，实亦有笃信图腾为其仙者"②。图腾是群体的标志和符号，是团结内群体和区分外群体的主要方式之一。

关于先秦以前巴人的图腾崇拜研究的主要观点有三：其一，巴人由不同的部落组成，主要有居住在汉水流域的蛇图腾部落、峡江地区的鱼图腾部落、武陵山区的白虎图腾部落等，在长期的迁徙发展中，部落之间发生融合，最终形成巴人的白虎崇拜。③其二，古代巴人的图腾，以廪君为界，前后迥然相异，在廪君之前为巴蛇，之后为白虎。从巴蛇到白虎，无疑发生过一次脱胎换骨式的转换。其转变的主要动力是母系氏族公社向父系氏族公社的过渡。④其三，白虎不是土家族的图腾崇拜，所谓巴人的白虎崇拜仅仅是祖先崇拜的替代物，

---

① 曹毅.土家族民间文学[M].北京：中央民族大学出版社，1999：42.

② [英]甄克思.社会进化简史[M].严复，译.北京：商务印书馆，1981：4.

③ 萧洪恩.巴、巴人、巴文化释名[J].湖北民族学院学报，1991（2）.

④ 向柏松.从巴蛇到白虎：巴人图腾的转换[J].湖北民族学院学报，1992（2）；杨华.巴族崇蛇考[J].三峡学刊，1995（3）.

土家族社会文化中没有形成以白虎为中心的图腾禁忌制度。[①] 综合上述三种观点来看，存在争议的是图腾崇拜的对象以及时间的先后。本书认为，蛇崇拜在先，虎崇拜在后，这是可以通过考古资料和文献得以佐证的。田敏列举十二条证据，对廪君为巴人始祖提出质疑[②]，可谓证据翔实，环环相扣。本书赞同这一观点，并认为廪君之后才开始出现有关白虎的图腾崇拜，那么在此之前巴人的图腾崇拜应该是其他对象而非白虎。后期出土的实物例证也可以说明巴人早期的图腾崇拜是以蛇为主的。[③] 除此之外，《山海经》一书中有大量的关于巴人所在地域出产蛇的记载。[④] 袁珂认为，"伏羲、女娲传说都是人首蛇神，他们原是以蛇为图腾的原始民族所奉祀的始祖神。廪君姓巴氏，又居于以蛇为图腾的伏羲后裔所建立国家的西南的巴国之地，故说廪君是伏羲的后裔是不会错的。"[⑤] 还有学者从鄂西南地区的服饰文化入手，认为，"巴民族以蛇为图腾崇拜物的一个明显证据就是西兰卡普。"[⑥] 从上述内容可以看出，早期鄂西南先民的图腾崇拜是以蛇为主的。这不仅符合其所在的生活区域，也与早期人类社会的生殖崇拜有直接关联，人口的繁衍和生殖是早期人类社会最为重要的事情，只有充分保证一定的种群数量才能在环境中得以生存。

《后汉书·南蛮西南夷列传》载："廪君死，魂魄世为白虎。巴氏以虎饮人血，逐以人祠焉。"廪君之后，巴人的虎图腾崇拜在鄂西南先民的生产生活中开始显现，直至今天也可以在该区域找到相应的表现。朱世学认为，"在民间文学中面，有许多关于白虎的神话传说；在宗教祭祀方面，在立庙供敬白虎的同时，还有以人祀白虎的习俗；在日常生活方面，常以虎为地名，并在语言中也有所反映；在服饰方面，常以虎纹为饰，以虎形为形，并喜斑斓色；在房屋建筑方面，

---

① 邓身先. 白虎不是鄂西、湘西土家族先民——虎巴的图腾 [J]. 中南民族大学学报，2002（4）；陈心林. "土家族白虎图腾"说辩疑 [J]. 宗教学研究，2013（4）.

② 田敏. 廪君为巴人始祖质疑 [J]. 民族研究，1996（1）.

③ 杨华. 巴族崇蛇考 [J]. 三峡学刊，1995（3）.

④ 《山海经·大荒北经》："西南有巴国，有黑蛇，青首，食象。"《山海经·海内南经》："巴蛇食象，三岁而出其骨，君子服之，无心腹之疾。其为蛇青黄赤黑。一曰黑蛇青首，在犀牛西。"《山海经·海内经》："有巴遂山，渑水出焉。又有朱卷之国。有黑蛇，青首，食象。"

⑤ 袁珂. 古神话选择 [M]. 北京：人民文学出版社，1979：69.

⑥ 吴正纲. 西兰卡普的审美价值 [J]. 鄂西大学学报，1987（1-2）.

喜虎座式；在民间歌舞方面，也多从白虎祭祀歌舞而来等等。"①可见，在廪君之后，鄂西南先民关于图腾崇拜的对象从蛇转向白虎。关于从巴蛇转向白虎崇拜的原因，本书并不认为是母系社会向父系社会的转变所致，而是与巴人的生存环境和动植物种属的改变息息相关，更与中原文化的渗透和传播有关。

（三）日常生产生活的工具

鄂西南地区在先秦以前长期使用石头等天然材料作为制造工具，我们称之为旧石器时代。这一时期的石器工具只经过简单打磨，形成单面厚刃。20世纪90年代初，在中国科学院古脊椎动物与古人类研究所同湖北省文物考古所的共同挖掘中，发现在秭归和巴东共计近二十个旧石器地点。这批早期石制品制作简单粗糙，其中石制品的种类有砍砸器、尖状器、凹刃刮削器、石锤、石钻、石核、石片等多种。1995年在恩施凤凰山距地表1.2米以下的红壤砂质土层中出土的石器当中，现存的两件石制品均为砂质的河砾石材料，个体较大，刀刃有明显的使用痕迹。②在旧石器时代，人类制造工具的水平较低，只能借用天然形成、偶尔获得的石器进行辅助性的生产加工，主要还是以双手采集自然植物为主。由于食物来源的不稳定性，鄂西南先民只能将自然界中可以获得食物来源的各种生计手段混合使用，这种方式也一直持续至今。火的发明和使用对于人类的意义至关重要，不仅将食物由生变熟，易于人类吸收消化，而且可以御寒驱兽。弓箭在这一时期也开始投入使用，大大增强了人类的防御和进攻力量，为狩猎为主的生活方式打下了基础。

城背溪文化、大溪文化、屈家岭文化是鄂西南地区新石器时代的典型代表。其中，城背溪遗址在长江中上游地区，是清江口岸一带至三峡腹地年代最早的新石器时代文化遗址。城背溪文化的主要遗物是石器和陶器。石器主要是河砾石材料，器物类主要有斧、锛、凿、石球、网坠等，还有石杵和盘状器。陶器的重量较轻，外表近似粗泥陶。颜色以红褐色为主，制作以泥片拼接法成型，在贴接时，根据所需器型的不同，将陶泥捏成不同形状的泥片，使得胎壁牢固，表面平整。③屈家岭文化时期，原始农业在大溪文化的基础上，得到了迅速的

---

① 朱世学.论土家族白虎崇拜的起源与表现功能[J].湖北民族学院学报，1996（1）.

② 邓辉.土家族区域考古史[M].北京：中央民族大学出版社，1999：24-25.

③ 邓辉.土家族区域考古史[M].北京：中央民族大学出版社，1999：35-36.

发展，水稻的大量发现是明显的证据。[①] 在新石器时代，随着狩猎活动的增加，人类不再大肆屠杀，而是开始驯养小型动物，初始畜牧业由此衍生；随着采集范围的扩大和经验的累积，人类逐渐掌握了植物的生长规律和所需条件，在土壤中尝试栽种一些植物种子，原始农业也逐渐发展起来。从旧石器时代的采集、渔猎到新石器时代的从采集发展起来的初始农业、从狩猎发展起来的原始畜牧业，都为人类从游居到定居提供了可能，也进一步推动人类社会向前发展。

人类在使用石器、骨器、陶器的基础上，逐渐发展出青铜器和铁器等金属工具。由于铜质地较软，需要加入锡形成青铜才可以使用。青铜的出现极大地提高了生产效率，但也并未完全放弃使用石器，早期的青铜器多为礼器和兵器，而生产工具较少。在青铜器之后，铁器时代来临，铁器的发明和使用对于鄂西南地区的先民而言，无疑是一次重大的科技革命，加快了鄂西南地区从早期人类社会进入封建时代的步伐。这里需要指出的是，石器工具一直是该区域先民使用的主要工具，至于金属工具的大规模使用已经是秦汉以后的事情了。

（四）孔武强悍的巴人集团

从传说中的巴务相和平统一内部集团成为廪君，到与盐水女神争夺生存空间和鱼盐资源获得胜利，成为强者一直是这里的生存法则。巴人集团占据着重要的峡江资源，又有鱼盐之利的厚赐，加之能征善战的尚武精神，使"东至鱼复，西至僰道，北接汉中，南极黔涪"[②] 的巴国得以建立。然而巴人所处的地理位置和掌握的资源优势，也让这一区域成为周边临近势力的角力之所。《华阳国志·巴志》卷一载："周武王伐纣，实得巴、蜀之师。著乎尚书。巴师勇锐，歌舞以凌殷人，前徒倒戈，故世称之曰：'武王伐纣，前歌后舞'也。武王既克殷，以其宗姬封于巴，爵之以子——古者远国虽大，爵不过子，故吴、楚及巴皆曰子。"巴人加入周伐商的队伍之中，因战争获封子爵，臣服于周，巴与周保持着友好的关系。

巴与楚同属南方势力，地缘相近，势力相接，因此交往交流频繁。《左传·恒公九年》卷七载："巴子使韩服告于楚，请与邓为好。楚子使道朔将巴客以聘于邓，邓南鄙鄾人攻而夺之币，杀到朔及巴行人，楚子使蒍章让于邓，邓人弗受。夏，

---

① 丁颖. 江汉平原原新石器时代红烧土中的稻谷壳调查 [J]. 考古学报，1959（4）.

② 常璩，撰. 刘琳，校. 华阳国志：卷一·巴志 [M]. 成都：巴蜀书社，1984：25.

楚使斗廉帅师及巴师围鄾，邓养甥，聃甥帅师救鄾，三逐巴师，不克，斗廉衡陈其师于巴师之中以战，而北。邓人逐之，背巴而夹攻之，邓师大败，鄾人宵溃。"从史料中可以看出巴、邓、楚三个集团之间的关系和实力。首先是巴与邓欲结好，预先告知楚，可见巴依附于楚，楚强巴弱，而邓却杀人夺币，于是巴楚联合围攻鄾，鄾败，而巴人帮助楚的势力向北进一步扩张。《华阳国志·巴志》卷一载："周之季世，巴国有乱，将军有蔓子请师于楚，许以三城。楚王救巴，巴国既宁，楚使请城。蔓子曰：'籍楚之灵，克弭祸难。诚许楚三城，将吾头往谢之，城不可得也。'乃自刎，以头授楚使。王叹曰：'使吾得臣若巴蔓子，用城何为？'乃以上卿礼葬其头。巴国葬其礼，亦以上卿礼。"

　　据《左传·庄公十八年》载："及文王继位，与巴人伐申。"楚势力依然不够强大，需要借助友邻的力量进一步扩张，而巴集团虽战斗力极强，但无国家君王，仍为部落氏族。《左传·文公十年》："庸人帅群蛮以叛楚，麋人率百濮聚于选，将伐楚。"楚为了解决西部忧患，在综合分析形势下，"楚子乘驲、会师于临品，分为二队，子越自石溪，子贝自仞以伐庸，秦人、巴人从楚师，群蛮从楚子盟，逐灭庸。"楚在此次威胁中审时度势，联合近邻的巴人和秦人，消灭了庸。《华阳国志·巴志》："巴人尝与楚婚。"说明巴楚之间的关系一直较为紧密。而在《左传·哀公十八年》："春，巴人伐楚，围鄾。初左司马子国之卜也，观瞻曰：'如志故命之。'及巴师至，将卜帅。王曰：'宁如志、何卜焉？'使帅师而行，请承。三月，楚公孙宁、吴由于蘉固败巴师于鄾。"其结果楚胜，巴败。巴楚鄾之战后，巴人势力衰退，正式退出江汉平原。

　　《华阳国志·巴志》："哀公十八年，巴人伐楚，败于鄾。是后，楚主夏盟，秦擅西土，巴国分远，故于盟会希。"战国中期，楚将积消灭，巴的势力逐渐被楚吞噬。战国时期，秦在商鞅变法之后实力大增，楚的贵族势力过于强大，阻碍了改革进程，而此时的巴蜀势力依然微弱，在这种背景之下，巴蜀楚都成为秦的攻击对象。《华阳国志·巴志》卷一载："周显王时，楚国衰弱，秦惠文王与巴、蜀交好。蜀王弟苴侯私亲会于巴，巴、蜀世战争。周慎靓王五年，蜀王伐苴侯，苴侯奔巴，巴为求救于秦。秦惠文王遣张仪、司马错救苴、巴，逐伐蜀，灭之。仪贪巴、苴之富，因取巴。司马错自巴涪水取楚商於之地为黔中郡。"史料反映出战国时期巴、蜀、苴、秦、楚的实力及关系，最终秦灭巴，并在巴设置郡县。自此之后，巴人正式进入王朝体系。

二、秦汉至唐宋时期鄂西南地区的社会生活

（一）民居与宫城建筑

从居住形式来看，《魏书·僚传》："僚者，盖南蛮之别种，自汉中达于邛、笮川洞之间，所在皆有。………依树枳木，以居其上，名曰干阑。干阑大小，随其家口之数。"《旧唐书·南平僚传》："土气多瘴疠，山有毒草及沙虱蝮蛇。人并楼居，登梯而上，号为干栏。"吊脚楼在南方山地实际上已经存在多年，只是较晚才有明确记载，正是由于没有文字的记录，这里的文化平添了一份神秘，口传心授的交流方式让文化扎根于百姓的生产生活中，得以世代延续。《旧唐书·南蛮西南夷传》："散在山洞间，依树为层巢而居。"陆游《入蜀记》："井邑极于萧调，邑中才百余户。自令廨以下，皆茅茨，了无片瓦。"范成大《吴船录》："峡路州郡固皆荒凉，未有若归这甚者，满目皆茅茨，推州宅虽有瓦盖。"在南方山地地区，用竹木草为建筑材料非常多见，就地取材，方便耐用，是符合当地地理环境的生态体现。

隋唐以来，人们开始在鄂西南山地筑城，这些山地地区的城池选址，尤其是在古代，多为山顶平旷之地，在考虑施工难度的同时，又要考虑安全防御，以及水源和食物的运输方便。如："恩施旧州城遗址，俗称柳州城，城址位于今恩施市区东面的七里坪镇周城村，城址确属于宋代晚期为保全恩施而修建的军事堡垒城池，且保存较好，该城经多次调查，城依山顶的形状而建，总面积约百万平方米。因山顶平旷，四周多为悬崖峭壁，仅在平坦的山凹处修筑和垒墙，墙体保存完整，山的顶端经过平整，且沿着绝壁还修建了一道女儿墙。女儿墙亦用石块垒成，在城内亦多处发现有瓦片和日用瓷器残片。另外，在城的南门外，发现有当年为修凿入城道路的石刻碑文……在西门外的山坡下方，是当年郡守官员们的驻地，保留有南宋时期在这里种植瓜果记录的西瓜碑。"① 古代城邑的选址要综合考虑地形、气候、土壤、植被、水源、朝向、交通、物产等因素。鄂西南地区早期水草丰美、树木茂盛、动植物种类丰富，由于多山，鄂西南民族居住地多选取在依山傍水的区域，早期是以单性家族为主的村落聚集，分布在河流、山脉和道路两侧。在羁縻时期，该区域居民住房多是以竹木搭架、

---

① 邓辉.土家族区域考古史 [M].北京：中央民族大学出版社，1999：204.

茅草封顶，择高地而建，聚族而居。吊脚楼作为南方山地民族的代表性建筑物，并非鄂西南民族所独有，但鄂西南地区的吊脚楼在羁縻时期是保有该区域最原始建筑的时期，其吊脚楼具有极强的适应性，由于分布在山地地区，很难在横向角度大面积展开修建，只能是依山而建，向上发展，形成错落有致的纵向居住空间分布。

（二）文化教育的传播

汉代，鄂西南地区的文化教育已有所发展，学习和了解中原王朝的习俗，"自时厥后，五教雍和，秀茂廷逸，英伟既多，而风谣旁作。故朝廷有忠贞尽节之臣，乡党有主文歌咏之音"①。自唐宋以来，中原王朝在鄂西南地区设立学校，其中詹邈取得博学鸿词科第一的优异成绩，当地人皆以此为傲，世代对其加以膜拜，"恩施、利川、建始三县皆祀乡贤"②。恩施地区更是"厉千余年来皆有学，人才炳蔚，已代有传人矣"③。宋朝初年，还在该区域修建书院，文化之风在此盛行。中原王朝在该区域大力推行儒家文化教育，开科取士，不仅推动了儒家文化在此地的传播和发展，还带动了鄂西南地区的精英阶层主动学习儒家文化，了解中原王朝典章制度和礼法秩序，对该区域的社会稳定和经济发展起到了重要的精神凝聚作用。同时，在隋唐时期，竹枝词和巴渝舞逐渐兴起，其中以刘禹锡为代表的唐代诗人在此地留有大量的竹枝词作品，由于简单易学，朗朗上口，使得大量的竹枝词作品得以在民间广泛流传。《郡中春宴因赐诸客》："蛮鼓声坎坎，巴女舞蹲蹲。"④记载的巴舞蹈与后世的摆手舞是一种因袭流变的关系。

至宋代，据王象之《舆地纪胜》卷七四载："巴人、蛮蜑人好巴歌，名曰踏蹄，"注云，"荆楚之风，夷夏相半。有巴人焉，有白虎人焉，有蛮蜑人焉。巴人好歌，名踏蹄。白虎事道，蛮蜑人与巴人事鬼。纷纷相间，渐以成风，伐鼓以祭祀，叫啸以兴衰，诘朝为市，男女错杂，日未午交易而退，故巴人好巴歌，名曰踏蹄。"鄂西南民族能歌善舞的传统一直延续至今。唐代的崇佛之风，对此地也多有影响，来凤地区的仙佛寺便是盛唐时期的产物，也是目前鄂西南地区发现年代最早的

---

① 常璩，著．刘琳，校．华阳国志：卷一．巴志[M]．成都：巴蜀书社，1984：39.
② 《施南府志．人物》（道光朝）卷二五。
③ 同治《恩施县志》卷七《学校志》。
④ 《全唐诗．白居易十一》卷四三四。

佛教圣地。据同治朝《恩施县志》卷七载："邑之风俗……，汉晋以前无稽矣。隋、唐始设州县，地旷人稀，民风率安质实，故杜少陵《赠郑典设自施州归》诗有'其俗则醇朴。不知有主客，乃闻风土质，又重田畴辟'之句，其为实录可知。五代迄宋生聚日繁，纷华亦纷日盛。旧《志》载宋儒之言有：'施州风土，大类长沙，论文学则骎骎大国风，论人情则渐多浇离，少醇厚。'其与少陵所咏，已不侔矣。由朴而华，固亦势所必至矣，是为风俗志一变。"

从史料可以看出，鄂西南地区的社会生活在汉晋以前暂无明确的文字书籍记载，但不代表没有文化的交流和学习，这可以从考古挖掘出土的文物得以佐证。隋唐时期开始设置州县，但民风朴实。至宋代，由于社会经济的快速发展，必然推动着文化习俗的转变，其社会发展的繁荣程度与长沙相似。社会风俗的改变是建立在丰裕的物质基础之上的，鄂西南地区在宋代才开始出现大规模的风俗改变，其背后的原因是多方面的，对于山地地区的社会发展而言，必须要有先进文化和技术的传入，以及充足的劳动力，才能推进区域社会的发展和进步，而这离不开中原王朝的治理政策和人类追求美好生活需要的原动力。

（三）饮食习俗

区域性群体的饮食习惯可以从多个方面反映出该区域的历史进程、族群交往和地域环境，鄂西南地区多是以荞麦、粟、豆类、根块为主食，辅以采集的山果。食物来源仍多以刀耕火种为主，这在该区域的民歌中可以得到印证。唐代诗人刘禹锡在途经该地时曾赋诗一首，用以描绘该区域的畲田过程：

何处好畲田，团团漫山腹；钻龟得雨卦，上山烧卧木。惊麇走且顾，群雉声咿喔；红焰远成霞，轻煤飞入郭。风引上高岭，猎猎度青林；青林望靡靡，赤光低复起。照潭出老蛟，爆炸惊山鬼；夜色不见上，孤明星汉间。如星复如月，俱逐晓风灭；本从敲石光，逐致烘天热。下种暖灰中，乘阳坼芽蘗；苍苍一雨后，颖如云发。巴人拱手吟，耕耨不关心；由来得地势，径寸有余阴。①

由于刀耕火种的生产效率较低，而山地的动植物资源又比较丰富，所以，渔猎成为饮食环节中重要的一环。《湖北通志·舆地》载：当地百姓"土敦朴实，俗尚俭朴，乡人于农隙之后，以猎兽捕鱼为事"。这是当地人群获取肉类的途

---

① 《刘宾客文集．畲田作》卷二七。

径之一，同时还饲养大量的家禽，诸如鸡、鸭、猪等，溪水中的鱼类资源也成为当地民众的果腹食物。当地的食物来源从地里到水中、从山上到山下，凡是能够为人类所食的资源均被转换为食物，以此来满足基本的温饱需求。按照山地高度可以将鄂西南地区的山地环境分为：低山地区（800米以下）、二高山地区（800～1200米）、高山地区（1200米以上）三个区域。

其中低山地区的地形较为平缓，气候相对温暖湿润，光照充足，便于灌溉，是小麦、水稻等农作物的主要产区，也为当地的柑橘和茶叶提供了良好的生态环境。二高山地区由于灌溉不便，地形坡度大，气候温和，适宜当地的一些农作物生长，诸如漆、麻、桐等，同时也是旱地农作物的主产区域；高山地区温度低，热量少，是药用价值较高的经济作物的主要生长区域，诸如当归、党参、黄连等。山地环境中的诸多药用经济作物成为朝贡的主要方物，也成为与周边群体商品交换的主要产品。食物来源的多样性和环境的复杂性，在一定程度上影响着当地的生活方式。在获取食物之后，需要经过烹饪加工才能食用。在隋唐时期，清江流域的恩施旗峰坝遗址发现有陶器罐、壶、壶嘴、碗、烧制器类的支垫等[1]，上述出土文物皆为饮食中的必备用品。鄂西南地区出土的大量宋代陶瓷、漆木等遗物，可以证实鄂西南地区的炊具从实用性和方便性走向精细化和审美化的过程。

鄂西南地区的饮食注重时节性。不同的区域群体在不同的时间节庆所食用的食品呈现出极大的差异性，诸如：赶年饭、社饭、牛王节等。以口味来区分，主要分为酸、辣、干三类。常见的大酸菜坛子，内泡有大蒜、豆角、白菜、萝卜等，一吃数月。家家户户都储藏有大量的辣椒，且种类繁多，以供日常食用，谚语："一日不吃酸和辣，心里就像猫儿抓，走路腿软眼也花。"本地居民还有将瓜果、豆类、青菜等晾晒脱水以便长期保存的习俗。烟熏腊肉也是该区域独特的饮食之一，烟熏过后的肉类水分彻底脱干，经久耐放，可以保证长时间不变质。当地谚语有："三罐一老酒，泡菜土腊肉，盐菜榨广椒，合渣懒豆腐。"可见当地的饮食口味基本上是以酸、辣、干为主。区域性饮食习惯是由所在区域的自然生态环境和社会发展状况综合决定的。

---

① 吴永章，田敏.鄂西民族地区发展史[M].北京：民族出版社，2007：60.

（四）日常饮品

鄂西南地区盛产茶叶且加工制作技术精湛，不仅是地方豪酋朝贡的方物，还是民众交际的主要礼品之一。该区域盛行的茶饮有油茶汤、四道茶、罐罐茶、大盆凉茶等，其中油茶汤是该区域最具代表性的茶饮。陆羽在《茶经》中记载："荆巴间，看茶叶作饼，叶老者饼以茶膏出之，欲者各饮，先圣令赤色，捣末，置瓷器中，以汤覆之，用葱、姜、桔呈之，其饮醒酒，令人不服。"油茶汤以茶叶、茶油、豆干为主料，辅以葱、姜、桔、盐等佐料。制作之时，先用油爆炒茶叶，在锅中放置其他材料，最后用沸汤浇灌在瓷碗之中，有散热驱寒，提神开胃之功效。四道茶是将鄂西南地区的四种传统茶道礼仪综合吸收之后的产物，并逐渐形成一套完整的茶礼：头道茶用白鹤井水泡的茶，故民间有"白鹤井的水，留驾司的茶"之说；二道茶为泡米茶，其香无比，即将泡儿茶、红糖加之白开水而成；三道茶是油茶汤，其味道偏苦甜；四道茶为鸡蛋茶，是用三个煮熟的去壳鸡蛋，配以蜂蜜或红糖，用沸水冲泡。[①] 由于该区域山地高度的差异，高山居住人群喜欢用土罐作为泡茶的工具，其顺序为将茶叶放置在土罐之中用慢火烘焙，待茶香四溢之时用沸水冲泡，再从土罐中倒出饮用，饮用时清香无比，提神养气。而在低山地区则习惯饮用大盆泡凉茶，三伏天饮用，清凉解暑止渴，是每个家庭夏天必备的饮品。

鄂西南地区的民众不仅喜欢饮茶，还对种茶、采茶和制茶等工序熟稔于心，并由此形成了当地特有的茶文化。其中宣恩的五家台、鹤峰的百驾司、巴东的羊乳山都曾经是贡茶的主要生产基地。茶从种植到冲泡饮用有着十分繁复的程序和流程，男性负责体力劳动，女性负责技术操作，在广阔的大山里以茶歌的形式反映与茶有关的生活和社会形态。酒类饮品在鄂西南地区很早就已经出现，酿酒习俗在当地历史悠久。在羁縻时期主要还是以咂酒为主，其酒酿造的材料多以糯米、小麦为主，放入酒曲装进坛中，慢慢发酵。经发酵的咂酒，集酸、辣、苦、甜于一体，含有多种氨基酸、蛋白质和微量元素，具有健脾、护肝、防治高血压、消除疲劳等诸多功效。[②] 关于咂酒的酿造和饮用在古籍文献中有

---

① 艾训儒.湖北清江流域土家族生态学研究 [M].北京：中国农业科学技术出版社，2006：48.

② 吴勇，詹大方.西南少数民族咂酒及其开发前景 [J].贵州民族研究，1995（1）.

大量记载。酒在当地的婚丧嫁娶、劳动节庆、宴请宾朋、宗教祭祀的活动中都发挥着重要的功能和作用。

（五）衣着服饰

人类在早期社会的衣着服饰主要是以实用为主，便于生产活动。尤其是深处鄂西南山地的山民们，为了适应高山林密，河流纵横的山地环境，其衣着服饰基本上是以宽松、俭朴为主要特点。鄂西南地区服饰使用的材料，主要是当地妇女自己制作的土布，土布的色彩斑斓，花式多样，深受百姓喜欢。这种衣着服饰很早便出现在该区域，从秦汉时期作为纳贡的賨布到唐宋时期民众大量穿着的溪布，虽然名称在改变，但工艺一直精湛，直到今天的西兰卡普依然是鄂西南文化的重要载体之一。《溪蛮丛笑》载："绩五色线为之，文彩斑斓可观。俗用为被或衣裙，或作巾，故又称峒布。"唐宋时期，该区域的纺织技艺已经达到"女勤于织，户多机声"的程度。在羁縻时期，鄂西南地区的衣着服饰一直保持着比较传统的特色，没有受到太多外来文化的影响。女性佩戴银饰进行外在装扮，主要集中在手、脚、腰、耳、头等部位，由于早期服饰颜色以暗色系的黑蓝为主，配以亮色的银质饰品，十分耐看。同时，在衣服及鞋子等目视可及的区域进行动植物图案的制作，充分反映了民众生活与自然生态之间的紧密联系，更突显了当地人群热爱生活、祈求平安、追求幸福的思维观念。

本章小结

这一时期鄂西南民族文化生态区，由于长期封闭的环境，以及与中原王朝松散的隶属关系，使得该区域的文化生态得以保持着诸多的原生风貌，直至唐宋时期，该区域的外来人口开始激增，推动了当地经济生计的转型和商品贸易的兴起。总体而言，这一时期的文化生态依然是以本区域的民族文化为主，外来人口虽然有大幅度增长，但从人口总量上来看，依然少于本地居民。在各群体相互交往交流中出现了外来文化本地化的趋势，外来文化对该区域文化的干扰较少，影响力度不深，甚至是融入该区域文化内。在这一时期，鄂西南地区的文化生态处于缓慢的自我形成阶段，并最终体现在当地民众的社会生活之中。

第四章　鄂西南民族文化生态区的形成时期

鄂西南民族文化生态区的形成时期上起宋元交替时期，下至清雍正改土归流，基本与土司制度在鄂西南地区的实行周期相重叠。虽然元代才开始在鄂西南地区建立土司制度，但早在此之前，鄂西南地区的强宗大姓就已经割据一方并世袭官职，成为土司统治的开端。土司制度是元明清时期由中原王朝主导和制定的主要在南方少数民族地区实行的一种区域治理制度，是元朝在充分吸取和总结历代王朝对南方民族治理策略基础之上的产物。土司制度的本质是"其道在羁縻"，主要内容包括两个方面：一方面是中央王朝通过少数民族土著首领对民族地区实行间接统治；另一方面是各民族首领向中央王朝承担一定的政治、经济、军事等义务。[①] 自汉、唐以来，鄂西南地区便有土酋、大姓出现，特别是宋代的内缩式社会发展结构模式，使得该区域的强宗大姓迅速崛起，各据一方。至元代，其势力更加繁盛，元王朝为稳固地方社会安定，开始广置土司，进行安抚利用。正是宋代较为完备的羁縻州制为元代鄂西南地区土司制度的建立奠定了坚实的基础。

第一节　元明清时期鄂西南地区的政治生态

一、元朝时期鄂西南地区的政治生态

元世祖忽必烈在至元十二年（1275 年）相继攻破襄阳、沙市之后，四月"传檄郢、归、峡、常德、澧、随、辰、沅、靖、复、均、房、施、荆门及诸洞，

---

① 吴永章 . 中国土司制度渊源与发展史 [M]. 成都：四川民族出版社，1988：2.

无不降者"①。至元十五年（1278年）四川行枢密院副使李德辉"再围重庆，逾月拔之。崄庆、南平、夔、施、忠、播诸山壁水栅皆下"②。至元十三年（1276年）杨文安"分兵略施州，擒统制薛终忠。会大雪，遣蔡邦光夜攻，杀守帅何艮，夺其城"③。通过上述史料，可见施州地区的强宗大姓是在元朝强大的兵威之下而归附的。由于归附之时便对王朝持有摇摆态度，归附之后的反叛也成为心理活动的行为表现，对于鄂西南地方势力的反叛，元王朝采用武力镇压的形式进行平叛。由于鄂西南地区的土司之间地缘相近，血缘相亲，利益相关，所以在归附与反叛的行为表现上呈现出惊人的一致性，这也从一个侧面说明该区域势力之间关系的密切性。

据《元史·杨大渊传·附传》载："至元十七年（1280年），遣辩士王介谕降散毛诸峒蛮，以散毛两子入觐，因进言曰：'元帅蔡邦光，昔征散毛蛮而死，可念也'。帝曰：'散毛既降而杀之，其何以怀远？'乃擢蔡邦光之子，升为管军总管，佩虎符，赐散毛两子各金银符各一，并赐其酋长以金虎符。"元代对待地方蛮酋，通常使用怀柔之策。让这些地方势力感恩戴德，更好地为朝廷效力。即便是在武力反叛的情况下，也会使用宽宥、屯戍等恩威并用的方式对其进行治理，而不仅仅是武力镇压，这也是元王朝可以在鄂西南民族地区得以迅速实现治理的原因所在。顺帝至元六年（1340年）七月，"散毛峒蛮覃全在叛，招降之，以为散毛誓崖等处军民宣抚使，置官属，给官敕、虎符、设立驿铺。"④据道光《施南府志·选举》载："至大中，容美等峒叛。"《元史·泰定帝本纪一》："夔州容美峒蛮田先什用等九溪为盗。"类似这种军事战争的史料记载极多，归其原因，可以分为三类：其一，是峒蛮之间的利益纷争，元王朝作为仲裁者出面加以调停；其二，是鄂西南民众反抗元王朝的统治；其三，

①　（明）宋濂，等.元史：卷一百二十八.列传第十五.阿里海牙传[M].北京：中华书局，1976：3126.

②　（明）宋濂，等.元史：卷一百六十三.列传第五十.李德辉传[M].北京：中华书局，1976：3817.

③　（明）宋濂，等.元史：卷一百六十一.列传第四十八.杨大渊传[M].北京：中华书局，1976：3784.

④　（明）宋濂，等.元史：卷四十一.本纪第四十一.顺帝四[M].北京：中华书局，1976：875.

是土司蛮酋垂涎临近区域的土地、财富和人口，而进行掠夺性争斗。

元代在鄂西南地区实行以怀柔安抚为主，军事武力为辅的治理方式，给该区域带来了稳定的社会秩序和良好的经济环境，对其整体发展有积极的历史作用。而实施其怀柔安抚政策是主要原因是：其一，鄂西南地区特殊的地理位置和地形地貌。《恩施县志·形势》载："楚蜀咽喉之回，荆彝联络之区，关隘纵横，山川险固，南土要害之也。"顾祖禹《读史方舆纪要》卷八二中载："外蔽夔峡，内绕溪山，道至险阻，蛮僚错杂。"这些记载不仅交代了鄂西南地处中原汉族与山区蛮族的交通要道，也表明了其外控长江三峡之地，内有山川险阻之势，同时还是多民族聚集区，地形复杂，群体众多，易守难攻。在这样一个特殊的区域，简单的武力镇压方式是很难获得当地豪酋支持的，即便是通过暴力征服，之后也容易滋生反抗情绪，不能达到有效治理的效果。所以元王朝便采取恩威并施的措施，以怀柔安抚为主，以军事武力为辅，并广设土司，给予相应的政治权利和品级待遇。其二，强盛的时代。元代的军事战斗力极强，国家处于大一统环境之下，据《续文献通考》卷十三载：元代"山泽溪峒之民，虽不在版籍之内，然当时混一区宇，威震百蛮，不贽不臣之人咸思内向，亦开国时盛事也。"各地蛮酋审时度势，为能更好地在所在区域将权力进行稳定过渡，纷纷内向元王朝。元王朝后期势力逐渐衰微，其治理策略的作用也随之消减，但这并不是政策本身的问题，而是由国力的强弱客观决定的。

二、明朝时期鄂西南地区的政治生态

明代鄂西南地区的土司制度，是朱元璋在任用元代归附土官的基础上建立起来的。其背景在《明史·湖广土司列传》中有明确记载：湖广土司，"溪峒深阻，易于盗寇，元末滋甚。陈友谅据湖湘间，啖以利，资其兵为用。诸苗亦为尽力，有乞兵旁寨为之驱使者，友谅以此益肆。及太祖歼灭友谅于鄱阳，进克武昌，湖南诸郡望风归附，元时所置宣慰、安抚、长官司之属，皆先后迎降。"其中鄂西南地区最有代表性的是"容美峒宣抚使田光宝遣弟光受及宣慰同知彭建思等，以元所授宣敕印章来。上命以光宝为四川行省参政，行容美峒等处军民宣抚司事，仍为置安抚、元帅以治之"[①]。鄂西南地区的土司基本上是在明

---

① 参见《明太祖实录》卷十九"丙午二月丁卯"条。

武力震慑下而归附的，田敏认为，"明王朝对前来归附的土家族大小土司，在'以原官授之'的总原则下，在对其归附时间、势力大小、所处位置、当时形势等不同因素进行综合考量后，给予了具体、区别的对待，并未采取一刀切的政策。"① 这种观点是比较中肯的，因为这一区域的各方势力盘根错节，必须加以区分处置才有可能收到应有的效果。

据吴永章考证，明代在鄂西南地区设置有"施州卫军民指挥司，上属湖广都司，下属领所一，宣抚司四，安抚司九，长官司十三，蛮夷官司五"②。各级之间有明确的隶属关系，便于指挥和管理。鄂西南地区的土司建制在设置之初就有许多与其他地区土司的不同之处，具体表现在：其一，建制稳定。鄂西南地区的土司设置极为稳定，除个别土司的升降外，如：隆庆五年（1571 年）将金峒安抚司降为峒长；嘉靖（1522—1566 年）初年置中峒安抚司，大多极少变动，这种稳定的政治设置有利于保证区域内的社会稳定和权力交接，减少因动乱所导致的各类问题。其二，以大姓为主。强宗大姓在此地历来具有一定影响力，为稳固地方统治，明代在鄂西南的土司设置中基本上严格按照大姓进行。明施州卫指挥佥事童昶在拟奏"制夷"条款中言："施州所属田、覃二姓，自国朝永乐以来，二氏子弟分为十四司，传之后世。"在鄂西南地区，田姓土司领地含有容美、大旺、忠峒、高建、高罗、忠孝、木册、龙潭、东流、腊壁诸峒地区；而覃姓土司领地则含有施南、忠路、金峒、散毛、唐崖、东乡等地。各土司之间，地缘相近，血缘相亲，利益相关，盘根错节，彼此形成一张巨大的权力网络。其三，土官为主，武职居多。明王朝在鄂西南地区的土司设置中，尤其是施州地区，基本上是以本地土官为主，没有像其他地区一样大规模采用土流分治的方法。明代土司是划分为文武两职的，其中武职隶属于兵部，由都指使领之；文职隶属于吏部，由布政司领之。西南地区的大部分土司都是文武兼设，而鄂西南地区基本上武职土司职衔较高且有实权，文职流官职衔较低且流于形式。这种以土官为主，武职居多的情况，在一定程度上说明其所在位置的重要性和自身实力的强大。其四，分设之制。据《明宣宗实录》卷四三，宣德三年（1428 年）五月戊寅条载："设湖广剑南长官司，以牟酋蛮为长官，谭镇蛮、牟蛮政为副

① 田敏.论明初土家族土司的归附与朱元璋"以原官授之"[J].贵州民族研究, 2000（3）.

② 吴永章，田敏.鄂西民族地区发展史[M].北京：民族出版社, 2007；125.

长官，隶忠路安抚司；摇把峒长官司，以向墨古送为长官，冉豪虎、向星祖为副长官；下爱峒长官司，以谭成威送为长官，向貊送为副长官；镇边蛮夷长官司，以谭惹添旺为长官，向仁送为副长官；隆奉蛮夷官司，以田支晟为长官，向平均、冉桂贞为副长官，皆隶东乡五路安抚司；东流长官司，以田铭为长官，黄常、谭政为副长官；腊壁峒蛮夷长官司，以田兴为长官，刘斌为副长官，皆隶散毛宣抚司；西泙蛮夷官司，以泰万山为长官，黄成珊、向政旭、谭忠信为副长官，隶金峒安抚司。先是，施州卫忠路安抚司等衙门各奏，前元故土官牟酋蛮等各拥蛮民，久据溪峒，今就招抚，请开设衙门，授以职事。行在兵部以闻，上曰：'驭蛮夷固当顺其情，所设衙门亦宜有等杀，其议以闻。'于是清以四百户以上者设长官司，四百户以下者设蛮夷官司。元故土官子孙量授以职，从所招衙门管属。上从之。故有是命。"从史料中可以看出，明王朝一次性设置和任命大批土司，以达到安置和笼络前朝土官的子嗣，稳定基层统治基础，扩大统治范围的目的。其中，田、向、冉、谭等大姓在今天依然是鄂西南地区的主要姓氏。在以姓氏和血缘为基础的土司划分上，还以大姓控制的实际户口数目作为分治的基本办法，其分治理标准是以四百户为基本划分单位，以此来区分长官司和蛮夷官司之法。因其划分合理有效，终成一代之制并得以在全国推行开来，清承明制，也使得这一方法得以在清朝延续。明朝鄂西南地区的土司除主要官员的设置外，在民间社会还有很多名目繁杂的下级土官。吴永章曾考证在此地区的土官有：同知、佥事、吏目、舍人、头目、族目、通事、把事、峒长、峒老[1]等基层社会组织和政权的代理人。为更好地对基层社会进行治理，朝廷赐予这些土官以印章、诰敕、冠带等信物作为权利的凭证，以证明其基层统治的合法性。

卫所制度是明代极为重要的一项军事制度。明朝在建立之初便开始广设卫所。《明史·兵制一》载："明以武力统天下，革元旧制，自京师达于郡县，皆立卫所，外统之都司，内都于五军都督府……征伐则命将充总兵官，调卫所军领之。既旋则将上所佩印，官军各归卫所。"《明史·兵制二》载："天下既定，度要害地，系一郡者设所，连郡者设卫。"可见，明王朝对军事卫所的重视程度。根据明军制规定，大致五千六百人为一卫，称之卫指挥司，长官为指挥使，一般是一卫辖五个千户所，具体为一千一百二十人为一千卫所，

---

① 吴永章，田敏.鄂西民族地区发展史[M].北京：民族出版社，2007：132–135.

一百一十二人为百户所。卫隶属于各省都指挥司，都指挥司又分隶属于五军都督府，并听命于兵部。军士另立户籍，称军户。每逢战事，就任命将军统率卫所士兵出征，战事结束，将归于朝，兵还卫所。这样既保证卫所兵士的战斗力，又可以保证将与兵之间的分离，而不会出现将领拥兵自重的局面。同时，明廷还在土司周边地区的重要枢纽安置卫所屯田开垦，做到有事则执锐，无事则荷锄的且耕且战的状态。由于军粮均由卫所所在区域自行承担，没有过高的军队开支，所以卫所在设置之初，起到了积极作用。可以说，明王朝在鄂西南地区的政治制度设立中，一开始便是将土司制度与卫所制度结合在一起进行区域社会治理的。

明代在鄂西南地区设置施州卫。施州卫设置于洪武十四年（1381年），据《明史·土司列传》载："洪武十四年改置施州卫军民指挥使司，属湖广都司。领军民千户所一：曰大田；领宣抚司三：曰施南，曰散毛，曰忠建；领安抚司八……今散毛地与大水田连，宜置千户所守御，乃改散毛为大田，命千户石山等领土兵一千五百人，置所镇之。"而在道光朝《施南府志·建置·城池》中载："明洪武十四年（1381年）指挥使朱永拓址甃石，周九里有奇，高三丈五尺。东北临清江，西南环溪水，皆天然城堑。上设串楼、警铺、女墙。为门四，东曰清江，南曰南阳，西曰西顺，北曰拱北。旋圮。"整个施州卫城是在前代基础上重新扩建的，占据着极为重要的位置，威慑着周边的土司势力。施州卫军民指挥使司，下设指挥使，指挥同知，指挥佥事，左右中千户所，千户，百户。境内土官也归其统领。据《清史稿》载："明制，施州卫辖三里、五所、三十一司，市都里、都亭里、崇宋里，附郭左、右、中三所，大田军民千户所，支罗镇守百户。"施州卫的战略地位在该区域至关重要，据《大明会典·兵部十四》载："隆庆二年（1568年）题准，施州卫孤悬万山之中，与川、湖交接，番汉杂处，将靖州、郴、桂、临武等处原戍官军撤回一般，以济荆、襄；存留一半，以防番夷。"万历朝《湖广总志·兵防》载："在荆梁之会，东遮南郡，西蔽酉阳，南北并联溪峒。废州置卫，诘戎兵以镇蛮夷，军皆迁诸内地，令城守。"可以看出，施州卫不仅需要应对北部的荆襄农民起义，还需要分兵防范和镇压蛮夷势力。明王朝根据鄂西南地区的实际情况，在设置施州卫后，还设置了大田军民千户所和麻寮千户所以加强防卫。除加强防御外，还在汉土交界的关键区域设置关、隘、军、堡等防御设施，可见，明朝对鄂西南地区的土司是既用也防，且用且防的方针进行治理和控制的。

三、清朝时期鄂西南地区的政治生态

清王朝是从关外入主关内的，在入关之后，仍有部分明末势力在全国各地活动。在鄂西南地区，容美土司田吉麟在顺治十三年（1656 年）六月，降清。但"夔东十三家"的势力在此依然具有一定影响力，派兵擒获田氏族属，威震之下，鄂西南其他土司决定暂不降清，据《清史稿·土司列传一》载："直至康熙三年（1664 年），'夔东十三家'抗清失败，施州始归顺。"但由于吴三桂起兵反清，这一区域的众多土司也被牵扯其中，为增加反清势力，三藩对鄂西南地区的土司进行拉拢利用。直至康熙十八年（1679 年），该地土司见三藩势力锐减，亦不可挽回，才由容美土司率司内众属归附清廷。康熙平定三藩之乱后，清王朝的政局进入稳定时期，而就土司的存废问题，则经历了长时间的讨论。据《清圣祖实录》卷一零八"康熙二十年（1683 年）三月戊午"条载："或云宜补流官，或云宜补土官，或云可令管兵，或云不可官地，种种除奏不一。"经多方讨论和商议之后决定，沿袭明制，但较明制而言，清廷在对土司的控制方面更加严格。从宣慰使的从三品到副长官的正七品，清代并未给予鄂西南地区的土司极高的职衔。同时，清王朝和土司对于权力象征的印信号纸都极为重视，不论是前朝印信号纸的呈缴（例如：田甘霖"臣以边方远臣，慕义向化……于顺治十二年投诚，十三年缴印，十四年蒙换新篆，并赐裘帽弓马，优渥逾涯。顶踵莫报"[①]），还是印信的接受（例如：田舜年疏云"蒙绥远将军颁到臣宣慰使司印信，即率臣属各官，出郭迎接，至署恭设香案，望阙叩首谢恩"）。清王朝对土司的承袭更为看重，并严格按照宗支嫡庶、远近亲疏的关系进行权力的延续。《大清会典·吏部》卷十二载："准以嫡子嫡孙承袭；无嫡子嫡孙，则以庶子庶孙承袭；无子孙，则以弟或其族人承袭；其土官之妻及婿，有为土民所服者，一准承袭。"《大清会典事例·兵部》载："承袭之人，有宗派不清，顶替、凌夺各弊，查出革职，具结之邻封土官照例议处。"在改土归流以前，鄂西南地区的土司，经清廷严格规定承袭之法，很少出现因承袭而导致的争斗。唯有在容

---

① 田甘霖 . 倡义奏疏 [M]// 田氏族谱：卷二 .

美土司田舜年执权时期出现两起争袭事件①，但均在未造成严重的械斗仇杀时，就已被清廷妥善解决。

为防止土司势力出现尾大不掉的局面，清廷对土司的职衔上限进行了限制和规定。据《大清会典·兵部》卷四七载："土官有军功者，各就原品级以次递加。指挥使以下，由百长以次递加，至指挥使而止。宣慰使等三司，各由佥事递加至该司使，副招讨使加招讨使，副长官加长官。其加至长官者，准加安抚使或招讨使，安抚使招讨使准加宣抚使，递加至宣慰使而止。"清廷通常会对有功于社稷的鄂西南土司给予各种褒奖，在康熙二十七年（1688年），据《田氏族谱》卷二载："父田甘霖，原任少傅、兼太子太傅、左都督、官容美宣慰使司宣慰使事、正一品，应照伊原品，该赠荣禄大夫。母覃氏，应照伊夫品级，该赠一品夫人。"从中可以看出，容美土司在这一时期被清廷恩宠之至，职衔多，位次高，但多是虚衔而无实权，其真正可以使用的权限依然是宣慰使而已。

清代鄂西南地区土司内部结构完整，等级森严，是典型的军政合一的组织形式。据《容美纪游》载："其官属旗鼓最尊，以诸田支贤者领之。国有征伐，则为大将，生杀在掌……其五营中军，则以应袭长子领之，官如副将。左右前后四营，同姓之尊行领之，如参将。下则四十八旗长官，如都司。又有领纛主客兵，以客将为之。旗长下有守备、千总、百户、名虽官任，趋走如仆隶。随其司主近身捍卫者，曰亲将，皆悍勇之士。另有主文字及京生走差差者，曰干办舍人，其余族人概称舍把。"可见，土司内部分工明确，职级清楚，各有称谓，相互配合。土司与土民之间更有着严苛的限界和称谓，据道光《鹤峰州志·杂述》载："土民称峒长曰都爷，其妻曰夫人，妾曰某姑娘，幼子曰官儿，女曰官姐，子弟任事者曰总爷，其次曰舍人。"

土司对所属区域的土民具有处罚权力，而在区域内犯罪的汉民则交由流官审理。据同治《来凤县志·杂缀》载："土人有罪，小则土知州、长官等治之，大则土司自治。若客户有犯，则付经历，以经历为客官也。"在具体治理上呈现出宗族统治取向，鄂西南地区容美土司势力日渐强盛，逐渐将权力渗透到各

---

① 其一，是田舜年革职长子，以长孙代其职，后因长孙病故，又以次孙承袭；其二，是田舜年女婿田畯与其地田畯军争袭，田舜年帮助女婿田畇解决纷争，但其弟田畯不许田畇归，而田畇只得暂居岳父田舜年处。两则争袭事件均见顾彩所著《容美纪游》。

个层级。据咸丰《长乐县志》卷十六载："五峰安抚使司及水浕、石梁各长官，均统辖于容美宣慰司。康熙甲寅年，容美司九峰举兵虏五峰司张彤弨、水浕唐继勋、石梁唐公廉而以其子弟袭各其职。各司人烟殆绝，旋以各司子弟袭三司副长官职。"而在《容美纪游》中载："环署有安抚司衙门四：一水浕、二椒山、三五峰、四石梁，皆容美属邑也。向俱外姓，今君使其子婿遥领，虽有地方，不之本任，四司之人日来侯焉。"容美土司以田氏子弟或女婿等姻亲关系控制整个鄂西南地区的土司势力，这种以血缘为纽带关系的权力关系网，让容美土司的势力达到顶峰，逐渐形成了割据一方的庞大势力。如《容美记游》载："其余忠峒、唐崖、散毛、大旺、高罗、木册、东乡、忠孝等名目，不可悉数。皆仰其鼻息，而凛其威灵，若郑、卫、邾、莒之事齐、晋。合诸司地，总计之不知几千百里。屏藩全楚，控制苗蛮，西连巴蜀，南通黔粤，皆在群山万壑之中。"容美土司在整个湖广土司中异军突起，势力强大，最终形成"楚蜀各土司中，惟容美最富强"。然而，过快的实力增长导致膨胀心理的产生，最终体现在行动上的僭越行为，容美土司不仅大量侵占周边土地，还通过实物地租、货币地租、劳役地租的形式进行人、财、物的过界掠夺，这是高度集权的清王朝不可能允许长期存在的，土司制度的自治与中央王朝的集权越发成为不可调和的矛盾，改土归流势在必行。

第二节　元明清时期鄂西南地区的经济生计

一、因地制宜的农业

鄂西南地区虽经宋代的有序开发，但至元代仍有很多可以进行开垦耕种的荒地。据《元史·兵志·屯田》载："内而各卫，外而行省，皆立屯田以资军饷。"元代在鄂西南地区实行军屯以震慑地方势力，分别从内地调派军队进行屯田戍守。至元六年（1269年），元世祖赐李忽兰吉虎符，授昭勇大将军，并授夔东路招讨使，"以军三千，立章广平山寨，置屯田"[①]。与此同时，也将内地汉族

---

① （明）宋濂，等.元史:卷一百六十二.列传第四十九.李忽兰吉[M].北京：中华书局，1976：3793.

地区的人口有序迁移到该地区,进行开垦种植,扩大耕种面积,增加粮食产量。《元史·兵志三》载:"世祖至元二十一年(1284 年)……,命官于成都诸处择膏腴地,立屯开耕,为户三百五十一人,为田五十六顷七十亩,凡创立十四屯。"[①]这些迁入该地的军民屯户,不仅仅是人口的简单迁移,更多的是带来了先进的生产技术和生产观念,对当地的农业生产和社会发展起到了一定的推动作用。除军屯、民屯外,还有土司自置屯田。据同治朝《来凤县志·武备志》:"邑在唐宋,地属羁縻,兵制损益,渺难稽已。自有土司以来,惟以武力是。其时散毛则有四十八旗,卯洞则有五营六寨,各以舍把土目领之,无事则荷末而耕,有事则修矛以战,盖即农即兵也。"这种战时为兵,耕时为农的特点,是土司地区土民的重要特点之一,也是全民皆兵,战斗力较强的原因。至明朝主要是以军屯为主,其耕种范围固定,粮食自给自足。《明史·食货志》载:"天下卫所州县,军民皆事垦辟,民屯皆领之有司,而军屯领之卫所。"明朝由于在各地广置卫所,所以满足军队的粮食需求最为重要,由此产生了屯田制中的军屯。据康熙《九溪卫志》记载,九溪卫的汉兵主要来自湖南东南部和湖北东部,他们"无事则荷锄,有事则执锐"。长期如此,形成了西南地区"官有俸,兵有粮"的局面。

由于卫所的设置主要是根据土司的分布位置和地势决定的,客观上造成卫所所在区域并不适宜进行大范围的农业生产。国家为了解决卫所军粮不足的问题,一般会让商人出资,招收民户,立屯堡、辟土地,将收获的粮食上交给卫所,以供军队使用。由于商人没有直接销售粮食的权利,所以必须要由当地布政司和都司发给凭证,产盐处按照市价交给其等价的食盐。商人通过将所获取的盐转卖各地,从中获利。由于大规模屯田的开展,迁移至此的汉族军、民、商屯田户便在此定居,并开展了大规模的垦殖农种活动。除此之外,虽然受到"蛮不出境,汉不入峒"的明文限制,但少部分汉民因无法忍受负担过重的苛捐杂税而主动选择进入山区。同时也有大量因躲避战乱而进入此地的难民。据《长乐县志·风俗》载:"州民客土杂处""百工技艺之人甚少。制器作室,多属流寓""商贾多属广东、江西及汉阳外来之人""外来者多家于此,本地人出

---

① (明)宋濂,等.元史:卷一百.志四十八.兵志三[M].北京:中华书局,1976:2573.

境远游者少，盖因良田亦无大差徭，故视为乐土，不忍徙而之他也，故出山人少进山多"。从上述史料中可以看出，土司时期的匠人、商人多是外来移民，因此地赋税徭役较轻，不仅本地人不愿迁徙至他处生活，也吸引了很多外地人迁移至此。土著与客户之间长期杂处，相互交往，形成了浓郁的地方性文化。

鄂西南民族始终以农耕为本，勤恳耕种。万历《湖广总志·风俗》载：大田千户所，"俗尚耕稼，地旷人稀。"在恩施的地面平整之处，农业发展速度较快。黄溥在《劝农台》（恩施城东五峰峡口）诗云："布谷声乾雨初歇，年年忙杀春三月。大儿扶梨小儿耙，新妇插禾阿姑。沾体涂足不为辱，但愿时和生事足。大麦垂黄小麦青，晚稻含华早稻熟。"[①]同治《来凤县志·风俗志》载："田少山多，男女合作，终岁勤劳，无旷土，亦无游民。方春，视山可垦处，伐木烧畲，种植杂粮，悬岩峭壁皆满，而苞谷尤多……山行平旷处，皆开田种稻。"土民长期在田间地头进行农业耕种，早已对农作物种植的时节、土壤的肥力以及灌溉有所了解。根据土壤的肥力差异种植不同种类的农作物，一般在是坡田上多种糯谷，在田坝上多种粘稻。而在时节的选择上，按照"三月清明迟下种，二月清明旱下秧，农家经此占验"。山高水冷处，田土烧畲；土坪水调处，乃开田种稻。在山坡之地，则种苞谷、燕麦、黄豆、芝麻等粮食作物。

同治《恩施县志·风俗志》载："高低田地，皆用牛梨，间有绝壑危坳，牛梨所不至者，则以人力为刀耕。"鄂西南地区一般是在地势较平坦地区使用水牛耕地，而在较高地区则使用黄牛耕地，因为黄牛的耐力更好、力气更大。军屯地区为保证军粮的按时供应，普遍使用牛耕，如有不足，随时补充。铁制工具种类齐全，使用广泛。水利灌溉方面，鄂西南地区虽然水资源丰富，但由于地形阻力，该区域基本不适宜大面积灌溉，只能因势利导，随地形走势进行合理安排。尤其在高地山坡引水灌溉难度过大，只能在平坝地区进行引水灌溉，并利用水车、水筒、龙骨车等灌溉工具引水灌田。而在无水源地区，勤劳智慧的民众则筑堰成塘，用戽兜灌田。水利对于农业生产至关重要，但鄂西南地区的地形地貌，给大规模修建水利设施造成极大的阻力，由于水利设施严重不足，在一定程度上导致了部分田地由于缺少水利灌溉而不得不荒废的局面。例如：同治《来凤县志·食货志》载："来凤县西南及东隅沙沱坪、桐梓园、牛东坪

---

① （道光）施南府志·艺文.

等处因地平无泉，旧皆荒废，故有茅草滩之名。"康熙《巴东县志·风俗志》载："巴东县也出现地不能任旱涝，虽丰岁不能自给。"自移民以屯垦形式大量进入此地之后，中原地区的各类先进农业工具、生产技术以及各种新品种得以在该区域广泛应用，极大地提高了农业生产的效率。但由于鄂西南地区地形复杂，内部差异明显，加之水利设施稀缺，又不善于施肥养护，因而民众终岁辛苦，但所获微薄。

在大力发展粮食种植的基础上，当地的经济作物也得到了较快的发展。该区域垂直地带所带来的气候、土壤和光照的差异性，使得棉花、桐油、茶叶、中药材等大量经济类品种种植普遍。《明史·土司列传》载："施州卫延袤颇广，物产最富。"同治《来凤县志·物产志》载："邑间有之，花如鹅毛，甚洁白，但种植不多耳，邑之有花厂也，以种棉花得名……。棉布，精细逊于外来者，而耐久过之。"因棉花价高质优，很快在黔东北地区推广开来。同时，桑蚕养殖也在该区域大力推广，刘大直在《训耕织文移略》言："各府、卫、州、县掌印等官，悉行开谕军民人等，俱要多方植桑养蚕。"桑蚕不仅可以自用，还可以销往别处进行经济交换，以贴补生活。鄂西南地区历来有种植茶叶的传统，尤其是高山云雾茶的种植和制作，都已经极为成熟。其中明人高濂、黄正及所著的《遵生八·论茶品》《事物绀珠·茶类》，都有提及鄂西南地区的名茶。《鹤峰州志·物产》载："州属田土苦瘠，生殖不饶。山林之利，惟茶利最厚。"同治《来凤县志·物产志》：载"最佳者造在社前，其次则雨前，叶稍老则茶粗。邑虽种植不多，然间有佳品。"湖北鹤峰地区的岗茶，闻名全国，吸引各地茶商到此收购，再贩运至他地获取收益。据光绪《利川县志·物产》载："早采者为茶，晚采者为茗，产县西南乌洞、东南毛坝者良。产县西南界岭者味甘，曰甜茶。"因该区域的茶叶种类丰富且利润巨大，私茶偷运事件越来越多，为了禁止私贩，朝廷对茶商的贩运路线和范围做了明确规定。如："巴州、通江、南江所产之茶，运销于四川内地和松潘地区，巫山、建始所产之茶，运销于黎、雅等地。"[①]该区域的中药材资源业异常丰富，同治《恩施县志·卷七·风俗》载："施州西北曰木抚，地最高寒无沃土。山人不解艺禾黍，翦尽荆榛开药圃，药种分赊不贷牛，药苗倒插能避暑。桥桥蒿坝百余家，大半药师兼药户……药

---

① 姜宝.茶法议 [M]// 明经世文编：卷383.

贩居然列市廛，药租且免输官府，男携背篓女肩锄，同向蓝桥求玉杵。"其中以黄连为最佳，是土司时期朝贡的重要方物之一。

鄂西南地区还出产马匹，马匹作为古代重要的交通工具和战略物资，对于中原王朝和地方势力而言，都是极为重要的。《明实录·嘉靖实录》载："湖广施州卫金峒安抚司覃彦刚贡马；景泰三年（公元 1452 年），散毛宣抚司黄妻谭氏贡马赎罪；弘治八年（公元 1495 年），容美宣抚贡马及香。"《容美记游》载："川马皆出司中，上坡如平地，骒尤骏绝。"鄂西南山区早期的交通和运输基本上是依靠人力来完成的，而在马匹出现和使用后，在商业交往和交通运输方面，基本上是以马匹为工具载负前行，加快了地方之间联系的速度和频率。

二、就地取材的能工巧匠

农业种植和畜牧养殖的快速发展，进一步推动着当地手工业的全面发展，织锦技艺在继承前代的基础上又有了新的提高。《容美纪游》载："峒被如锦，土丝所织，贵者与缎同价，龙凤金碧，堪为被褥。"同时，利用当地植物染料，将棉纱进行染色，浸染之后的棉纱色彩艳丽，五彩斑斓，所编织出的花布、线毯、背包等经久耐用。随着纺织工具的不断更新，由早期的一根纱手摇纺车，逐渐升级为四根纱的脚踏纺车。从手摇到脚踏，从一根到四根，变化的不仅仅是劳动部位和纺织数量，更重要的是在提高效率的同时也能保证其成品的质量和美观，使得纺织品在集市中成为紧俏的商品之一。该区域出现了"乡城四时，纺声不绝。村市皆有机坊，布皆机工为之。每遇场期，远近妇女，携布易棉者，肩相摩踵相接也"[①]的局面。纺织业的逐渐兴起和原材料的不断丰富，使得鄂西南及其周边地区开始出现大批以此为职业的女性，这在后期的考古发掘中也能够得到进一步的印证。

冶矿业的发展是基于农业生产的需要，初期主要是制作农业工具，例如铁锄、铁犁、镰刀、斧子、铁耙等，也有少部分家庭生活用具，例如铁锅、剪刀、针、锥、菜刀等。随着铁器在日常生产生活中使用频率的增加，以及工匠的技艺越来越娴熟，铁制兵器开始大范围在军队使用。根据战争的攻防需要，对铁器进行锻造，能够生产出符合战争需要的铁刀、甲胄、枪剑等武器。由于明朝实施海禁政策，

---

① （同治）来凤县志·风俗志.

至嘉靖时期，有大量的倭寇侵扰我国沿海地区，扰乱当地社会秩序，破坏居民正常生活，明王朝调派大批土司积极应战，痛击日寇。其中湖广土司的特殊武器——钩镰枪弩之技，在战争中发挥了关键作用。负责东南沿海防御的胡宗宪在《筹海图编》言："短兵相接，倭贼甚精，近能制之者，惟湖广土兵钩镰枪弩之技。"湖广土兵在抗倭斗争中所使用的武器便是匠人精心打造的铁制武器之一。从这一侧面看出，当时鄂西南地区的冶铁产业不仅能够满足百姓的农业生产和日常生活所需，还可以精工细作出用于战场的武器装备。

由于该区域多山林，所以林木和石料资源极其丰富。土司时期由于土司可以集中力量调动区域内的各项资源，所以各土司开始大量修建城寨、衙署等建筑。咸丰县唐崖土司城，占地广袤，规模巨大，号称三街十八巷三十六院，其石碑、石人、石马等石料建筑遍布城内，其做工精巧细腻且坚固耐用，至今仍可在城内看到大量遗迹。容美土司则利用天然岩洞建筑万全峒、情田峒、万人洞作为衙署，省时省料，又兼具防卫功能。峒内就地形走势和溪水分布，修建了各类石台、关卡、鱼池和亭台楼阁，其建筑工艺相当精细，尤其是在不破坏自然景观的前提下还可以进行人造景观的修建，虽为人造，宛自天开，其工艺水平令人叹服。因社会发展及生计需要，还出现了一些小型手工业作坊，如碗场、瓦场、纸厂、炭厂等。来凤的炭厂分布广、种类多，当月灵草木黄落，乃伐薪为炭，有白、黑、枯炭各类，枯炭供铁厂和石厂使用。而纸厂，则以构皮做原料生产的为黑皮纸，用竹麻为原料生产的为草纸，可以根据不同的需要进行不同纸张的生产加工。为贴补生计，当地百姓在农闲期间会从事编织工作，其编织材料多来自山中的竹、木、藤等植物，通过人工编织，形成各类生产生活用具，如箩、筐、簸箕、背篓、竹筛、斗笠、木盆、水筒、扁担等，取材方便，制作简单，耐用美观。

三、贸易集散地的形成

土司时期鄂西南地区作为重要的交通枢纽和商品贸易集散地，商业的进一步繁荣在朝廷的推动下成为一种必然。据《元史·食货志一》载："至元二年（公元1265年），元朝为了方便沿边溪洞的互市交易，成立了'湖广泉货监'；至元十一年（公元1274年），湖广行省置宝泉提举司，以执掌商业。"同时，施州也开始设置专门的互市地点，以方便各方群体进行商品贸易往来。同治《来凤县志·风俗志》载："川贵牛只聚集，自辰、常以及长沙，大半从此买去，有市自桃源者，非由此间，即由龙山贩去者也。"可见，来凤成为牛贩运的集散地，牛从四川、贵州地区来，可经常德、长辰一路转运至长沙进行销售，还有一路湖南龙山而来经来凤再转运至桃源一带出售。民国《咸丰县志·风俗》载："商民概系盐、布、菽、粟为生涯，山货如桐、吴芋、茶、桔、蓝靛、冷录皮，多归外来行商专其利。"这一时期，外来商户进入该地收购本地具有贸易价值的山货，虽以商业往来为主，但加快了不同群体之间的交往交流，有利于文化的传播。大量外来商人进入此地行商，逐渐定居下来，成为当地的大户。据同治《恩施县志·风俗志》载："荆、楚、吴、越之商，相次招类谐来，始而贸迁，继而置产，迄今皆成巨室。"容美土司田舜年更是大力吸引客户进入该区域，以此来带动社会经济发展，史载其"爱客礼贤，招来客商"。由于鄂西南地区的山货种类丰富且价值极高，又与中原地区具有差异性互补关系，所以吸引了大量的外来商户进入此地。本地商户也将该区域的特有产品销售到外地，而在归来之时又从外地携带本地稀缺货物在本地销售，这一来一回的两次商品交易，给他们带来丰厚的利润。随着商品贸易往来的频繁，一些城镇和主要交通要道所在地逐渐兴起，最终形成集市。本地土民由于缺少资金及人力，所以在快速发展的商品贸易中没有获得很大实利，但也利用劳动力本身获取佣金。据康熙《巴东县志·风俗》载："（巴东）商贾依川江之便，民多逐末，然亦无大资本，贫民或为人负土货出境，往来施、来以佣值资其生。"

在土司衙署与卫所驻地周边，因大量修筑城池、驿道，在保障衙署、驻地安全的同时，还连接了与周边地区的交通贸易往来，因其分布在人口流通的必经之路，迅速成为经济贸易的集散地。同治《利川县志·户役》载："无富商巨贾，民间米、盐交易，或期以三日，或期以五日，其交易之区曰场，亦有以市镇街道称者。县治及忠路县丞，南坪、建南两巡检驻处，商旅麇集，不以场名，其余村坊野市，所在多有。"当地人将集市贸易地点称为场坝，人们定期到集市进行贸易，俗称赶场，赶场的周期不定，一般以三日或五日为一个周期。各集市内都设有场头进行管理，所贩卖的大宗物品，都必须缴纳税款。很多城镇都是在早期集市贸易的基础上逐渐发展起来的，这一转换过程在早期基本上是以政治和军事功能为主，后期随着商品贸易的发展，逐渐转换成为以经济文化功能为中心。在明代，鄂西南地区的民间集市贸易，多是通过以物易物的形式进行，很少使用银两。洪武二十一年（公元 1388 年），朝廷赐给四川石柱宣抚司土官陈兴潮白金百两，以奖其率兵从征鄂西散毛洞之功。可见官方是以白银作为等价物进行交换的。鄂西南地区虽然物产丰富，地域辽阔，但交通极为不便，区域内被山地不断分割成碎片，只有少量陆路通道可以进行商品贸易，而水路虽可以连接各个区域，但因滩浅水急，并不适合大规模航运。所以陆路就成为重要的交通要道，各群体之间的交易大多是通过陆路完成人员和商品的流通。

在民间贸易广泛开展的同时，官方贸易的主要形式——朝贡也依然盛行。清人王煜《邓卫公愈振武岩》诗中云："南荒旧有散毛峒，元朝天子早纳贡。"土司对朝廷进行方物的纳贡，朝廷给对土司丰厚的回赐。贡赐之间的关系，在经济上可以互通有无，加强政治上的隶属关系才是朝贡的本质目的。元代，鄂西南地区土司朝贡殷勤且方物质优，主要有黄连、清油、蜂蜜、水银、犀角、马、蜡、漆、蜂蜜等，朝廷则以提高其建制规格和政治地位的方式加以笼络。至明代《明实录·洪武实录》载："诸蛮夷酋长来朝，涉履山海，动经数万里。彼既慕义来归，则赍予之物宜后厚，以示朝廷怀柔之意。"历来中原王朝对土司的朝贡都是采取厚赐的方式加以怀柔，所回赐物品多为衣冠金银等少数民族地区所稀缺的贵重物品。这种边疆土司向中原王朝朝贡以及王朝给予土司回赐的形式是官方主导的贸易交换体系。由于土司在朝贡中可以获得朝廷的大量赏赐和实惠，逐渐形成大批人员随行朝贡队伍，据《明实录·嘉靖实录》载："嘉靖七年（1528年），容美宣抚司、龙潭安抚司、忠孝安抚司如潮贡方物。忠峒安抚等司贡马。施州卫金峒安抚司护印峒长覃彦刚差把事陶万贵来朝，贡马。土官施州卫东乡五路安抚覃岑，遣土官吏目向杰等来朝贡香，赐纱锭绢匹。嘉靖二十六年（1547年），腊壁峒长官司入贡。"朝贡过程中，随行队伍是允许在特定区位和时间段进行商品贸易交换的，双方将土特产品、生产工具以及生活所需的物资进行互换，这对于边疆稳定和社会发展是极有意义的。朝贡起到的不仅仅是政治上的象征作用，还成为各群体之间交流的重要渠道。

随着生产力的不断发展，以及中原地区地主经济的双重影响，鄂西南地区在保留封建领主经济的同时，也出现了地主经济的形式——土地买卖。因所在区域内劳役繁重，许多土民为逃避过重的差役，便以低于实际的价格将田地出售或直接将田地通过契约方式让渡给他人，而不索取与地价相等同的货币。当地封建领主认为农业生产的快速发展以及农业生产效率的提高，使得实物地租的占有所得要比劳役地租多，因而这些封建领主开始大规模购置土地，逐渐向地主经济转型——即从劳役剥削走向实物剥削。鄂西南地区的容美土司田旻如在任期间，大肆从湖南的石门、澧州、常德，湖北的枝江、宜都、武昌等地购买田地和房屋，其购买范围已经从鄂西南山地区域扩展至江汉平原地区。雍正初年，唐姓隘官将千金坪一带周围三十余里的山场田土卖给容美土司，银价一千两以上。

其他土司也根据自己掌握的资金和区域控制情况，进行土地购买。如：长乐县五峰司买管长阳县崇德乡，水进司买管安宁乡等处，五峰张氏买管县城等处。[①]虽然朝廷多次明令禁止土司在汉族地区购买民土，但该区域土司依然罔顾"汉不入境、蛮不出峒"的规定，中原王朝的规定成了一纸空文。这不仅反映出此时土司势力不断坐大的局面，也可以看出王朝对此地的控制处于松散薄弱的阶段。土司不仅大量购买汉土，还仰仗其权势，对民田进行侵占。据《赵恭毅公誉稿》卷二载："湖北咸丰境内的施南、腊壁、散毛等土司侵占的民田多到百处。"其中施南司所掠汉土，在《咸丰县志·土司》的记载中，就曾出现过白沙溪、小关、大岩坝、石虎关、张角铺、土鱼塘、龙坪堡、三佛坝等多处区域。在同治《咸丰县志·土司志》："散毛司霸占清水堡，改名散毛河，又霸蒋家坝，改名蛮寨子。"土地快速的兼并和大范围的土地买卖，使得地主经济在该区域快速发展。由于土地需要大量人力的开垦种植，土司地区不断吸引周边区域的汉族商人、农户进入鄂西南山地生产生活，进一步加快了封建领主经济向地主经济的转型。大量汉民的进驻在通婚定居之后，汉民的原有文化与本地文化逐渐融合再生，这也是鄂西南地区文化多样性的主要原因之一。

第三节 元明清时期鄂西南地区的社会生活

一、外来物种的大量引种

饮食对于鄂西南山区的民众而言，早已形成习惯，但随着移民的不断涌入以及山地农业的继续开垦，如何提高山地农业的生产效率以供给更多的增长人口，成为该区域亟待解决的问题。土司时期，鄂西南地区多以荞麦、豆类、蕨

---

① 周兴茂.土家族区域可持续发展研究[M].北京：中央民族大学出版社，2002：84.

根为主食，间以稻米为食。据清人顾彩《容美纪游》载："司中地土瘠薄，三寸一下皆石，耕种只可三熟，则又废而别垦，故民无常业，官不锐租。有大麦，无小麦，间有之，面色如灰，不可食，种荞与豆则宜，稻米甚香，粒少，与江淮无异。"可见，在土司时期，鄂西南地区的主要食物种类依然还是较少，且延续着传统的农业方式，后来随着地理大发现和航海事业的不断推进，外来物种开始进入中国，尤其是有一些适应在山地旱作的农业区生长，其中最具代表性的便是玉米、红薯和马铃薯。

玉米原产于美洲，是禾本科玉蜀黍属，一年生草本植物，现在世界各地均有栽培。栽培面积最多的是美国、中国、巴西、墨西哥等国家。我国玉米的主要产区是东北、华北和西南山区。玉米传入我国的时间是明代中叶，至清代中叶后开始大面积推广，并迅速成为干旱地区最主要的粮食作物之一。具体到鄂西南地区，大约是在康熙年间在巴东和鹤峰地区开始引种，改土归流后开始在整个鄂西南地区种植。玉米的适应性极强，对土地尤其是水源要求不高，这与鄂西南独特的地理环境相匹配，使之成为当地百姓的重要食物之一，这广泛记载于各类文献之中，例如："山居以为正粮""谷属具有，惟苞谷高下皆宜""乡下居高者，恃苞谷为接济正粮""苞谷根从石罅寻，石田戴土土如金，秋风莫扫野鸡啄，传说天荒救老林"[1]。红薯原产于美洲，属旋花科，一年生草本植物，具地下块根，块根纺锤形，外皮土黄色或紫红色。据同治朝《咸丰县志·食货》卷八载："薯有数种，其味甘，山地多种之。清明下种，芒种后剪藤插之。霜降后收，掘窖藏之，可作来年数月之粮。"上述材料对于红薯的种收时间以及味道、储藏方式和作用都进行了详细的表述。早期的红薯是为了应对灾荒而种植的高产作物，后期成为鄂西南山区百姓饮食中不可或缺的食物。

马铃薯是茄科茄属，一年生草本植物，别称土豆、地蛋、洋芋等，于明代中叶传入我国，在鄂西南地区的巴东、建始、鹤峰等县的高山地区进行栽种。李焕春所作《竹枝词》中载："高原下湿莫容荒，洋芋分栽可佐粮，种别乌红分两季，饔食以外购衣裳"[2]。土豆含有大量的淀粉，可以充饥果腹，特别是

---

① 引自：《施南府志·食货》（道光朝）卷十一、《来凤县志·物产》（同治朝）卷二九、《来凤县志·风俗》（同治朝）卷二八、《施南府志·艺文》（道光朝）卷二七。

② 《长乐县志·风俗·农业》（咸丰朝）卷十二。

在食物不足的荒年可供流民食用。在鄂西南的山区有相关的记载："洋芋，高山最宜……山人资以备荒""近则遍植洋芋，穷民赖以为生"①。土司时期外来食物的引种对当地的影响极为深远，玉米、马铃薯和红薯都属于美洲食物，先后传入中国，并对鄂西南地区的饮食结构和餐桌文化产生了极其深远的影响。

鄂西南山区的百姓与南方其他地区的山地群体一样，大多嗜酒好饮。因早期商品交换不便，没有储蓄财富的习惯，所以大多数百姓都将余粮拿来酿酒，以供日常所需。其咂酒形式从唐宋时期一直延续下来，据同治朝《咸丰县志·典礼》载："咂酒。俗以蘖和杂粮于坛中，久之成酒。饮时开坛，沃以沸汤，置竹管于其中，曰'咂䇲'。先以一人吸咂䇲，曰开坛，然后彼此轮吸。初吸时味甚浓厚，频添沸汤，则味亦渐淡。盖蜀中酿法也。土司酷好之。"可见，上至土司，下至土民都对咂酒深以为爱。据光绪朝续补《长乐县志·习俗》卷十二载："土户张、唐、田、向四姓家酿咂酒。其酿法于腊月取稻谷、苞谷并各种谷配合均匀，照寻常酿酒法酿之。酿成，携烧酒数斤置大瓮内封紧，俟来年暑月开瓮取糟，置壶中，冲以白沸汤，用细杆吸之，味道甚醇厚，可以解暑。李焕春竹枝词：糯谷新熬酒一壶，吸来可胜碧筒无。诗肠借比频浇洗，醉咏山林月不孤。"

二、土司与土民的居住空间

元明清时期，土司与土民的建筑形成两种迥异的风格，土司建筑是代表官方威仪的宏伟建筑，土民建筑则是代表便利实用的民居建筑。其中土司衙署宫室多为砖瓦木石结构，规制宏伟，设计复杂，精雕细琢的官方建筑。鄂西南地区的土司职衔有宣慰司、宣抚司、安抚司、长官司和蛮夷长官司，这些土司遍布于鄂西南的各个区域，今天我们依然可以在唐崖土司和容美土司的遗址中一窥当年的官方衙署建筑。唐崖土司城址中现存有城墙街巷、牌坊、石人石马、土司王坟、文化遗物等遗迹建筑，且在遗址中出土有大量的砖瓦、陶器和瓷器的残片，这些遗留的建筑材料上有大量雕刻、花卉、人物和动物的图案，反映出当时工匠的高超技艺。②容美土司是鄂西南地区势力范围最大、综合实力最强的土司。据《田氏族谱》载："东南四百里，至麻寮所界；东北五百里，至石梁、

---

① 《咸丰县志·食货》（同治朝）卷八、《来凤县志·风俗》（同治朝）卷二八。

② 邓辉.土家族区域的考古文化[M].北京：中央民族大学出版社，1999：316–319.

五峰等司；连天坪、长阳、渔阳关界；北六百里，至桃符口清江边巴东县境界；其清江以外，插入县治者，军政不与焉。上自景阳、大里、建始县界；纵横又连施州卫界，西北三百里，大荒连东乡里；西三百里，自朱家关至林溪，连山羊隘界；南三百里，自石硅泉下知州连九女隘界，外插入慈利界；长阳、宜都等县田地与县民，例当差者，不与焉。"通过史料对容美土司四至的基本描述，可以看出其当时的统治区域极其广袤。

据顾彩《容美纪游》载："宣慰司署，司堂石坡五级，柱蟠金銮，椽栋宏丽，君所以出治者，堂后则楼上，多曲房深院。"其内亭、台、楼、阁、园、院、池等皆有，可见土司衙署不仅是办公区域，也是居住和休闲的重要区域。由于土司掌握着属地的各项资源，可以充分调动人力、物力和财力进行衙署的修建，土司时期的鄂西南地区，工匠技艺精湛，手工业繁荣，建筑材料丰富，而随着土司汉化程度的不断提高，对中原的文化开始模仿和借鉴，土司衙署建筑就是其典型代表，不仅外表华丽，内部精巧，还处处体现出等级秩序和权力威仪。与之相反的是民居建筑，土司时期的鄂西南民居建筑基本延续之前的吊脚楼。土司规定土民的建筑不得超过两层，层高不得超过一丈零八，以与土司的宫室相区别，不得僭越，违者严惩。吊脚楼多依山择高而建，土民聚族而居，以同姓村寨居多，土民房屋所使用的材料，多为自然材料，如以竹、木、枯树枝、苞谷杆、藤等搭建编织房屋，房顶覆以茅草，所以有"千根柱头落地""居处多为茅茨"的记载。这种干栏建筑是南方山地群体的普遍民居建筑，最早从僚人的记载开始，鄂西南山民也是在与僚人互动的过程中，结合自身所处环境，进行适应性改变。

三、道路的修建

道路是保障国家内部联系的重要通道和走廊，从秦开五尺道开始，执政者就极其重视中央与地方的联系，而这种联系正是以发达的交通作为纽带的。据《元史·兵志四》载："元制站赤者，驿传之译名也。盖以通达边情，布宣号令，古人所谓邮而传命，未有重于此者焉……元之天下，视前代所以为极盛也。"元王朝疆域广袤，为巩固统治，在全国各地建立了庞大的水陆驿站，以通达边情，传命地方。鄂西南地区历来是重要的军事战略区域，故元王朝在此进行水陆驿站的双重修建。据《续资治通鉴·元纪二》载：至元十六年（1279年）十月，"叙州、夔州至江陵置水驿"，此水驿的建立使得该区域上可通宜宾，下可达江陵，成为西南地区一个重要的水路中转站。《元史·顺帝本纪四》载：至正六年（1346年）七月，在散毛峒厓等处，军民宣抚使"设立驿铺"。元代在鄂西南地区设置的水路驿站虽是为军事战略考虑，但也在一定程度上促进了该区域与外界的联系，便利了交通，对后世的商业发展起到了极大的推动作用。至明朝时期，鄂西南地区的朝贡渐趋增多，而道路的通畅是保证朝贡正常进行的根本。

据《明宣宗实录》卷五六"宣德四年（1429年）七月辛亥"条载："湖广荆门州吏目党厚本言：'今云南、交趾、四川、湖广、广西五布政司一切庶务及番夷贡献方物，皆由湖广历河南。有司供应人夫、马骡、粮刍，日不暇给，且府、州、县地之远近，民之多寡，各有不同。今襄阳、宜城与南阳、新野二县，民庶不过五六百家，而供应如一。江陵县送荆门州，荆门州送宜城县，山路崎岖，各远二百余里，视江北一路马驿，其费倍之。时当炎暑，自朝达暮，虽使纵辔疾驰，亦不能及，不得已则止于铺舍，人马饥疲，宿食不便。乞如江北，每六十里设一马驿，令法司遣杂犯绞斩及徒流人，备马递送，量罪轻重，以定限期，俟满即代。如是，则民庶有更休之便，政令无稽迟之愆'。上命行在礼部会议行之。"从中可以看出，当时鄂西南土司的朝贡基本上是以陆路为主，由江陵而经荆门转宜城至襄阳，进入新野，南阳，经鲁山、临汝，过中岳到郑州，渡黄河到新乡，北上过汲县，入河北境，经磁县、赵县、正定、良乡而入京师。土司向朝廷纳贡如此长距离的交通，需要社会安定和完备的军事武装作为保障。至清代，主要还是依赖驿站等进行信息、人员以及物资的流动。据光绪朝《利川县志·疆域表》卷二载："先是，蜀道之险，多在楚境。县在东至恩施，西达万县，羊肠鸟道，号为难行。"据顾彩《容美纪游》载："武陵地广袤数千里，山环水复，中多迷津……，行无大道，皆山峡樵径，荒草茸杂，冈峦回互，道多虎迹，人家稀少。"这种情况直至改土归流后才有较大改变。而鄂西南山区的主要交通工具，还是以人力的肩背手提和骡马为主。由于鄂西南地处山区，交通不便，只能在相对平旷和较为重要的通道位置设置水陆驿站，以满足政治军事需要。

四、文化思想的传播

土司时期，中原王朝更加重视儒家文化在民族地区的推广，并将其视为一项重要的治边之策。而文化的推行势必以学校为先导，据《经世大典·礼典·学校》

载："遐绝漠，先王声教所未暨者，皆有学焉。"王朝在民族地区大兴学校的成果便是土司精英人士进一步学习了解汉文化，也可见王朝在该地的文化教育是极有成效的。至明代，王朝开始在鄂西南地区先后设立官学和书院，尤其重视土司子弟的教化。据道光《施南府志·学校》载：施州卫学"原在城南门外，后迁治北。景泰中，金事沈庆、守备任忠复迁南门外。弘治中参议林矿、金事郑岳复迁南门之右，即今学也。崇祯十二年抚夷同知宋洪泰重修。"明王朝在修建卫学的同时，还增加了鄂西南地区录取生员的人数，据同治朝《恩施县志·学校》载："明施州卫学文童十五名，武童十五名，廪生四十名，增生四十名，一年一贡。"据《明史·湖广土司列传》载：弘治十六年（1503年）规定，"以后途观应袭子弟，悉令入学，渐染风化，以格顽冥。如不入学者，不准承袭。"

　　在王朝大力提倡的同时，土司也一心向化。其中最积极主动的是卯峒安抚司向同廷，其在任期间两次发布公告，以强调文化教育的重要性。《广修学舍告示》载："为广修学舍，以厚风俗，以隆作育事。照得古者，建国君民，教学为先，而人才振兴，虽由教化使然，亦资肆业得所，故极隆之世，广教泽于司徒，乐正悉于家塾……本司卯峒，虽曰边夷，亦风俗宜厚，人文可兴之地，特工必居肆，乃其成事。是以本土司除司城并新江各处，建修学舍外，合行出示晓谕……凡为父兄者，固当加意教督，而为子弟者，尤宜潜心肆习，则日变月化，孝弟礼让之心，油然而生，且能志图上进，功力深而自足以扬名显亲。司内虽无学额，本司自可移文，暂送荆州附考，俟文风日盛，即行援西阳之例，请设学额，将见风俗敦厚而作育广，可无虑人文之不振也。凡司内人等务须踊跃从事，无负本司之意，特示。"[①]向同廷认为一次通告还不足以让司内民众认识到学校教育的重要性，不久又发布《学校序》："尝思学校之设，原以作育人才，以备国家之用。余素有志，缘例请设，奈司内自余明辅祖时，遭向蒿等谋叛后，人民寥落，有志读书者，百不得一，几置斯文于不讲矣……卯峒虽属僻壤，而人性皆善，任有土之责者，亦宜法先王以立教也……所以余于司内及新江各处，均建学舍外，示谕各地，就近多设，以便延师详读，使肆业者得以居肆成事，朝斯夕斯，文理通畅，暂送荆州附考，文风日盛，另行缘例请投，以广作育焉，是为序。"向同廷连续两次发布有关学校教育的公告，并采取多种措施，以提

---

① 同治《来凤县志·艺文志》卷三十《广修学舍告示》。

高民众认识、提升教育水平，是鄂西南土司一心向化的典型代表。

卯峒土司向同廷虽极其重视儒家思想在当地的传播，但史料中并未提及学习的最终成果如何，容美土司是儒家文化学习成效最明显的代表，其中《田氏一家言》是最有代表性的作品。容美土司的汉文化学习有其突出的特点：其一，代际传承。从田世爵开始，容美土司代代出诗人，好读书，明大义，识礼仪，治家有方，治司有道。其二，广结汉友。容美历代土司在外出之时，都会拜访汉地文人，请教再三，而在动荡时期，也会邀请文人墨客到此暂居，切磋一二。长此以往，容美土司可以做到"通经史、解音韵、修辞藻、作文章。"其三，开放融合。容美土司在任期间实行开放的文化政策，使得鄂西南地区的文学、艺术、史学都取得了较大的成就，在开放的同时不断融合本区域内部文化特质，以《桃花扇》为代表的曲目，本是汉族地区的传统戏剧，进入鄂西南之后，经容美土司的改编，形成了兼具两地文化特点的新曲目。

五、婚俗的演变

据《长乐县志·冠婚》卷十二载："设县初唯张、唐、田、向四姓为土著，合覃、王、史、李为八姓。继有十大姓之称，向、李、曾、杨、郭、王、皮、邓、田、庹是也。唯此十数姓，互相联姻，今则不拘。"大姓联姻在鄂西南地区历来有之，至土司时期容美便与周边各土司进行广泛联姻，联姻背后是利益联盟的共同体。鄂西南地区有以婿为子的习惯，实乃族外群婚制的残习。据《巴东县志·风土·冠婚丧祭》卷十载："前后里中，或孀妇子幼，招他姓男入室，谓之抚子承差；老年丧子，有遗媳招他姓入赘，谓之陪儿。此二事虽出于万不得已，究为风之最陋者也。"这里需要说明的是，鄂西南山区以婿为子的习俗并不是所谓的陋习，而与人们在所处环境之下的生产生活息息相关。土司时期，鄂西南地区的主要婚姻形式是"还骨种"，民间有"姑家之女，必字舅氏"的习俗。改土归流之后，该俗逐去。在改土归流以前，鄂西南地区的婚俗具有原始婚俗的遗制，同姓为婚、姑舅婚、转房婚、以婿为子等形式普遍存在。之所以能在鄂西南地区出现并长期延续，这与该区域特殊的山地环境和较少的外力介入有直接关联，山地环境的封闭性使之长期处于权力的边缘地带，外力介入明显不足，民间传统扎根较深。即便是在土司时期，王朝对此地的治理也多是以自治为主，主要控制的是土司而不是土民，体现在婚俗上便是长期保有残存的原始婚俗。

本章小结

土司制度的实施对于鄂西南地区的社会稳定和王朝拓展,巩固多民族国家的统一具有十分重要的价值和意义。中原王朝需要在地方找到代理人,而地方豪酋亦希望依附于大一统的王朝,中原王朝与地方豪酋之间通过土司制度建立起一个相互联系的通道。土司能够在地方保境安民,服从征调,定期朝贡,接受王朝的领导与指挥,王朝给予土司一定的权利和合法认可,双方是在互惠互利中保持着友好的往来。同时,在土司制度时期,鄂西南地区的社会一直较为稳定,大规模的移民屯垦以及先进的生产工具和生产技术,对鄂西南地区进行有效开发,中原王朝与土司之间为更加便捷地沟通联系,不断修建道路、广设驿站、连接交通,这些措施的实行都有利于两地之间的经济文化交流。土司制度时期,中原王朝还对土司上层进行儒家教育,而土司上层精英也主动学习儒家文化,在这种背景下,产生了一批熟知儒家文化的本地精英,这种慕义行为,不仅促进了儒家文化在鄂西南地区的传播,也使得土司上层对于中原文化的认同感与日俱增。

第五章　鄂西南民族文化生态区的转型时期

鄂西南民族文化生态区的转型时期上起雍正十年（1732年），下至1949年。改土归流是鄂西南地区历史上的一个重要转折点，它打破了原有土司割据一方、各自为政的局面，结束了土司制度在鄂西南地区长达八百余年的统治，彻底结束了封建领主制的土地关系和土民的人身依附关系，封建领主经济随之解体，地主经济得到迅速发展，大批汉人及先进的生产技术进入鄂西南地区，有力地促进了当地的经济发展和社会进步。此后，鄂西南地区又经历了鸦片战争、太平天国运动、义和团运动、辛亥革命、军阀混战等历史事件，直至1949年新中国成立，在此期间，鄂西南民族文化生态区的变迁主要是受到外力的影响增大，而内部的动力不足，并在文化生态方面急剧转型，在当地民众社会生活中的风俗习惯方面表现得最为明显。

第一节　改土归流后鄂西南地区的政治生态

清王朝问鼎中原后，历经三代苦心经营，经济得以发展、社会得以安定，政权得以巩固，各民族之间的交流日益频繁，而随着移民的不断涌入、农耕技术和儒家文化的传播，以及土司制度本身弊端的逐步显现，废除土司制度、实行流官治理，已成大势所趋。土司制度设立之初是在延续羁縻制度的基础上运行的，在历史上对保卫疆土完整、区域开发建设发挥过重要的作用，自明代中叶以后，王朝势力衰减，地方势力崛起，土司在与中央王朝、土司与土民之间的矛盾日益加深，土司俨然成为割据一方的土皇帝，极大地削弱了中央王朝的统治权威。土司制度本就是特殊历史时期的权宜之计，而不是王朝治理边疆的长久之策，在后期发展中开始严重阻碍社会生产力的发展和社会的进步，成了王朝统治者的腹心之患。雍正四年（1726年），清廷开始在全国大规模推行改土归流，并委任鄂尔泰出任云、贵、桂三省总督，全权负责改土归流事宜。鄂尔泰通过恩威并施的策略，在雍正九年（1731 年）基本上完成了三省改土归流的任务。积累了大量经验之后，鄂尔泰在雍正十年（1732 年）开始对鄂西南土司进行改土归流。

一、鄂西南地区改土归流的历程与特点

在鄂西南土司改土归流历程中，清王朝首先是从东乡土司覃寿春及其长子覃楚昭入手，之后便对忠建土司田兴爵和施南司覃禹鼎进行改土归流，而后将改土归流的重心转移到容美土司。据道光朝《施南府志·沿革》载："雍正十年（1732 年），东乡司覃寿春以长子得罪正法，诸子不才，呈请改流。十一年（1733 年），忠建土司田兴爵以横暴不法，侵龙山，改设内地，经南臬审实，拟罪改流。俱为恩施县地。雍正十三年（1735 年），施南司覃禹鼎以淫抗提，拟罪改流。又，容美司田明如穷凶极恶，施南司覃禹鼎及东乡司覃寿春长子楚旺，皆其婿也。每犯罪，辄匿容美，屡提不出。当事宜其先从征红苗有功，置弗问。明知怙恶不悛，至是特参拿问，明知畏罪自经。忠峒司田光祖等纠十五土司呈请改流。湖广总督迈柱题，以十五土司各境并原设恩施县，赠为一府五县。将拔隶夔州府之建始县割还，特设施南府，辖六县。省归州直隶，改容美及所领五司为鹤峰州，隶宜昌府。"从史料可以看出，应湖广总督迈柱之请，裁施州卫，设施南府。施南府领五县：恩施、咸丰、利川、宣恩和来凤。改流后，除容美土司外的十八土司皆归施南府统辖。

清王朝对容美土司的改土归流是所有鄂西南土司中最具代表性的，现将其主要措施和方法分析如下：其一，计划之内。对容美土司的"改流"是清王朝做出的计划之内的选择，不论容美土司是服从还是对抗，裁撤都是其无法逃脱的命运。早在雍正七年，湖广总督迈柱便多次向朝廷奏明容美土司田旻如的劣迹，以求裁撤，只是时机尚未成熟，直至雍正十年朝廷才决定裁撤容美土司。其二，以兵威震慑。清廷命湖广、四川总督随时候命，做好出兵准备。湖广总督迈柱、四川总督黄廷桂连续向清廷汇报容美土司动向，经雍正示意，在容美土司周边地区秘密整备，伺机而动。其三，发动民变。据雍正十二年正月十七日《四川总督黄廷柱奏》载："有容美土人田新如等，押解土官儿子田祚南，太监两名向文秀、王于子，并大炮贰门、令箭贰支，问土人侯云，说初五日，众百姓围住天泉寨，初九日设哄下寨，拾壹日田土官自缢。中军田畅如，系土官四弟，

同施南土官二人，连印解出渔洋关；二弟田琨如，解出奇峰关；五弟田琰如，解出大岩关等语⋯⋯伏查田旻如倚仗山窟，恣意倨傲，今土民等竟能通晓大义，逼之使出，以致畏罪自杀，并将伊子弟及私行阉割人等，押解来投，向化之诚实属仅见。"

据上述材料可知，对容美土司"改流"势在必行，在容美地区因田旻如的一再推脱，最后付诸武力行动，虽负隅顽抗，但其诸兄弟及子民皆出降。田旻如自知民心已变，大势不可挽回，而又不甘心被"改流"，最终选择自缢。容美土司的瓦解，对鄂西南地区的其他土司震动极大，以忠峒土司田光祖为代表的十五家土司联合上表呈请"改流"，迈柱奏呈雍正，得其批准，在鄂西南地区设置的土司全部实行改土归流，并将具体事宜交由湖广总督迈柱负责。迈柱根据各土司的具体表现，区别对待，予以安置。同时，选取熟悉该地、德才兼备之官吏赴此地上任，并将土司时期社会基层的旗长制改为保甲制。从此，清王朝势力在鄂西南地区进入全面直接治理阶段。

鄂西南地区的改土归流打破了原有的封建领主制经济模式，让土民摆脱了封建领主的人身依附关系，并由官方进行土地的分配，清王朝革除了土司压迫剥削土民的多种陋习，鼓励民众开垦荒地，并给予诸多政策优惠和倾斜，这些政策都极大地提高了土民的生产积极性，促进了社会经济的快速发展。在具体执行政策上表现为：其一，在经济上，统一赋税，废除苛捐杂税。据《鹤峰州志》卷载："容美土司，原纳秋粮折银九十九两，向非按亩完粮。今既改设州县，其田地之成熟者，应按亩征输。荒芜者应多劝垦。但现在并无顷亩区册可考，实在可征粮银若干，未能悬拟。应俟议设州县履任后，逐一查明，照内地制例，按亩升科纳粮，解司充饷。其一切人丁，应照例五年编审。"可知，清政府为稳定"改流"后的局势，秋粮必须要等到官员丈量土地并记录在案后，才可以按照内地方式按亩征输。其二，编户齐民。"改流"后，为更好地对该区域进行直接治理，需要丈量田土、制定税赋、制定基层组织和查清户籍人数，以便各项治理政策的开展。据《施南府志·食货》卷十一载："施在前代，土流兼治，户口之丰耗，不能悉登与版图，又为明季流寇所劙剥，生齿凋敝极矣。我朝平定海宇，施卫尚仍胜国旧制，迨诸土司革心向化，重以生生相继，休养生息，涵煦百有余年，逐使学校农桑同乎内地，户口之滋生，物产之番殖，近古以来所未闻也。"可知，施州在"改流"之前采取的是土流兼治的方法，对于户口数量的多少并没有详细的统计和记录，又因明末战争不断，人口或逃或亡者众多，造成人口数量锐减。改土归流后，清政府便着手对该区域进行户籍核查，实行直接治理，历经百余年休养生息，该区域物产丰富，人口数量达到历史峰值。其三，修建基础设施。据《鹤峰州志·沿革》载：鄂西南地区"改流"之后，"应建城池、衙署、祭祀、坛庙、祠宇、仓库、监狱、营房、墩堡以及铺兵栖址、孤贫养济、官渡船只，并山路陡险急需开修通利等项……确估动兴修。"改土归流之后，清廷对鄂西南地区新设置的府、州、县，进行基础设施的扩建，从实用性到象征性，从百姓日常所需之场地到官府日常办公之区域，从军事防御到道路通畅，涉及的范围极广，其目的是更好地维护清王朝的统治。其四，土地分配与移民开垦。改土归流之后，清廷将土司原来占有的大量肥沃田土除少部分留作官员的官庄田，大量的土地分配给土民耕种，将原有土司治下的农奴变成了王朝之下的农民。官府还鼓励土民与外来移民开垦荒地，据《清实录·世宗实录》载："各省凡有可垦之处，听民相变适宜，自垦自报，地方官不得勒索，胥吏不得阻挠。"对于无力垦种的百姓，清政府根据需要赠给农业工具、种子或牛力等进行帮扶。凡是规定开垦的土地逾期不开垦者，则按无主荒地进行处理，便可招民来进行耕种。土民所开垦的土地，只需要缴纳一定数额的秋粮即可成为私人财产，土地的买卖与兼并受到官府的保护，政策保护让大量移民源源不断地涌入该区域，并形成"人民四集，山皆开垦"的局面。据同治朝《建始县志·物产》载："迨改土归流以来，流人麇至，穷岩邃谷，尽行耕垦……诏施郡改土归流之后，人烟稠密，猛兽远藏。"大量移民的山地垦荒不仅在短时间内增加了人口，也扩大了土地的耕种面积，但同时也在一定程度上破坏了生态的平衡。

清政府为加强对鄂西南地区的控制，在各府、州、县及军事重镇和关隘地方，设立协、营、汛、所，派兵直接防守。在农村基层，建立保甲制度，组织团练武装，加强对当地人群的控制。1905年后，清政府以推行"新政"为名，裁革绿营兵，改为编练新军，并在该地区建立警察机构，各县设立警务公所。利用各地方政权机构和汉族地主豪绅及本地精英上层，对境内各类群体进行严苛控制，以期达到稳定统治的目的。鸦片战争以后，清王朝对外需要支付给帝国主义侵略者巨额赔款，对内为镇压各地不断的农民起义而陡增大量的军费开支，只有不断增加税收，才能维系大厦将倾的清王朝，税收的来源则是对基层百姓的大肆搜刮，各地对重要商品集散地尤其是百姓的日常生活用品大肆收取厘金，这种行为造成的后果是商品价格持续上涨，而商人为了牟利，必然将这些额外的负担转嫁到当地百姓的身上。百姓本就生活艰难，赋税比重又高，并受到盗匪、官兵层层打压，于是很多人加入起义队伍中。其他各项苛捐杂税更是数不胜数，鸦片战争以前，清王朝在鄂西南地区只征收秋粮一项，且只是象征性地征收很少的一部分。鸦片战争后，各项杂税、夫马差役连年累加，清廷腐朽的政治统治和残酷的经济剥削，使得国内的阶级矛盾日益加剧。辛亥革命前，出现大量抗粮、抗捐、抗税的斗争，并席卷全国，沉重的赋税、层层的盘剥，让农民无法正常生活，只能铤而走险，参与到起义浪潮中去。

二、近代鄂西南地区的政治生态

1911 年 10 月，辛亥革命爆发，在推翻了清王朝腐朽统治的同时，也结束了两千多年的封建专制制度，但是革命的胜利果实被袁世凯窃取。从此，鄂西南地区的人民群众便处于北洋军阀和本地军阀的黑暗统治之下。军队控制地方势力，在鄂西南各县委任官吏，派兵驻防，以维持地方治安的名义，成立组织团防，并由地主豪绅协定，将原保甲总局改为团务总局，各保分别设置团务分局，招募团勇，以进一步巩固地主阶级的统治秩序。袁世凯称帝后，控制和盘踞在鄂西南地区的地方军阀势力，在讨袁的名义下，各自为政，纷纷宣布独立，不再统归北洋政府的管制。实际上，他们是乘乱谋利，扩大地盘，招兵买马，由于鄂西南特殊的地缘位置，成为了四方必争之地，各地势力在此大动干戈、长期混战，百姓岁无宁日，不得安居，迫使很多百姓加入土匪行列打家劫舍、鱼肉乡里，各地军阀为扩充实力，变匪为兵，兵匪一家，对所在区域进行肆无忌惮地搜刮和压榨。这些地方势力随意任免官员、滥发纸币，给当地百姓带来了无穷的灾难。商业凋敝，物价飞涨，田园荒芜，兵匪猖獗，百姓无法正常生产生活。直至 1949 年，中国共产党经过艰苦卓绝的革命斗争，推翻了压在鄂西南民众身上的三座大山，当地百姓才真正开始当家作主的幸福生活。

第二节 改土归流后鄂西南地区的经济生计

一、经济农作物的大面积种植

改土归流前，鄂西南地区的山地农业基本上是不施肥、不除草、不除虫的，任农作物自然生长，民众靠天吃饭，农业收益极不稳定。而改土归流后，鹤峰地区首任负责人毛俊德发布《劝民蓄粪》告示："求土之沃，莫先蓄粪……闲时则捡拾人畜各粪及烂草火灰，堆积池中，至来岁春耕，先挑撒积粪和拌土中，然后下种。如此培植，不出数年，土肥苗状，收成倍昔。"施肥除草，以利生产。在鄂西南地区除使用人畜粪施肥外，还就地取材，使用树叶草灰等沤肥。地利肥沃，收成自然有保证。

兴修水利，以资灌溉。据同治朝《来凤县志·食货》卷十五"水利"条载："来凤土田，均在山坡。长川治水，下就溪壑，近水平衍之处，间用水车、筒车汲引，以资灌溉。稍高则不能引之使上也，惟岩谷之间，随地生泉，筑坝挑渠，上承下接，亦可灌田数亩及数十亩不等。若遇有沟壑，不能接苽处，则任其泄放，无术引远矣……自此城乡，俱有水畔。惜山多土旷，挹注为难，仰承雨露为生活者，尚多耳。水车，形如车厢，长丈余或八九尺，高尺许，广如之。以短木片联贯其中，头横圆木两端，作车轮状，别置一架，人坐架上，以足转轮取水甚速。筒车，就溪河低洼处塞坝，以竹为广轮，惟溪为度，钳空两重如车制外毂，匝置竹筒，两木夹持，侧没水中，水中轮转，筒水倒流，周回不息，日计一车可灌十亩。"由上可知，清王朝注重水利设施的修建和使用，尤其是利用水车、筒车等工具进行大规模农业灌溉，极大地提高了劳动生产效率。不仅如此，鄂西南地区的民众还利用水力资源，进行农副产品的加工，据《来凤县志·水利》卷十五载："水碓，于山腰空隙飞泉倒流处置之。水激而碓，自春顷刻米成。昔人所谓山碓，水能春是也。水磨，于山腰泉落处为磨。磨因水动，自相摩击。邑人磨香饼以作条香者，多用此器。水碾，凡两层，下一层就流水高处，作一空穴，以木为盘，盘上用木数十道，中立一木柱，直上上一层，排列大米，土盖木上，铺作地形，以石作碾槽，以叉桠木安两轮，空其柄，中置柱上。水从高落，则冲动水盘，盘并柱走，碾亦应之。日可碾熟米一二十石，为利无穷。"利用水的自然力，加装人工设备，加工稻谷、米麦等农产品，能够节省人力，提高效率。

牛耕的普遍使用。据民国《咸丰县志·礼教》卷三载："县境山多田少，一切耕作，皆用牛耕。大抵高原宜黄牛，平地宜水牛，至远乡绝崖危坳，耕以人力。"鄂西南民众利用山地高度的差异性，进行不同牛力的耕作，符合地形特点和牛力自身属性，而在危险绝崖之地使用人力，更加说明鄂西南地区在改流之后山地农耕的全区域覆盖。

随着农业生产面积的扩大和生产效率的提高，农作物品种的数量逐渐增多，渐与汉族地区的农作物种类趋同。主要粮食作物有稻谷、麦类、高粱、豆类、小麦、玉米、马铃薯、红薯等。稻谷种类繁多，是鄂西南居民的主要粮食作物之一，长阳县地区有"凡有水道可引平坦地方，悉行开挖，改旱为水，播种稻谷，其山坡陡岭仍种苞谷"，恩施地区有"里人呼苞谷各种为杂粮，而呼稻谷为大粮"[①]之说。因鄂西南地区大部分属于山地农业，偶有适宜水稻种植的低山平旷之地，所以旱地农作物依然是本地主要的粮食作物，而水稻是辅助性粮食之一。这在该区域的历史文献中记载繁多，例如："山行平旷处，皆开田种耕""苍蒲十里膏腴多，不种水禾种旱禾""邑民食稻者十之三，食杂粮者十之七""至收成之关系，则包谷常占十之六，稻谷只占十之四"[②]。种植稻谷还是水稻，是由地形的高低客观决定的。据民国《咸丰县志·礼教》卷三载："平地农家，恃稻田为正粮，而补助以荞麦、豌豆、蔬菜；高山农家，以玉蜀黍为正粮，而补助以甘薯、马铃薯。"可知，鄂西南百姓的日常生活还是以杂粮为主，辅以稻米。豆类在鄂西南地区种类繁多且种植广泛，以黄豆产量最大。据同治朝《来凤县志·物产》卷二九载："今邑地所产，有六月黄、八月黄、黑大豆、黑小豆、油绿豆、毛绿豆、赤小豆、茶黄豆、红饭豆、白饭豆、牛打脚豆、红色牛毛黄豆、青皮黄豆、白毛黄豆、寄荞黄豆、蚕豆、豌豆十余种。"小麦也是该区域主要的粮食作物之一，据同治朝《来凤县志·物产》卷二九载："今之老麦，即大麦；磨面作饼饵者，皆小麦也。"食物种类的增多，得益于改流之后大量外来物种的引种以及水利设施的不断完善。粮食丰裕，生活富足，民众有更多的时间进

---

① 引自：乾隆朝《长阳县志·乡约》卷八，同治朝《恩施县志·地情》卷七。

② 引自：《来凤县志·风俗》（同治朝）卷二八、《长阳县志·习俗》（同治朝）卷十二、同治朝《恩施县志·地情》卷七。

一步投入经济作物的生产和加工。

鄂西南的垂直性地带气候和土壤，适宜大量经济作物的生长。例如：桐油、茶叶、棉花、药材等都是当地重要的特产。特别是桐油，历来是鄂西南地区的大宗出产品，行销全国，尤其以来凤县的百福司、漫水、大河等地区所产的"金丝桐油"为最，因其色泽金黄、浓度大、滴之可牵拉成丝，特有此称。改土归流后，卯峒还出现了专营桐油的油行，并由官府发给牙贴。据同治朝《来凤县志·风俗志》载："邑之卯峒，可通舟车，直达江湖，县境与邻邑所产桐油、靛、倍，俱集于此。以故江右、楚南贸易者麇至，往往以桐油诸无顺流而下，以棉花诸物逆水而来。"可知，此时的鄂西南地区产品种类丰富，已具有商品贸易圈的雏形。除桐油外，鄂西南地区的其他油类也同样具有重要的经济价值。据同治朝《来凤县志·物产》卷二九载：菜油，"其油可灯、可食，其枯可饵鱼、可粪田"；茶油，"其油可食，贵于桐油，其枯可浇油腻，可代炭"；麻油，"气味绝香，故又呼为香油，其枯可佐馔。"可知，三类油料都可食，可以充当肥料，且可用于洗涤、佐食。

茶树在鄂西南地区种植广泛，且各地各具特色。据光绪朝《利川县志·户役》卷七载：利川县产茶丰厚，产于"县西南乌洞、东南毛坝者良。产县西南界牌岭者甘，曰甜茶。"而宣恩县伍家台所产的茶叶属于绿茶系列，其味甘，汤色青绿明亮，引得地方官吏豪绅竞相索购，并且作为贡品献给皇帝，贡茶因此而得名，并于乾隆四十九年（1784年），获"皇恩宠赐"金匾，更受各地人民的喜爱。至清末，经过该区域民众的辛勤劳动，创造出了"来凤先洞""鹤峰容美""鄂西宜红"等名茶系列。

药材与水果。鄂西南地区的药材主要有黄连、党参、当归、厚朴、五倍子、贝母等。据道光朝《施南府志·食货》卷十一载："药品甚多，惟黄连、党参、山民以种此为业，其山中采得者少。五倍子所产亦饶。"顾彩在《容美纪游》中载："土产药材百余种，内黄连甚佳，生大荒中，采之殊不易。"詹应甲在《种药吟》中曰："施州西北曰木抚，地最高寒无沃土，山人不解艺禾黍，剪尽荆榛开药圃。板桥蒿坝百余家，大半药师兼药户。"上述材料可以看出，鄂西南地区的药材种类丰富多样，当地百姓对这些药材的药性也非常了解和熟悉，并开始人工种植稀缺药材，在长时间与药材打交道的过程中，药户成了药师。从质优药材的地域分布来看，恩施板桥党参质量最佳，固有板参之名；黄连以利川高山所产为佳，有鸡爪黄连之美誉；当归产高山，以恩施石窟为佳，名为窟归。虽同属鄂西南山区，但内部环境差异性明显，不论是在温度、湿度、土壤以及种植高度和人工培育的方法上，都存在明显差异，正是这些差异，使得鄂西南山区的药材不仅种类丰富而且质优高产。据《恩施县志·物产》卷六载："香橼、柑、橙、柿、柚、榴、枇杷、樱桃、葡萄、橘、胡桃、榛、银杏、佛手柑、蜜罗。"其中较为出名的特产有，来凤的柑、咸丰的杨洞梨、利川的香水梨，宣恩高罗的龙可李子，建始景阳的迟咸丰梨等。

同时，鄂西南地区的蜡、漆、靛、林木以及烟草等经济作物，也都能够给当地百姓带来一定的经济收益，商品的交换刺激着人群的流动和经济贸易的繁荣，并进一步带动水陆交通和集镇市场的发展。上述这些经济作物在"改流"之前便已经存在，当地百姓也知晓其基本属性和用途，但因政策的限制和交通不畅的客观情况，没能进行大规模土特产品的种植和交换，而在"改流"之后，外来商贾逐渐认识到地方土特产品的经济价值，通过水陆交通将物品进行异地交换，以获取经济利益，将山内山外联通成片，加快了鄂西南地区的社会经济发展。农业的快速发展，逐渐改变了当地以采集渔猎为主要生计的模式。据光绪朝续补《长乐县志·风俗》载："设县初，山深林密，獐麂兔鹿之类甚多，各保皆有猎户。今则山林尽开，禽兽逃匿，间有捕雉兔狸獾者皆农人闲时为之，而饲鹰畜犬者罕矣。"可见，在"改流"前，鄂西南地区的野生动物资源丰富，民众也有狩猎之传统和习俗。"改流"后，民众进入深山开垦农耕，只有在闲暇时才对体积较小的动物进行捕杀，而在此之前经常饲养的狩猎专用的鹰犬等动物几乎消失不见，民众从猎户转变为农民。随着农业定居模式的成型以及狩猎业的逐渐萎缩，人们开始大规模饲养家驯动物，以取代对野生动物大规模的捕杀。据道光朝《施南府志·典礼》卷十载："时复屡丰，余粮栖亩，用以饲豕，百十为群，驱贩荆宜等处，获利倍徙。"可知，农业的快速发展，粮食产量的增多，促进了养殖业的扩大，而养殖业的扩大又进一步带动了商品经济的发展。农耕经济的繁荣进步，改变了鄂西南地区其他相关行业的运行轨迹，尤其是"改流"之后，鄂西南地区的经济生计模式，正式进入以农业为主导的时期。

二、专业匠人的出现与手工业制品

据同治朝《来凤县志·风俗志》记载，在改土归流前，"邑不尚奇巧，故无良工，有大兴作，百工皆觅之远方。"可知，当地百姓的手工水平较低，生产落后，手工制品种类稀少，需要从外地寻找技术较好的手艺人方可完成相关工作。"改流"后，大量外地人口涌入鄂西南山区，尤其是汉族的很多手工匠人来此定居，土、汉、苗等群体相互杂处，相互学习借鉴，使得当地手工业的内部分工日趋精细化和专业化，出现了一批职业匠人群体，如篾匠、铁匠、石匠、皮匠、木匠、鞋匠、油漆匠、染将、裁缝匠等。手工业产品的质量精湛，种类齐全，手工作坊开始扩建，从业人数逐渐增加，一些外来移民开始在此地办厂经营，雇佣本地工人，带动新移民群体前来新办各类手工作坊，从事劳动工作，并以此为业，赚取生活费用。例如建始县的板桥子、高店子等处的墟场，就有数十家铁匠铺，制造的各类农具，除满足本地使用外，还可以销向外地。

　　家庭纺织业在当地手工业中占据着重要位置。据同治朝《来凤县志·风俗》载："妇女善纺棉，不善织布。乡城四时，纺声不绝。村市皆有机纺，布皆机工为之。每遇场期，远近妇女携纱易棉者，肩相摩踵相接也。五月麻熟，群讴而绩之，成布精粗不一。"道光朝《施南府志·典礼》卷十载："妇女居城市者，咸女工针黹；居乡者，纺绩室中，惟不善织。各村市皆有机坊，机工纺之。"咸丰朝《长乐县志·风俗·工艺》卷二十载："纺者亦多，但棉须购自外州县，其余妇女除习针黹中馈外，多种园圃。"民国《咸丰县志·礼教》卷三载："村市皆有机纺，土布多系机纺织之。"上述史料表明，鄂西南地区的城乡妇女均可熟练织布纺纱，且已经有机坊在城乡广泛使用。其所织的棉布、麻布、葛布等，虽不及外来者精细，但经久耐用、造型优美、朴素大方，棉麻等纺织品均可自足。光绪朝《利川县志·户役志》卷七载："绢，县境高寒，不宜蚕桑。惟城东吴氏、城乡彭氏偶一为之，制绢颇良。"民国《咸丰县志·礼教》卷三载："乡城皆勤女红，且竞以针绣为能事。"可见当时不论是城市还是乡村的妇女，对于制丝和刺绣都是擅长的，其制作的产品质地精良，得到市场认可。据咸丰朝《长乐县志·风俗·工艺》卷十二载："邑人衣服，妇女裁缝，间有顾工者。绸缎靴鞋，则多购自他县。而妇女勤劬鞋，多自制，通体以布为之，轻利便捷，家人穿履外，更有制以卖鬻者。李焕春《竹枝词》：邻封贸得鲁风鞵，久辱泥涂坏亦该。最爱妻儿花样好，踏青新上步天街。"可知，当地妇女制作的靴鞋便捷轻巧，耐用经穿，富余的还可用以外销。

　　手工产品的种类日益丰富。随着鄂西南地区社会经济的快速增长，百姓日常生产生活所需的工具越来越多。咸丰朝《长乐县志·风俗·器用》卷二十一载：

"民间绝无金银宝玩，亦少骨董铺陈。城市、乡村百姓家，唯有铜、锡、磁、陶、竹、木之器而已。"光绪朝《利川县志·户役》卷七载："县北磁洞沟下碗厂、县西南纳水溪之瓷、县东郜家山之石可作砚、县西南忠路之石可作杯碗。"利川一县之内便有产碗、瓷、杯、砚等的厂子，可见当时手工业之发达程度。道光朝《施南府志·典礼》卷十载："户口较集中之城外市肆、乡间各场，鼓刀当炉，以供村民日用之需。"民国《咸丰县志·礼教》卷三载："百工多系本地居民，亦有自外来者。前五十年，工资不厚而匠作颇佳，如木石、雕刻、铜铁、裁缝等器物，具在可知也。近则工拙且惰，而佣值则较往日增高。十年前，丁寨有铁工，能以臆造新法制后膛枪，极快利。界坪有木工制木盆，不用木屑掺扎能盛油，经久无丝毫浸漏，后皆由远商雇以去，今不复有其人。"鄂西南地区的手工从业者，以本地居民居多，有少量外来人员，本地丁寨地区能够制造后膛枪，早期制作器物工匠水平极高但收费较低，至民国时期质降而价升，许多手工艺人也被外来商户雇佣到其他地区。

采矿业与冶炼业的进一步发展。清王朝在"改流"之后放宽了对采矿和冶炼业的限制，不仅可以增加就业，减少社会动荡，提高劳动收入，还可以抽取税收，以利王朝统治。权衡之下，清王朝决定改禁为开，其主要开采和冶炼的有煤炭、石灰、硝石、硫磺等。民国《咸丰县志·财赋》卷四载："矿产，惟石灰、煤炭，任人开采，不加限制。石灰各地皆有，煤炭平阳里最多，乐乡里次之。"鄂西南山地田土多位于高山，水性凉，需要石灰增温以提高粮食产量，煤炭主要用以手工业制造和日常生活所需，所以开采普遍。硝石，主要用于炸药、火药、硝酸及其他药品用途。同治朝《来凤县志·物产》卷二九载："硝，出洞中者良，色莹洁者为上。宅土熬成者味咸，名风化硝，不及洞硝远甚。"民国《咸丰县志·财赋》卷四载："旧志载，乾隆五十年（1785年），总督特成额，巡抚吴以湖北各营及银匠铺需要用硝筋，向系购自河南、湖南两省，特就长阳、来凤、咸丰三县，奏明开采。嗣后，又额定府属六县，岁办硝各二千斤。以正月起，限定四个月内解缴省局，掣批府核验，逾限短少，承办县官议处。咸丰额办硝二千斤，领工料脚价一百零二两，后又派办炮硝一百四十八斤二两二钱，领工料脚价银七两六钱三分，仍于原开之黑峒、山羊峒两处刨挖。其实，本县石峒，处处均产硝，近年来才采办者多，产额亦渐减少。老屋深邃者，地板下亦产硝，但不甚佳。"鄂西南地区盛产硝石，在"改流"前，硝石多为自产自销，产量有限，主要受限于王朝政策和技术水平，"改流"后，清廷规定官方采办，鄂西南地区成为军队火药原料的主要供应地。硫磺，用途广泛，据道光朝《施南府志·食货》卷十一载："开采恩施县硫磺。乾隆三十八年（1773年），因本县产硫磺，招商开采。至四十四年（1779年），省局积存余磺，奏明停采。五十四年（1789年），总督毕沅、巡抚惠龄题准，将恩施县前经封闭之矿磺，仍招商开采……府属六县，岁办常额，硝各二千斤，内恩施、建始二县产磺，恩施兼办磺四千斤，建始兼办磺二千斤。"可知，恩施、建始为湖北硫磺的主要生产基地，"改流"后，大量采办硫磺和硝石，其主要还是用于军事。铁、铜、朱砂、水银等矿产资源也在"改流"后大规模开采冶炼，以供军需民用。

三、商帮的崛起与集镇的扩大

鄂西南地区的商品交换基本上是以约定俗成的场为交易地点，民间俗称赶场，时间有三日或五日不等，所交换的商品也是以日常所需为主。光绪朝《利川县志·户役》卷七载："利川，山僻，绝尤富商巨贾，民间米盐交易，或期以三日，或期以五日，其交易之区曰场，亦有以市镇街道称者。"同治时期，在长阳县城已经形成专业类别的商品市场，如米市、菜市、鱼市、油市等。在恩施地区也形成了以山货特产和日常用品的专业市场，同治朝《来凤县志·风俗》卷二八载："贾人列肆，所卖汉口、常德、津、沙二市之物不一，广货、川货四时皆有，京货、陕货亦以时至。"同治朝《恩施县志·习尚》卷七载："荆、楚、吴、越之商，相次招类偕来，始而贸迁，继而置产，迄今皆成巨室。"光绪朝《长乐县志·风俗》卷十二载："邑属渔洋关，商贾辐辏，城市中贾客亦多。湾潭旧有铁厂，百货亦自丛集……然商贾多属广东，江西及汉阳外来之人。行货下至沙市，上至宜昌而止。"通过上述史料可知，鄂西南地区的商品贸易日益繁荣，不仅有荆楚、吴越之地的外来商人迁居于此，从事商品贸易交换活动，还有川、陕、京、津、赣等地的大批货物流入此地，以及以本地山货为代表的土特产品外销。货物的一进一出表明商品贸易圈已经形成，商品贸易圈拓展到南至广东，西至陕西，北至北京，东至吴越之地。在市场形成的初期阶段，买卖双方均公平交易，讲求诚信，同治朝《施南府志》载："商贾多江西、湖南之人，其土产之苎麻、药材以及诸山货，概负载闽粤各路，市花布，绸缎以归。土著亦能贸易，多贩米、粮，行而不远，而交易均属直率，银钱进出一律，颇有五尺不欺之风，即肩挑背负概无诈虞。"

　　乡村集镇市场的主要商品是日常生活必需品，其种类相对于城市而言较为匮乏。道光朝《鹤峰州志》载："皆棉、布、酒、米家常日用之物，如需珍贵者，需向他邑购备。"然而很多分布于交通要道的乡村集镇，其繁华程度是完全可以和城市商业相媲美的。如建始花坪有小汉口之称，宣恩沙道沟有小上海之称，可见当时两地商品贸易的繁荣程度。来凤卯峒作为连接宣恩、咸丰、利川、来凤等周边县市的重要商业通道，先以陆路将周边地区的商品进行汇聚，之后再通过水运将商品进行转卖，一聚一散之间，形成了来凤地区最大的商品集散市场。同治朝《来凤县志》卷二十八载："邑之卯峒，可通舟楫，直达江湖，县境临邑所产桐油、靛、桔俱集于此。以故江右、楚南贸易者至，往往以桐油诸物顺流而下，棉花诸物逆水而来。"乡村集镇之间犬牙交错，各有孔道和河流相接，且多地之间是临界之地。据同治朝《恩施县志·村集》卷二载："恩施的东乡集场七，为出山之大道，又为入川之陆路。东南隅集场十三，万寨与宣恩相错，石灰窑临近鹤峰、建始、宣恩。东北隅集场一，与建始接壤，南乡集镇六，与宣恩、利川、咸丰三县犬牙交错。南之东隅集场二，黄泥塘与宣恩岩桑坪接壤。北乡集场六，太阳河集石乳关与四川奉节交界。北之东隅集场四，白洋坪集与建始龙马河接壤。北之西隅集场九，罗针田集石板顶与利川接壤，板桥集与四川西隅奉节交界。"可知，恩施境内各乡镇集市分布的位置，多是进出的必经之路，或是与周边临近地区的接壤之区，这既有历史原因的设置因素，也有现实原因的交换便利，而有些集镇则是在原政治和军事据点的基础上逐渐发展起来的，民国《利川县志·户役》卷七载："县治及忠路县丞，南坪、建南两巡检驻处，商旅麇集，不以杨名。"城市本就有大量人口汇聚，需要进行日常生活的物资供应以及商品贸易。"改流"后，外来移民如潮水般涌入此地，给当地的商业集镇造成了巨大的冲击，有的集镇变得人烟稀少，货物流通不畅，而在其他地区又大量兴建新的集镇市场，如民国《咸丰县志·建置》卷二载："近十余年来，东北角恩、咸、利三县交界新设三星场，正北咸、川两县交界处新设八家台场，是亦足为土壤垦辟，户口增加之一证。"商业的发展，极大地加强了鄂西南地区与周边城邑之间的物资往来和文化交流，这一时期，鄂西南与外地商品交易的物资以桐油、生漆、茶叶为主，兼有粮食、牲畜、药材、黄蜡、矿产、纺织品等土特产品，用以换购日常生活产品以及生产用具。

大宗商品的贸易往来建立在质优高产的基础之上。鄂西南地区在"改流"前盛产桐油、生漆和茶叶，但是较少对外进行大规模贩卖。"改流"后政策放开，人员涌入，商品意识增强。生漆主要是通过本地的人力和驮马运输到巴东，然后装船走水路至汉口，贩卖给日本洋行，陆路则运至宜昌，鄂西南地区的刘福田创办的福康、陈兰阶创办的生泰是当时两家最大的生漆商行，主要销往日本的斋藤和水田两家洋行，负责对接业务的主要是本地留学归国人员[①]。"改流"后，大量外地商人到鄂西南地区收购桐油。桐油在早期社会是作为照明原料使用的，发展至道光年间，桐油已成为巴东、来凤等地的大宗出口产品，需求大增，带动价格上升。鄂西南地区的高山云雾茶备受市场认可，通常是转运至武汉或宜昌等地进行销售，茶商获利颇丰。大宗商品的运输和集散本身需要有市场信誉和一定资本的商行完成买与卖的交换过程，同时，大量的外来商业移民通过地缘和血缘形式进行关系网络的建立，形成稳定的商帮模式。鄂西南地区形成的商帮主要是江西帮、四川帮、安徽帮、湖广帮及本地帮等。

商帮早期本是松散的民间商业组织，但在市场的运行中，商帮开始进行商业竞争和政府合作。1928 年，恩施在组建官商合办的"益施银号"的过程中，商业股按照当时各大上榜的市场占有率进行分配，江西帮分得股额 40%，本地帮、四川帮和汉阳帮各分得 20%。[②] 江西帮在鄂西南地区的商业地位较高，主要原因是进入早，人数多，讲团结，收大宗。江西帮从宋代便有流民进入，明末清初涌入者最多，同时，江西帮收购的主要是生漆、药材、桐油等大宗商品，形成规模效应后，其他商帮很难撼动其地位。汉阳帮主要是由江汉平原地区的商人组成，主要经营纺织类商品，并通过长江转运至各码头港口进行转卖。四川帮主要经营食盐、白纸和川糖等本地特色产品。湖广帮主要是由湖南人和广东人构成，主营针、线、鞋、袜等日常生活用品。安徽人主营烟号，用桐油灰做墨的原料。各大商帮主营所在区域的地方特产，兼营百姓日常所需的食盐和生产生活用品，并收购鄂西南地区的各种土特产品，使得大量外来商品进山，本

---

① 江远鸣.我州桐油、生漆的发展状况 [M]// 政协恩施州委委员会文史资料委员会.鄂西文史资料：第十五辑，1994：110.

② 袁简之.恩施"福顺祥""益施"兴衰末记 [M]// 政协恩施市文史资料工作委员会.恩施文史资料：第二辑，1988：81.

地土产出山，山货因为体积小、重量轻、价值高、品质好，备受各地商家的喜爱。民国《咸丰县志·礼教》卷三载："商民概系盐、布、菽、粟为生涯。山货如桐、茶、漆、棓、蓝靛、冷绿皮，多归外来行商专其利。近年商会萌芽，收卖漆、棓，本地商民亦有能分利者。"

在外来商家大肆获利的同时，本地商民亦可获得部分利润，但由于起步晚、资本少、实力弱，所以只能分得较少的一部分。商品经济的快速发展对当地自给自足的经济传统无疑是很大的冲击，不仅是在商品经济领域，还体现在文化生活上。商帮和商会出现后，也开始重视日常的文娱活动，如修建会馆，邀请戏班。在恩施县城、宣恩沙道沟、咸丰清坪集等地修建万寿宫、禹王宫、忠烈宫，并时常邀请戏班进行南剧演出。[1]

四、商品倾销与产业发展

第二次鸦片战争结束以后，帝国主义向中国输出的商品数量暴增，商品种类增多，诸如：棉纱、布匹、煤油、肥皂、香烟、火柴、洋腊、五金、肥皂等，充斥着鄂西南各地。其中宜昌成为整个鄂西南地区最大的棉纱集散地，棉纱从武汉关进入，运至宜昌，分销给宜昌本地及清江上游地区，销售市场有长阳、五峰、恩施、利川、宣恩、咸丰等地。鄂西南地区的手工纺织业历来发达，不仅本地妇女自纺、自织、自用，还可以对外进行销售，自洋纱和洋布大量进入本区域后，由于其价格低廉，生产效率高，很快将本地原有的家庭纺织业挤出市场。其他手工行业和商业也基本遭受了与棉纱同样的命运，如蜡烛、棉籽油及蓖麻油被煤油取代，以前依靠蓝靛和烟草起家的商人也面临破产，铁矿冶炼及其他矿产资源的开发，也逐渐被洋铁、洋钢替代，就连行销多年、在市场备受欢迎的白蜡、黄蜡也被洋蜡挤出市场，失去了客源。由于洋货大量迅速侵入，本土小农经济很难抵挡如此强大的冲击，地区经济逐渐萎靡。同治元年（1862年）正月，湖广总督官文奏："自洋商入长江后，内地货物日益昂贵，华商生计顿减。"[2]

抗日战争时期，湖北省政府搬迁至鄂西南的恩施地区，并在鄂西南地区的

---

① 袁简之.恩施城商业市场演变史略 [M]// 政协恩施市文史资料工作委员会.恩施文史资料：第九辑，1991：121–123.

② 引自《筹办夷务始末》（同治元年）第四卷，第 22 页。

各县兴办工厂。据民国三十二年（1944年）《湖北省统计年鉴》载："在利川地区设立有硫酸厂、纺织厂；巴东的炼油厂、机械厂；咸丰的修车厂、中国煤气机厂、湖北公路处咸丰修车总厂、省建设厅第一化工厂等。各厂职工合计有三千余人。其中恩施的纺织厂规模较大，仅机器设备就有多套：包括七七纺纱机101部，七七拖纱机21部，七七打包机5部，弹花机5部，手拉布机19部，制毛巾机12部，制袜机11部，年产土布可达6384匹，棉纱13440锭，袜子672打，毛巾3024打。鄂西南地区的每个县皆办有民生工厂，从事纺织、印刷、砖瓦、碾米等生产。民族工商业也办有六个工厂，从事纸张、肥皂、陶瓷、雨伞、茶叶、油类等生产。"民国二十八年（1939年），湖北省建设厅在宣恩筹建了"湖北省晓管大岩坝陶瓷工厂"，有工作人员二百余人，主要生产花瓶、茶壶、茶缸、碗、盘、碟、杯、盏等瓷器及军用电讯瓷件。产品花色种类繁多，每月可售出三万余件。除少部分自用外，绝大多数销往四川及其他地区。沙道沟经营棉花加工厂、米厂和面粉厂。在咸丰地区，燕朝土溪河建炼生水高炉、铸锅红炉和炒铁炉各一座，生产熟毛铁盒生水锅。忠堡的坪铜厂和生基岭等地铜厂均采炼出紫铜。咸丰织布厂有三十台织布机织造土布，并有十台织袜机。在鹤峰，红雨潭造纸厂生产毛边纸，年产量1900刀。[①]

抗日战争期间，恩施是湖北省政府临时省会和第六战区司令长官司令部所在地。民国二十四年（1935年），恩施至巴东公路通车，改善了山区的交通运输条件，为商品交换提供了更大便捷。因湖北省政府的西迁，大批军政要员、学校、医院等人员汇集于此，人口激增，其中还包括各类工商业从业者。据《恩施城商业市场演变史略》载："恩施工商户为适应市场发展需要，将市场中的各种商品进行分类，并组织基层行业同业公会，如纱布、百货、生漆、杂货、医药、饮食、文具、屠宰、理发、木瓦、糖食、印刷等。这一时期，恩施地区的经济秩序表现稳定，一片欣欣向荣的局面。但其背后是依靠官商之间的默契配合，所营造的虚假景象。其本质就在于没有将本地广大农村市场作为根基，而是依赖大量的外来人口和大型工厂，没有持久力。抗战胜利后，湖北省政府、学校、医院和工商户以及技术工人随之东迁，人口开始锐减，经济贸易衰退，恩施地区又恢复到往日的情景。"来凤是川、鄂、湘三省交界的重要贸易市场，

---

① 摘自：《宣恩文史资料》第四辑、《咸丰文史资料》第三辑、民国《鹤峰县志·大事记》。

在抗日战争期间，据《来凤文史资料》第三辑《七年经商见闻》载："外迁至来凤的汉阳商号有 22 家，湖南有 25 家，四川有 9 家，江西有 10 多家，而出入来凤县城的肩挑背负的小商小贩日达六七百人之多。各地的商品源源不断地涌入来凤地区，是时，来凤商旅云集，百业繁兴。"

民国三十三年（1944 年）国民党政府五二工程驻来凤，扩建飞机场、建造空军营房。随之而来的营造公司竟达十多家，湖北省第七行政专员公署调来所属八个县的民工共计数万人。由于流动人口的突增，进一步推动来凤市场的繁荣。百货日杂、饮食住宿行业发展迅猛，尤其是饮食行业表现最为明显，公营的有东门湾新开设的空军招待所、县联社的食宿部，私营的小吃馆不计其数，从东门外到精神堡一带，饮食摊点林立，生意极好。百货业除原来的六家商店外，新建的几家，也是生意兴隆。鄂西南山区经济作物种类丰富，帝国主义早期的掠夺多是以原料为主，用于本国的工业、军事、商业等各个领域，其本质特点是以低于货物本身的价值进行收购，破坏民间的传统经济秩序，并将掠夺的原材料进行深加工后，再以极高的价格卖回原料掠夺地，其手法并不高明，但利润极为丰厚。奇怪的是，商业集镇的发展本来是在民间商品交换的基础上逐渐发展起来的，而鄂西南地区商贸的快速发展却是在外界刺激下逐渐形成的。抗战期间，鄂西南地区从边缘成为中心，随着大量外迁人员的涌入，客观上刺激了当地市场经济的快速繁荣，但这种短暂的经济繁荣是特殊历史时期的特殊产物，当权利转移之时，人员、技术和资金也开始大量回迁，这无疑又让鄂西南山区开始回归到山地经济社会的常态。

第三节　改土归流后鄂西南地区的社会生活

一、服饰阶层化趋势明显

在改土归流前，官民、军人、商人所穿着的服饰已经有所差别，改土归流后，这种服饰的阶层化差异更加明显。同治《施南府志》载："郡人平居，皆大布之衣，非遇到庆贺宴会，虽缙绅家鲜著纨绮，大率士大夫之服雅，商贾之服华，城市之服时，乡村之服古，妇女亦然。妇女且称贞朴，无论贫富，不游春，不治容，乡城皆善纺绩。"可知当时不同社会阶层的人群所着服饰的差异性，士大夫雅、商贾华、城市潮、乡村古，衣着服饰已经成为辨别社会阶层和性别的主要标志之一。同治《来凤县志》卷二十八载："男女服饰，以贫富分，贫者仅足蔽体，富者夏葛冬裘。妇女平居不裳，时节庆贺则用之。"改土归流后，土客之间长期的杂处共居，在服饰上也开始出现相互借鉴的趋势，由于外来移民的服饰更加多元，吸引着城乡居民竞相模仿，并引发本地服饰文化的变迁。同治朝《来凤县志》卷二十八载："首缠长帕，辫缀繁缨，士卒戎装，近日或然，而市井少年，无故效之，服之不衷，皆恶习也。"服饰是文化的重要载体之一，能够在一定程度上反映当地自然和社会生态的变迁，从早期以适应自然生态环境为主的实用性服饰，逐渐向以适应社会生态为主的阶层性转变，服饰不仅仅是一种社会身份的标识，更能体现社会生活的巨大变化。

二、饮食习惯的变迁

主食由以杂粮为主转向以玉米为主。鄂西南地区除少数平坝地区是以稻米为主食外，山区皆是以土豆为主要食物来源。鄂西南地区虽然在历史上很早便开始水稻的栽培和种植，但自然生态环境并不适宜大规模种植水稻，且地寒水冷，产量有限，当地居民多是以小麦、荞麦等杂粮为生，辅之以采集和渔猎，满足日常饮食的营养和能量需要。据康熙朝《巴东县志》载："饮食，县人食米，皆仰给于川东。里中以脱粟及大小麦为上食，荞麦、燕麦次之，彩蕨根作粉，作以大豆为下食，蜀秫但酿酒，罕有永以炊者。"改土归流后，美洲新物种的引种在当地开始广泛种植，特别是洋芋、红薯等杂粮作物，很大程度上改变了人们的食物清单。至咸丰年间，洋芋已经一跃成为仅次于玉米的主要食物来源。玉米的生物属性客观决定了其不能长期储存，当地百姓一般将不能消耗的玉米分成两类处理，一方面用以喂猪，另一方面用以酿酒，充分发挥玉米本身的特质，做到物尽其用。因玉米属于旱地高产农作物，对于生长环境并无特殊要求，生命力旺盛，在引种之后，很快就成为家家户户的必备口粮。五峰地区"产苞谷者十之九"、咸丰地区"苞谷常占十之六，稻谷只占十之四"，鹤峰地区"苞谷为正粮"，建始以包谷、洋芋为主，"改流"后的鄂西南地区至少有七成人口将苞谷作为主粮。同治《恩施县志》载："环邑皆山，以苞谷为正粮，间有稻田，收获恒迟，贫民以种薯为正务；最高之地，唯种药材，最近遍种洋芋，穷民懒以为生。"

奢华之风渐起。鄂西南百姓本性醇厚，生活简朴，勤俭持家，很少有铺张浪费和过于奢侈之生活。而在改流后，奢华之风开始由城镇向乡村蔓延。道光朝《施南府志》卷十载：施南地区"宴会酒食渐趋华侈……城市婚葬诸宴会海味山珍，动辄不废，不如是，主人自觉减色，附郭殷富亦如之"。利川地区的人们在父母长辈去世后，通常也是大摆宴席，招待宾客。同治《利川县志》卷三载："封灵日是几十席，家祭日又是几十席或几百席，广收亲戚猪羊奠仪。"宴会上山珍海味，几十或几百席的大型招待，显然已经超出正常宴请的范围，奢靡之风已经渐染乡村，此种社会风气直到民国依然盛行，民国《咸丰县志》卷三载："又近十年来，沿开宴送礼之旧习，每于秋冬之后，借故置酒，希图收受馈礼。"这种互相攀比，相互收礼送礼，不重实际的奢靡习气，让民风由朴而华，也深刻影响着当地居民的价值观念。

饮品及调味品的改变。油茶汤和咂酒是改流之前鄂西南地区的主要饮品，备受当地居民的喜爱，上至土司豪酋，下至土民百姓，都将其作为日常生活和待客的佳品，尤其是对油茶汤的依赖程度极高，几乎达到每日不离的程度，民间有"间有日不再食则昏聩者"之说。油茶汤的制作是以黄豆、苞谷、豆乳、芝麻、米花等粮食作物为底料，用油加水放入茶叶煮沸饮用，营养丰富，温清和补，对于山民而言，着实是一种难得的地区饮品。咂酒是一种典型的群体性活动遗存，带有早期社会公有的组织形式。尤其是饮用时的轮吸模式表现最为明显，据同治朝《咸丰县志》卷八载："饮时，开坛沃以沸汤，初吸时味甚浓厚，频添沸汤则味亦渐淡。"同治朝《来凤县志》卷二十八在："九、十月间，煮高粱酿瓮中，至次年五、六月，灌以水，瓮口插竹管，次第传吸，谓之咂酒。"通过上述两则史料可以看出，制作咂酒的主要材料是高粱，制作器皿是大瓮，酿造方法是发酵后加入沸水，饮用时使用竹管吮吸，依次传递，直至无味方停。然，民国《咸丰县志》卷三载："饮油茶者较前减少，而咂酒几至不经见云。"鄂西南地区油茶汤和咂酒的饮用频率虽然有所减少，但并未消失，集中出现在大型活动和节日庆典上，出现的区域也逐渐向山区的腹心地带转移，传统饮品的习俗并未因外界力量的介入而消失，只是以另一种方式出现在了其他的地方，这也充分说明传统习俗旺盛的生命力和延续性。

鄂西南地区喜好酸辣，这与地域环境有直接关系，同治《来凤县志》卷二十八载：“邑人每食不去辣子，盖丛岩幽谷，水泉冷冽，非辛辣不足以温胃和脾也。”鄂西南地区山高水冷，湿气大、寒气重，必须食以辛辣之物方可中和脾胃，以利健康。然而早期该地使用的多是胡椒而非辣椒，“改流”后辣椒方才引种鄂西南地区，辣椒维生素丰富，辛辣提鲜，是制作菜肴的重要调味品之一。至同治时期，辣椒取代胡椒，成为最主要调味品。从中我们可以认识到，鄂西南地区的饮食变迁在早期深受自然地理环境的影响，日久成习，渐成风气，而“改流”后，人群的大规模流动，使得社会生态的外在改变带动本地文化习俗的进一步重构。

三、修桥铺路，设置驿站

“改流”前，鄂西南地区的交通多为孔道，道路险阻，交通不便。“改流”之后，基于政令传达和商业往来之需要，开始修桥铺路，设置铺递，以通山内外。光绪朝《利川县志·疆域表》卷二载：“先是，蜀道之险，多在楚境，县地东至恩施，西达万县，羊肠鸟道，号为难行。改流以来，商旅麇集，令是土者，除榛莽，夷险阻，所在渐多孔道……光绪初（1875—1908），总督合肥李公瀚章，奉命往蜀，避三峡舟行之险，道出县境。明年，旋鄂，檄施南守无锡王公庭桢，董率县有司重加修葺，易土以石。于是，由施郡入蜀，皆成坦道；而县境入蜀之路，视他途尤平易。”将孔道变为坦途，多是“改流”之后的情况，此前土司也曾开辟一些道路，但均不成体系和规模。“改流”后，清王朝在施南地区设置大量铺递，民国《咸丰县志·建置》卷二载：“咸邑县城设总铺，铺司四名，自总铺东行十五里，至猴子岭铺，铺司二名，自猴子岭东行十五里，至邢家寨铺，铺司二名，自此东行二十里，达宣恩县之黄草铺，此为自咸至宣恩之要道也。又自总铺西行二十里，为十字铺，铺司二名，自十字路西南行二十五里，为土老坪铺，铺司二名，自此南行四十里，达来凤县之革勒车铺，此为由咸至来凤卯洞之要道也……此为由咸至恩施西境之故道也。”上述史料详细记录了鄂西南山区在清王朝的治理下，以咸丰为基点，将周边邻近区域的宣恩、来凤、酉阳、恩施、利川等交通要道全部连接起来，将原来分散或不畅通的道路联通在一起，组成一个便捷的交通网络，以利于政令的上传下达和商品交换，一改以往交通不畅、政令不通的情形，使得山内山外连成一体，自由进出，往来通畅。同治朝《利川县志·武备》卷十载：“利川改土归流时，地多未辟，山高林密，是生虎豹豺貔，行旅不通，铺递率多迁远。其后，土田日辟，户口敨繁，通衢所在皆是，人趋便捷，铺递亦以次改设。"除此之外，还大量修建桥梁、码头、渡口，以联通内外。

四、居住环境的变迁

大集中、小分散。鄂西南地区在改土归流前，多以单姓村落聚族而居，且主要分布于河流、大道两岸，以姓氏取名，"改流"后随着外来移民的大量迁入，打破了原有的血缘单姓村落聚集形式，开始出现大集中、小分散的居住格局形式。因商品经济的快速发展和区域性市场的形成，人们开始逐渐向城镇汇集，并进一步带动周边群体集中来此地定居，以满足日常生产生活所需，且能够提供大量的就业机会，进而形成常住居民、外来从商、手工匠人和体力劳动者多元群体的混杂居住，人口的大量汇聚还进一步衍生出种类繁多的服务性行业。在集中居住的格局下，也有小分散居住形式的存在，这与鄂西南地区碎片化的山地格局和社会文化生态有直接关系。

外部建筑材料的变化。据康熙朝《巴东县志》卷二载："屋宇在县者，聚庐而处，户不过一间，皆结茅编竹为之，广才丈许，深及数寻，随地高下，历阶而进……在前后里者，户各不相比，筑土成垣。覆茅其上，左右为寝室，室内作池以积火。"以前的建筑材料多为茅草竹子，仅为遮风挡雨之用，不讲华丽气派，尤其是土司时期，禁止普通百姓建盖瓦房。"改流"之后，瓦房大面积出现，并取代以茅草竹子为建筑材料的原始建筑。同治朝《长阳县志》载："国初复县治时大率皆草棚苇舍，后乃渐易陶瓦……渐染大郡邑气习，居室阔大华美，器用景窑细瓷……乡间以瓦房为富户，四面造屋谓之四井口，亦曰四水归池。中设门楼，两相对峙者谓之老人头，俱不尚高大，无丹雘之饰……土户其余贫窭之家，外来佃民茅茨多，瓦屋少。"从中可以看出，改土归流后，城乡两地富户皆使用陶瓦修盖民居，而山区的贫困之家依然有少部分使用茅草为顶，竹木搭墙的建筑。

建筑内部，奉祀祖先，取消火铺。以前鄂西南地区并无在屋内供奉祖先的习俗，乾隆朝《来凤县志》卷四载："市井草莽，冠、婚、丧、祭……家不祀生民之祖先，子不封生身之考妣。既弃祖父，焉知人伦？"改土归流之后，各地流官移风易俗，推行儒家教化，据乾隆朝《来凤县志》卷四载："各于居室正中，奉祀先人神主。函分表里，气通幽冥。外书姓氏字名，内填生卒月日，奉祀几男，卜葬何地。"至此，以祖先祭拜的堂屋文化开始出现，也从侧面反映出改流后汉文化对鄂西南民族地区的影响之深。以前，火铺是鄂西南地区人群日常生活的重要空间，为更好利用空间和防寒取暖，当地百姓将炉灶与床铺连在一起，形成独特的火铺。土民不分男女、老幼、尊卑，皆在火铺之上饮食、休息，这种方式是由自然生态环境和土民的现实生活情况所客观决定的，并不一定如流官所言，是一种有悖人伦的原始文化。在改流后，官府颁布文告，禁止火铺形式的共居模式存在，但这种实用性极强的取暖方式成了后期火塘的雏形。

五、文化教育事业的推进

改土归流前，清廷即要求土司子弟入学习礼，尤其是土司应袭子弟必须遵守这一规则，这使得土司精英人士很早便熟读经史，一心慕义。清廷在鄂西南地区先后设置施州卫学、施南府学、恩施县学、建始县学、巴东县学等，还曾办书院、义学等形式的学堂。据《清朝文献通考》卷十七载："先令熟番子弟求学，日与汉童相处，宣讲圣谕广训，俟熟习后，再令诵习诗书。以六年为期，如果教导有成，熟师准作贡生，三年无成，该生发回，别择文行兼优之士。应需经书日用，该督抚照例办给。俟熟番学业有成，令往教诲生番子弟，再俟熟习通晓之后，准其报名应试。"鄂西南地区学子欣欣向学，地方官员和士绅大力支持，科举文教事业呈现一片欣欣向荣的景象。"改流"之后，文化教育事业进一步深入基层，同治朝《来凤县志·风俗》卷二八载："我朝改设郡县，凤以峒蛮旧壤，其初民皆土著，大抵散毛遗烈犹有存者。久之，流寓渐多，风会日启，良有司承流宣化，用夏变夷。百余年来，士皆秉礼，民亦崇实。斯民三代之直，未始不可教也。"在同治朝《利川县志·风俗》郡志中载："各邑风俗，皆缘土司旧地，习尚朴陋。自改土归流，远人麇至，民勤耕稼，士习诗书，旧习渐易，与郡城大率相同。"光绪朝续补《长乐县志·风俗》载："改土后，衣冠文物均与通都大邑等。"在大兴儒家文化的背景之下，鄂西南地区的居民以农桑耕稼为业，读书习史，衣冠文物方面城乡皆同。该区域因与中原地区毗邻，与西南其他地区的土司相比，占据地缘优势，土汉接触较早，且汉文化水平极高，在改土归流之前，主要是土司豪酋等上层精英人士熟悉和掌握儒家文化，底层土民主要是掌握中原地区传入的物质文化——器物类工具，用于农耕生产。在"改流"之后，儒家文化扩大了传播范围和传播群体，使得鄂西南地区的各类群体均受到中原文化的影响，进一步加快了两地社会文化融合的步伐。

六、民间信仰的变迁

巫鬼之风渐弱。鄂西南地区的少数民族长期有信巫鬼、重淫祠之风俗。据同治朝《鹤峰州志》卷十四载："大二三神，田氏之家神也，刻木为三，其形怪恶，灵验异常，求医问寿者，往来相属于道。神所在，人康物阜，合族按户计期迎奉焉。期将终，具酒礼，刲羊豕以祭之，名曰喜神，不然必罹奇祸。祭时鼓钲嘈嗷，苗歌蛮舞，如演剧。然神降必凭人而语，其人奋身踊跃，啮碗盏如嚼甘饵，履赤铁，入油鼎，坦然无难色，至今犹然。"在同治朝《来凤县志》卷二十八载："疾病不服药，多听命于神……一曰还天王愿，病中许之，愈则召巫酬之，植伞大门外，设天王牌位，割牲陈酒醴，烧黄蜡香，匍匐致敬，已乃席地欢饮。有纷争不白者，异亦神出，披黄纸钱，各立誓词，是白乃己。一曰还傩愿，延巫屠豕，设傩王男女二像，巫戴纸面具，饰孟姜女、范七郎，击鼓鸣锣歌舞竞夕。"当地土民的这些行为，在流官眼中皆为巫，而承担巫这一角色的主要从业者便是端公。道光朝《鹤峰州志》卷十四载："巫者谓之端公，病者延之于家，悬神像祝祷，又有祈保平安，或一年或二三年延巫祀神，并其祖，先曰完锣鼓醮，一曰解祖钱，此为土户习俗，今渐稀矣。"在民国《咸丰县志》卷三中也有类似记载："县境巫医并行……近年来风气渐开，道教式微，业巫者日渐减少。"端公的存在有一定的合理性，以前，鄂西南民族地区缺医少药，百姓遇到疾病灾疫便只能依赖于端公，这与鄂西南地区所处的地缘位置和山区环境有着密不可分的联系，而在"改流"之后，随着官府对该行为的禁止以及后期西医的传入，此行业的从业者日趋减少，而今多出现在一些展演性舞台。

历史记忆与祖先崇拜。鄂西南地区的早期历史记忆多是神话传说和口述记忆，这与当地早期群体性生活有关，需要建立一个共同的英雄祖先以此来团结各方力量战胜自然和外群体。在"改流"之后，特别是在同治朝以后，家族观念开始兴起，修族谱、建宗祠的行为开始逐渐增多。同治朝《施南府志》卷十载："祭礼多祀于家正寝，近日寄籍者各创建宗祠，笃报本之念。而土著之家亦渐师以立法，此风一倡，古道复矣。"同治朝《来凤县志》卷二十八载："巨族立宗祠，以供祭祀。无宗祠者，咸祭于正寝。"这种由英雄崇拜到祖先崇拜的转换过程，是受到外来文化影响的内部行为重新建构。

其他宗教的影响。"改流"后，大量僧人道士进入鄂西南的城乡地区从事宗教传播活动，修建庙宇和道观，布道施法，并迅速成为乡村社会生活中不可缺少的一部分，其影响延续至今。清朝末年，天主教开始在该地传播，传教士通过建立育婴堂和教会学校等公共设施，收买人心，传播宗教。但作为外来文化的天主教与本土文化的信仰和价值观念存在巨大差异，冲突和矛盾一度升级为严重的教案事件。

七、丧葬习俗的变迁

历史上鄂西南民族地区的丧葬形式种类繁多，如悬棺葬、陶土葬、火葬、土葬等。其中悬棺葬与其生活区域的自然环境有关，山高水深，溪流周边遍布崖壁，在后期出土的多个墓葬中都有悬棺葬的遗存。陶土葬主要是二次葬的另一种形式，是由于早期鄂西南民族经常迁徙不定所形成的丧葬形式之一。明清以后，悬棺葬和陶土葬的丧葬形式已经不见文字记载。以前尚有火葬之俗，"改流"之后基本都实行土葬。在丧事仪式上，多以跳丧和唱歌为主要形式。咸丰朝《长乐县志》卷十二载："家有亲丧，乡邻来吊，至夜不去，曰伴亡，于柩旁击鼓，曰丧鼓，互相唱歌哀词，曰丧鼓歌，丧家酬以酒馔。"同治朝《长阳县志》卷一载："村俗则夕奠后，吊奠无入，诸客来观者群挤丧次，擂大鼓唱曲。或一唱众和或问答古今，皆稗官演义语，谓之打丧鼓、唱丧歌。"

"改流"之前，鄂西南地区是以跳丧为主要丧葬仪式，一家操办丧事，乡邻皆前往帮忙，丧家以酒食款待，这反映出当地百姓乐观坚强，视死如生的一种死亡观念。"改流"后，佛、道教开始大规模渗入到丧葬仪式当中来。嘉庆朝《建始县志》风俗卷载："丧葬多作佛事，每逢一七之候，辄延僧道诵经礼忏，直至百日止，即绅士之家亦往往如此。"同治朝《宣恩县志》卷九载："丧礼，间有用文公家礼者，有儒释兼用者，有专用佛事者。"民国《咸丰县志》卷三载："三十年前盛行佛教，人死率用僧道，木鱼、绕鼓，诵经礼佛。初死曰开路，继曰绕棺。将葬前日，戚友毕集，皆缟赠素巾，曰开奠。后百日内作佛事，曰应七。三年内，或用僧道，或延士人，分别诵经礼拜，曰道场。枉死者别延巫教为之，曰牛角道场，皆化纸钱冥镪，以多为贵。近来风气渐开，僧道退化，士大夫之家，用儒教者逐占多数。"上述史料完整地记录了咸丰县的丧葬仪式从佛教盛行到以道教为主，再到以儒教为主的历史过程。

⼋、民间艺术的创新

改土归流至辛亥革命时期，民间歌谣中的反封建色彩浓厚，其中涉及婚恋的民谣表现最为突出。民间的传说和故事主要集中在惩恶扬善、道德教化的层面，很多都是反映英雄人物与恶势力的斗争，也有表现中原农耕文化如稻谷种植的传入。在民间广泛传唱的《哭嫁歌》《媳妇苦歌》《长工苦歌》等，都是极具时代特点的民间歌谣，反映出当时社会在转型过程中的冲突与矛盾。在这一时期，大批文人开始关注民间疾苦，并结合汉文古典诗词形式，以竹枝词为载体，创作出很多文质优美的作品。随着汉土交流的深入以及中原人士的大量迁入，原中原地区的民间小曲小调不断被传入此地，加之这一时期的集镇发展，商帮出现，且这一群体中大多数是经济富裕的外来人口，鄂西南地区的文人和民间文艺家经过不断融合和拓展，进一步刺激了地方曲艺的繁荣发展。经过改编后的《薅草锣鼓歌》是在群体劳作时所传唱的歌谣，《丧鼓歌》是在祭奠亡灵时所咏唱的歌曲，这些叙事型长篇歌谣都在很大程度上保留着原有歌词的基本风貌，并加以改造，更加说明口头文学艺术的可塑性和时代性，这是文字记载所不具有的优势。

辛亥革命至 1949 年，在文学艺术的众多领域中，表现最为突出的是戏剧和曲艺。这一时期的长阳南曲、恩施扬琴、利川小曲、鄂西竹琴、渔鼓等，内容多取材于中国传统古典文化，结合地方戏曲进行再度创作，新曲目的发展基本上是建立在古老的地方剧种之上的，如灯戏、花戏、南戏、傩堂戏等。上述这些民间曲艺的名称、乐器、流行区域、演唱方式、主要特点各不相同，但相似的是它们几乎都代表着外来文化和本地文化的结合，且具有地域性、民族性、时代性和创新性的特点。

本章小结

改土归流对鄂西南地区民族的影响是深刻而持久的，并表现在政治、经济、社会、文化的各个方面，王朝力量的不断下沉与延伸，将原来间接统治的区域变为直接治理的场所。这不仅仅是权力集中的一种趋势，也是土司制度经历了漫长的历史周期后，不再适应时代发展的必然体现。汉土之间的区隔政策被打破，大批移民群体进入鄂西南地区，人口的暴增，所带来的不仅仅是山地大规模的开发，也在物质、制度和精神层面给鄂西南地区带来了极大的转型和冲击。在百姓日常生产生活过程中，大量流官不遗余力地进行着移风易俗，使得鄂西南地区的基层文化和物质载体迅速消解，但这并不意味着消失，而是以另一种适宜的形式出现在其他文化事项之中。近代时期，中国不可避免地与世界发生紧密的联系，受政治局势的影响更加直接明显，鄂西南地区虽地处一隅，但不能置身事外。大量机器设备的使用和商业网络的形成，以及新式学校的开办，加之抗战期间鄂西南地区政治地位从边缘走向中心，都进一步加快了鄂西南地区社会文化的现代化改造，鄂西南民众也在这一过程中积极调整自我，以不断适应多变的时局。鄂西南地区的民族文化在近代早期遭受西方文化殖民的侵扰，后期主要受工业布局的影响，但究其实质，主要是受到政治环境的左右、地理环境的限制、人口流动的红利和工业技术的使用这四个方面的叠合影响，同时也为当代社会文化的发展创新奠定了一定的基础。

第六章　鄂西南民族文化生态区的发展时期

鄂西南民族文化生态区的发展迄今已有七十余年。鄂西南民族地区快速发展，在政治、经济、社会和文化等各个方面均取得了巨大的成就。基础设施不断完善、绿色经济初见成效、文化生态旅游事业蒸蒸日上、特色区域性产业初具规模、科教文卫等民生项目不断丰富。鄂西南民族文化生态区的发展时期，可以划分为三个主要阶段：1949—1978 年为第一个阶段，主要是清除残余势力，巩固社会主义制度；1978—2010 年为第二个阶段，主要是大力发展经济，提高人民生活水平；第三个阶段是 2010 年至今，主要是在丰富物质生活的同时，重视传统文化，加强精神文明建设。现根据各个时期的主要任务和特点进行分述。

第一节　鄂西南民族文化生态区发展时期的政治生态

根据鄂西南地区不同时期的发展需要，国家进行有针对性的政治生态治理，这对于稳定区域社会发展，提供良好的政治生态环境，促进地区经济增长，加快文化交流，形成良好的民族关系，提供了最为坚实的保障。

一、剿灭残余势力

鄂西南解放之初，湖北省军区独立二师奉命留驻，后改为恩施军分区。虽然新的人民政权已经建立，但社会秩序仍处于一片混乱之中，隐藏在鄂西南地区的国民党残余势力和土匪恶霸趁机进行各种形式的反革命活动。这些反动武装势力打着共产党和人民政府的名义，到处流窜，祸害百姓，无恶不作，故意黑化共产党领导的新政权，并杀害解放军和地方干部多人。恩施军民根据这一情况，采取内线驻剿与外线进剿相结合的方式，集中优势力量打击危害最大的势力，力求取得打击一股、震慑一片的效果。

二、民族身份的确认与恢复

新中国成立后，党和政府多次组织少数民族访问团，深入民族地区进行访问和调查，了解少数民族的现实需要和生活情况，密切了交流，增进了团结。由于国家对民族问题的高度重视，各少数民族也开始关注和思考自身的命运和前途。国家于 1954 年开始对鄂西南地区进行民族识别工作。1956 年，潘光旦赴鄂西南的来凤、宣恩、咸丰和利川等县进行调查。1957 年 10 月，湖北省委、省政府召开了全省第一次民族工作会议。同年 12 月，恩施地委、行署成立了民族宗教事务科。1958 年 4 月，恩施地委、行署召开了全区第一次民族工作会议。此后，各县开展了形式多样的少数民族基本情况的调查，在来凤、鹤峰、咸丰等 8 个县市，登记的土家族有 18 万余人，至 11 月，增至 60 余万人，正当识别工作如火如荼开展之时，因其他原因被迫停止。改革开放以后，随着国家对民族政策的宣传与落实，民族平等和民族团结的思想深入人心。土家族儿女也在新时代积极奋进，为鄂西南地区的发展创造了良好的政治环境。经多次的考察、审核、申报和商议之后，结合民众意愿与客观事实，国务院于 1983 年 12 月 1 日，批准湖北鄂西土家族苗族自治州成立；1984 年 12 月 8 日，批准湖北长阳土家族自治县成立；1984 年 12 月 12 日，批准湖北五峰土家族自治县成立。这些机构的成立，有利于在国家统一领导下，充分调动鄂西南民众的积极性和主动性，并形成民族之间平等、团结、互助的关系。

三、民族干部的使用

改革开放以后，鄂西南地区高度重视对少数民族干部的培养、选拔和任用，为打造一支优秀的民族干部团队，经常采用挂职锻炼、党校学习、基层轮岗等方式，提高了民族干部的政治素质和业务水平，为当地的社会经济发展和文化繁荣做出了巨大的贡献。据相关数据显示，1983 年，各县、市政府班子中民族干部 18 人，占总数的 35.29%；至 1993 年，各县、市政府班子中民族干部 28 人，占总数的 47.46%。[①]

---

① 恩施州民族宗教事务委员会 . 恩施土家族苗族自治州民族志 [M]. 北京：民族出版社，2003：493–495.

四、西部大开发战略

西部大开发是在世纪之交、党和政府为解决区域发展不平衡性问题时，所作出的战略决定。西部大开发战略的提出与实施，在缩小东西部差距的同时，也进一步推进了民族地区社会经济文化事业的发展。鄂西南地区是湖北省内唯一被划入西部大开发范围的区域，这为其发展提供了难得的机遇。在国家大力扶持之下，区域优先享有许多优惠政策。在西部大开发的背景下，鄂西南儿女更加积极奋进，通过调整产业结构、完善基础设施、积极发展特色产业、打造旅游线路、不断吸引投资，将科教文卫事业推向了新高度。

第二节 鄂西南民族文化生态区发展时期的经济调整

新中国成立之初，鄂西南地区的经济形势十分严峻，由于长期受到帝国主义的掠夺以及战争的破坏，这一区域的经济十分萧条，市场混乱，行业停滞，百姓生活困苦。为快速恢复国民经济的正常运转，让百姓能够安定生活，党和政府开始着手有计划有组织的经济建设活动。改革开放后，国家重心逐渐向经济建设转移，积极发展对外贸易，为当地社会经济发展奠定了一定的基础。

一、国民经济的恢复

确立国营经济领导地位。首先，没收官僚资本，将其企业和财产转为国有，使得人民政权直接掌控国家的经济命脉，这就为恢复和发展国民经济奠定了极为重要的物质基础。其次，收回海关，结束帝国主义向我国大量倾销商品和掠夺原料的局面，在一定程度上保护了本国民族工商业的发展。再次，统一管理对外贸易。在新中国成立以前，帝国主义通过不平等条约的相关内容，控制着我国的对外贸易，大肆掠夺我国的物质财富。新中国成立后，将国家利益放在首位，由人民政府实行外贸管制，从而掌握了对外贸易的主动权。

稳定金融物价。第一是打击金银铜币等投机行为，一律使用人民币作为市场流通的硬通货。第二是加强税收，统一征税。第三是建立国营商业，整顿商业市场，加强市场管理。第四是调节公私关系，并对农村土地进行改革。

二、第一个五年计划

农业合作化运动。土改运动完成后，人民的生产积极性被调动起来，农业生产得到快速发展，但新的问题也随之出现，即两极分化的矛盾开始日益凸显，产生了新的一批贫农和富农。另外，在广大农村地区普遍存在的小农经济形式，是无法抵御自然灾害也难以实现大规模生产的。所以，鄂西南地区开展了农业合作化运动，根据实际进展和现实发展需要，经历了农业互助组、初级农业合作社和高级农业合作社的发展道路。其中恩施州有临时互助组 38820 个，参加农户 25.13 万户；常年互助组 5162 个，参加农户 4.31 万户，组织起来的农户达到 66.5%。[①]1954 年春，恩施州在基础较好的互助组试办了 8 个初级社。年底，初级社发展到 58 个。截至 1955 年底，全州初级社猛增至 14387 个，入社农户达 30.2 万户。[②]到了 1957 年，全州高级社达 2972 个，入社农户 43.55 户，占总农户的 93.43%。[③]

对个体手工业、小商小贩以及资本主义工商业进行社会主义改造。其中，通过对个体手工业的改造，共建立手工业合作社 321 个，拥有社员 9870 人。[④]恩施地区原有私营商户 6306 个，过渡为国营企业的占 28.6%，公私合营的占 13.9%，合作商店占 34.5%，经销、代销店占 23%，私营工商业改造已达 95%。[⑤]

三、大跃进和人民公社化运动

为适应国民经济快速发展的节奏，全国人民以饱满的热情投入到"以钢为纲"和"人民公社"运动中。为保证钢铁产量，各地区各部门都要求把钢铁生产放

---

① 恩施土家族苗族自治州地方志编纂委员会. 恩施州志 [M]. 武汉：湖北人民出版社，1998：135.

② 恩施土家族苗族自治州地方志编纂委员会. 恩施州志 [M]. 武汉：湖北人民出版社，1998：136.

③ 恩施土家族苗族自治州地方志编纂委员会. 恩施州志 [M]. 武汉：湖北人民出版社，1998：139.

④ 中共恩施州委党史研究室. 中共恩施简史 [M]. 北京：中央文献出版社，2001：107-108.

⑤ 中共恩施州委党史研究室. 中共恩施简史 [M]. 北京：中央文献出版社，2001：108.

在首要位置，号召全党全民都行动起来。鄂西南地区当然也不例外，热火朝天地大炼钢铁。由于大炼钢铁运动急于求成、脱离客观规律的要求和任务，虽然投入了大量的人力、物力，但因技术水平不达标，不仅没能生产出合格的钢材硬件，还破坏了大量的森林资源，使得鄂西南地区本就脆弱的生态环境更是雪上加霜。1958 年 8 月以后，全国农村广泛开展人民公社运动，各行业相互结合，人民公社政社合一。为适应工业化和规模化的发展，鄂西南地区根据指示，将各小群体组合成大集体，把单一的农业社建成混合型公社，这一时期鄂西南地区的人民公社运动进入高潮阶段。至 1958 年 10 月 18 日，全州建立集体所有制人民公社 107 个，以国营农场为主体的全民所有制人民公社 17 个，参加公社农户达到 99%，至年底，共兴建食堂 15309 个，托儿所 9125 个，敬老院 559 个，另外还有 9 个民兵师、119 个团、835 个营、3082 个连，民兵总数为 481014 人。①

四、国民经济的全面调整阶段

第一，对农业的及时调整。主要是调整人民公社的制度和分配体系，突出生产队为基本核算单位的三级集体所有制。国家在粮食征购的过程中，要给农民留下基本的自用粮，以保证农民的基本温饱而不需外购粮食，同时适当提高粮食和部分农副产品的收购价格，让百姓有利可得，以保障他们的生产积极性。根据实际情况，规定社员可以从事农业以外的各类副业，并可在完成国家任务后，自行销售。以农为本，其他行业加大对农业的支持力度，在资金、技术、机械、农药、化肥等各个环节给予支援，这些政策的调整，活跃了农村市场，带动了相关产业的发展，也使得鄂西南地区的农业得以快速恢复到正常水平。

第二，对工业的调整。转变经营思路，不再求大求全，而是集中人力、物力、财力和技术力量办好重点企业。企业根据实际运行情况，或保留、或合并、或转产、或关闭，工厂数量在逐年下降，但存活下来的企业在同行业中占有极大的优势，这也是工业调整经历阵痛之后期望看到的结果。在发展大型企业的同时，也扩大了日用工业品的生产，以满足居民的日常生活所需，生产对象主要集中在传统手工业和轻纺工业两方面。积极鼓励恢复发展鄂西南地区的经济作物，拥有种类丰富的经济作物是该区域经济创收和发展轻工业的优势。尤其是大宗

---

① 中共恩施州委党史研究室 . 中共恩施简史 [M]. 北京：中央文献出版社，2001：123.

的茶叶、桐油、生漆、烟丝等，都是典型的山地经济作物，具有体积小、重量轻、价值高的特点。工业的调整及时，使得鄂西南地区的大型企业包括民用轻工业都取得一定的发展。与此同时，还将该区域特有的经济作物的生产加工从偏离轨道再次拉入正轨，使其成为后来鄂西南地区最具特色的产业之一。

第三，对商业的调整。鄂西南地区的商业发展受其自然地理环境的影响极为深远，商业的发展速度极其缓慢，直至清末民国时期商业集镇才形成较大规模。后期受到各种因素的影响，忽视了轻工业以及农副产品的生产，导致物资短缺，物价暴涨，百姓日常的基本需要无法得到满足。针对这些客观情况，首先做出恢复市场化的决定，将行政部门与商业企业分离，恢复并建立各级专业公司及农村供销社，并开放集市贸易，以弥补货物短缺和国营经济的不足，从官方调配和民间贸易两方面出发，可以很好地活跃地方经济，也有利于政府的监管和控制。这些措施的实行，有利于鄂西南地区商贸活动的开展，对于缓解市场的供需矛盾，改善居民生活的物质条件，促进各群体的广泛交流，推动当地社会经济发展和文化繁荣都起到了一定的积极作用。

五、动荡的"文革"时期

由于社会处于失序状态，经济建设基本处于停滞阶段。农业方面，表现为制定与国民经济调整阶段完全相反的政策，取消农业多样化发展策略，任意改变所有制基础，脱离生产实际，违背客观规律，对农民的农业生产限制越来越多，挫伤了农民的生产积极性，严重干扰了农业生产的正常秩序。工业方面，将按劳分配的原则肆意歪曲，使得工人的劳动所得大打折扣，工厂的日常管理极其混乱，工人停工停产现象频发，工业产值急剧下降，整个鄂西南地区的工业陷入了萎靡期。商业方面，推翻现行商业制度，导致大量商户或相关商业从业人员被迫离开，使得商业管理混乱，资金账目不明，商品流通不畅，商业利润下滑。不仅如此，还延期或停开民间的集市贸易，导致百姓日常的生产生活必需品出现短缺现象，商业呈现一片颓废之势。

六、改革开放后至今

农业方面，实行农业生产责任制，推行包干到户、包产到户的经营模式。这种模式可以充分调动农民自身的劳动积极性，他们集劳动者、生产者和经营者三种角色于一身,农民充分认识到多劳多得、少劳少得、不劳不得的分配规则。在保证粮食生产的同时,根据鄂西南地处山区的客观条件,积极发展复合型经济模式,尤其是依据山地经济作物的优势,完成粮食作物和经济作物的双丰收,使其可以更好地适应市场需求,进一步激发农业市场的潜力。对于山区农业发展而言,科技的投入和使用是至关重要的,体现在生产效率和乡村变化两个方面。

工业方面,除坚持公有制经济占主导地位的前提下,鄂西南地区鼓励多种经营模式的开展,不论是集体企业还是民营企业或个体工商业,都可以在市场中找到一席之地,并成为公有制经济的有力补充形式。

商业方面,在对国有商业进行改革的同时,也全面放开民营和个体经济,便民利民,恢复城乡集市贸易,让商品自由流通,人员相互交往,如此方可让整个地区充满生机与活力。同时,不断优化经济结构,打造龙头企业和特色产业。国家给予该区域各类资金、技术、人才和政策支持。该区域在自我优化的同时,不断吸引外资,为今后社会经济的进一步发展奠定了坚实的基础。改革开放以后,鄂西南的经济发展有两个方面的变化最为明显:其一,是打工经济的兴起。东南沿海的快速发展以及优质资源的集中性,对鄂西南地区的青壮年劳动力具有极大的吸引力,而鄂西南地区随着人口的逐渐增多,资源的逐渐减少,必然会导致人口的外流谋生,加之交通运输业的快速发展,进一步促使山内劳动力向山外经济发达地区的转移,打工经济在带动区域社会发展的同时,也产生了相应的社会问题。其二,是旅游经济的崛起。鄂西南地区特殊的自然和人文资源,对游客具有天然的吸引性,同时对于基础设施建设、文化宣传和传承、拉动经济、带动就业都起到了积极作用。改革开放后,鄂西南山区的这一进一出,给当地的经济注入了新鲜的血液和源源不断的资本。

第三节　鄂西南民族文化生态区发展时期的社会文化

一、新中国成立初期的社会文化发展

教育作为传播文化的主要基地,各级政府都极为重视,新中国成立初期在培训教师的同时,还鼓励和帮助少数民族学生入学接受文化教育,以提高当地

居民素质。以长阳县为例，1949 年，长阳县还没有一所高中，至 1958 年，有两个高中班开始招生。针对机关干部、乡村干部和农民这些不同群体，进行脱产学习、在职学习和扫盲学习的不同教育形式。为做到生产学习两不误，各单位根据实际情况不断总结经验。为兼顾劳动生产的积极性和业余教育的持续性，采取了"先扫盲、后提高""坚持农闲多学、农忙少学、大忙暂停"的原则，[①]在当地文化教育中取得了很好的效果。在大力普及教育、提高国民素质的同时，文化事业也得到了快速的发展，鄂西南各地修建了许多文化设施，如广播站、报社、文化馆、图书馆、博物馆等，还建立了民族歌舞团，广泛宣传国家有关政策，开展喜闻乐见的民间文化活动。1950 年长阳县建立了新华书店宜昌支店长阳分销处，1952 年改为湖北省新华书店长阳支店，1956 年更名为长阳新华书店；1952 年，建立长阳县文化馆；1954 年，建立长阳第一个电影放映队，1959 年改为电影管理站；1959 年 3 月成立歌舞团；1976 年建立县图书馆。这些文化机构或部门的成立，可以很好地丰富百姓的日常生活，宣传党和国家的方针政策，有利于文化的传承与传播。在 1972 年湖北省组织的文艺汇演中，由长阳县歌舞团创作和表演的一系列节目，得到了与会人士的一致好评。

　　其中有代表性的是歌舞类《清江战歌》、山歌类《一支山歌飞出岩》《丰收调》《工农歌》和话剧《反手锄刀》等。[②]这些文化机构的兴建和教育事业的繁荣发展，使得鄂西南地区在新中国成立初期继承传统文化的同时，也根据时代要求，不断创新文化表现形式，在诗歌、小说、散文、戏曲等多个领域都出现社会主义时期新文化的特点。由于土家族没有文字只有语言，创作和产生符合时代特性的文化产物在一定程度上更加容易。在民间，百姓将新时代的背景加入传统歌谣中去，使得传统民间文化以另一种形式开花结果。新中国成立后，党和政府高度重视鄂西南地区口头文化的挖掘和保存，组织各种力量对其资料进行编辑，让鄂西南地区的口头文化转向文字记载阶段，更加有利于传统文化的继承与传播。

---

　　① 长阳县土家族自治县概况编写组 . 长阳土家族自治县 [M]. 北京：民族出版社，1989：91-93.

　　② 长阳县土家族自治县概况编写组 . 长阳土家族自治县 [M]. 北京：民族出版社，1989：95-96.

二、改革开放后的社会文化发展

文化生态旅游的兴起，给鄂西南地区带来了前所未有的发展机遇，鄂西南地区有着得天独厚的自然生态资源和独具魅力的人文生态，悠久的历史、奇特的风情和神奇秀美的自然景观，这些资源都成为吸引游客的重要前提，也是鄂西南地区大力开展文化生态旅游的保障和基础。文化生态旅游的发展，推动着鄂西南地区内部的文化挖掘和保护，旅游依赖于文化，文化依托于历史，正是旅游的大力开展，让鄂西南地区的传统文化再次焕发出生机和活力。鄂西南地区气候宜人、山清水秀、民风淳朴、民俗独特、自然风光绮丽，各类山、水、洞、穴资源丰富。清江画廊、巴东神农溪、利川腾龙洞、来凤仙佛寺、梭布垭石林、吊脚楼、油茶汤、西兰卡普、跳丧舞、女儿会、民歌节等无处不体现着鄂西南地区丰富的自然和人文资源。在充分挖掘民风民俗的基础上，还将具有区域特色的民族文化进行整理和创新，助力旅游业的发展。为此，鄂西南地区不断完善文化基础设施和公共文化服务体系的建设，培养各类民族文化艺术人才，在基层广泛开展文化艺术活动，重点扶植具有民族地域特色的公益性文化事业。

保护文物古迹，开设专项基金，抢救、挖掘、整理、出版民族古籍文献，举办形式多样的文艺汇演，繁荣地区民间文化生活。先后在来凤、鹤峰、宣恩、咸丰、利川等县市普及和推广摆手舞活动。利川在 2002 年还举办了首届"龙船调"杯民歌大赛。巴东在溪丘湾举办民族文化艺术节，演出了堂戏、皮影、舞狮子、玩龙船等多种具有民族地域风情的文艺节目。恩施还举办了土家族节日活动，并将"牛王节""女儿会""摆手节""州庆"确定为全州四大民族节日。2001 年，为了更好地配合"清江国际闯滩节"，恩施在旅游风景区梭步垭石林举办了土家族女儿会。2002 年，在湖北省民族运动会期间，恩施又在梭步垭举办了一年一度的女儿会，通过山歌对唱、土家婚俗等表演活动，将该区域的自然风光与女儿会的人文景观有机结合在一起，把女儿会打造成为闻名中外的精品节目。为更好地推动文化生态旅游的发展，每年各县市都根据自身的实际情况，举办形式多样的民族文化活动，丰富广大人民群众的日常生活。将具有人文精神的节日活动与自然山水有机结合，通过宣传引导，修建各类民俗建筑和展馆，不仅有利于本民族文化传统的沿袭，更有利于文化生态旅游的进一步拓展，在宣传本民族文化的同时，也进一步提高了中华民族的文化认同。

三、鄂西南民族文化生态保护实验区的设立

国家级文化生态保护区是指以保护非物质文化遗产为核心，对历史文化积淀丰厚、存续状态良好，具有重要价值和鲜明特色的文化形态进行整体性保护，并经文化部批准设立的特定区域。设立国家级文化生态保护区，以非物质文化遗产为核心，加强文化生态保护。这对于推动非物质文化遗产的整体性保护和传承发展，维护文化生态系统的平衡和完整；对于提高文化自觉，建设中华民族共有精神家园，增进民族团结，增强民族自信心和凝聚力；对于促进经济社会全面协调和可持续发展，具有重要的意义。有鉴于此，各地根据自身情况，积极申报国家级文化生态保护区。鄂西南地区在漫长的发展历程中形成了有别于其他地区相对独立的文化生态系统。南戏、堂戏、灯戏、傩戏、柳戏五大民间剧种，恩施扬琴、南曲、土家三棒鼓、满堂音等民间曲艺，长江峡江号子、薅草锣鼓、摆手舞、撒叶儿嗬等民间歌舞，寇准的故事、廪君传说等民间文学，"哭嫁""恩施土家女儿会"等特色民俗，土家吊脚楼建造、来凤漆筷制作、恩施玉露制作技艺等民间技艺繁多。经过多方努力，武陵山区（鄂西南）土家族苗族文化生态保护实验区终于在2014年8月设立，鄂西南是武陵山区土家族苗族文化生态保护实验区的一个有机组成部分①，也是一个自成一体、独具特色的亚区域。其主要特点集中表现在四个方面：

第一，巴巫文化。从原始社会新石器时代开始，孔武强悍的巴人在清江流域开疆拓土，在以巴巫山地为核心的长江上游建立了中国历史上最早的邦国——巴国，其势力范围一度囊括今川东北、渝全境、鄂西南、鄂西北、湘西北以及陕西、贵州的部分地区。公元前316年之后，巴国都城江州（今重庆市区）及周边地区被秦所据，巴国灭亡，大批巴人再度流徙到清江流域和武陵山地，成为秦汉时期的"酉水蛮""溇中蛮""武陵蛮""五溪蛮"，其人事史迹经过上千年的尘封土埋，烟锁雾迷，到了宋元时期，渐渐演变成自称为"毕兹卡"的以强宗大姓实行土司治理的土家民族。尽管从巴人的突然消失，到土家族的神秘现身，其间遥遥千年，隔着令人难以想象的时间黑洞，但祖宗情结、白虎图腾、女性崇拜、狩猎遗风、洞穴文化、原始的巫性思维等，仍隐约张扬着一个血性民族对生命

---

① 武陵山区土家族苗族文化生态保护实验区，一共由三个亚区域共同组成，分别是2010年5月批复设立的湘西片区，2014年8月批复设立鄂西南片区和渝东南片区。

的强劲告白、对死亡的狂野抗拒。从巴文化遗存的表现形式来看，虎钮錞于、巴氏兵器、白虎庙、吊脚楼、西兰卡普以及各种工艺等，可以说是文化的物质外壳。但巴文化最主要的形态是一种精神遗存，如幽洞为庐、结草而居的习性，"伐鼓祭祀，叫啸兴哀"的礼俗，崇尚鬼神、厚死薄生的心理机制，能歌善舞、敢爱敢恨的生存表象等。有学者认为，北起大巴山，中经巫山，南过武陵山，止于南岭，是一条又长又宽的文化沉积带。东边大平原和西边大盆地上的许多古代文化痕迹都被历史的洪流冲刷得一干二净，但是在这条文化沉积带里还较为完整地保留着，如古代的歌腔、语音和巫风等。

第二，土司文化与文人文学。鄂西南清江地区的土司制度，起于元二十年（1283 年），即元世祖忽必烈授叉巴（今宣恩县境内）峒主向世雄为安抚使，止于清雍正十三年（1735 年），即雍正帝下诏在鄂西南地区全面推行"改土归流"，时间跨度近 500 年，文化和教育在这一时期得以发展壮大。到了清初，鄂西南土司地区的书屋、学馆、戏楼、亭台、庙宇寺观等更是如雨后春笋，汉剧、青阳戏、昆曲、秦腔、苏腔、梆子腔等随处可闻。土司上层人物博洽文史、诗文酬唱、著书立说蔚然成风，特别是容美田氏家族文学，凭《田氏一家言》这部皇皇巨著，赫然构成我国少数民族人文画廊中一道极其壮美的文学风景线。《田氏一家言》，是清康熙十八年（1679 年）容美土司司主田舜年编纂而成的一部家族诗歌总集，分为 12 卷，共录诗 3000 多首（今存 380 题 524 首）。这些诗歌，包括明万历到清康熙将近 200 年的时间内，容美土司田氏家族连续六代人中九个大诗人的部分诗作。土司地区的山川景物、瑰奇风光、人情风俗、民族的盛衰兴亡、国事的云腾雾迷、个人的苦辣酸辛、文化的交融冲撞，是田氏诗人们诗作的基本主题，有着十分重要的学术价值与艺术价值。

第三，物质遗存。鄂西南土家人与洞穴堪称相依为命，生死与共。200 多万年前原始直立人的骨骼化石，就是从建始巨猿洞发掘出来的。巴氏五姓部落最早定居的赤穴、黑穴，是土家族的族源所在。巴人的征战迁徙，土家族强宗大姓的安营扎寨，也多以洞穴为根据地，故被历代封建王朝蔑称为"峒蛮"。因此，鄂西南的洞穴，大多充溢着人文气息，弥漫着历史烟尘。除历代穴居遗存外，鄂西南还有若干古寨堡、古街衢、古村落、古寺观的遗存，其中部分保存完好，或得到较为完备的修缮。如恩施市的柳州城南宋军事寨堡、明代老城以及连珠塔、滚龙坝古村落，咸丰县的唐崖土司皇城遗址、严家祠堂，来凤县的仙佛寺千年古刹与摩崖石刻，鹤峰县的平山土司爵府遗址、五里坪老街，建始县的朝阳观、石柱观，巴东县的旧县坪宋城遗址、秋风亭等。来凤仙佛寺摩崖石刻已被风雨洗涤1670余年，比敦煌、云冈、龙门三大石窟均要早，是我国南方特别是土家族地区最大的佛教圣地。平山土司爵府和唐崖土司皇城，其建筑典雅堂皇、工艺精湛，不仅于洪荒草莽间默诵着土家先民的往日雄风，还张扬了他们深邃的建筑工艺与文化蕴涵。清江沿途的若干古渡口，如今已淹没于千里长湖的波光中；施巴盐道、施万盐道、施宜古道、施鹤古道，那些被盐渍与汗水浇筑的青石板、石子路、之字拐，如今已被茂密的蒿草覆盖，但仍有零星的兽蹄鸟迹、风雨凉桥、石拱桥、栈道榫孔，昭示着曾经的手攀足登，曾经的苦辣酸辛。鄂西南山地，历史上是广袤中原通往大西南云贵高原的要冲，是江汉平原通往四川盆地的捷径。那一脉脉古代劳动人民生存、发展与抗争之路，穿越千载的贫穷与凄凉，到了今天，全部熔铸成博大精深的物质文化，长纤般紧紧拽住从古代巴人到当代土家民族代复一代的求索历史。

第四，非物质文化。透过历史典籍的记载，我们知晓，清江民间文化的魅力不仅古已有之，而且独具特色。如殷商末年的"巴人踏啼之歌"，战国初期的"下里巴人"俚歌、巴渝舞，唐宋时期的"竹枝词"等等，均曾在巴人历史文化的天空流光溢彩。屈原的《九歌》，几乎全是套用巴人祭祀乐歌，这是用汉语进行再创造的结晶，其内容涵纳着巴人民间传诵已久的人物故事。《山海经》里的若干奇闻轶事，也可在巴人后裔的民间传说中找到最原始的版本。巴人竹枝词，多以托物咏怀的方式寄寓男女爱情，辞采艳丽，缠绵悱恻，节奏纤徐舒缓，意境清新明朗，便于套用民歌的曲腔进行歌唱。它不仅与土家族民间文学中的丧鼓歌、摆手歌、哭嫁歌、薅草锣鼓歌的"血亲"关系十分密切，而且因顾况、刘禹锡、白居易、黄庭坚、陆游等唐宋名诗人争相模仿创作，将巴域民间的竹枝词推向文人文坛，极大地丰富了唐宋诗歌的表现形式。发现于酉水流域的《摆手歌》《创世歌》、神农架地区的《黑暗传》、清江流域的《龙船调》《柑子树》《黄四姐》《六口茶》《对门对户对条街》等，在追索生命起源方面有着惊人的异曲同工之妙。这些歌本，通过传唱的方式，不仅对巴民族的起源有所揭示，而且对巴人历史上的迁徙史有着形象而生动的反映。各部分内容既有内在联系，又有相对的独立性，其神秘传奇的色彩隐约勾勒出巴人的精神轨迹。源于鄂西南山地的剧种，诸如傩戏、堂戏、灯戏、南戏、柳子戏、土家背鼓、鹤峰围鼓、建始丝弦锣鼓，以及吹唢呐、吹木叶等奇特的乐奏方式，也凭着其古朴新奇的艺术感染力和适应时代的文化表现形式，将传统曲目推向了更为广阔的文化领域。

本章小结

　　新中国至改革开放阶段的社会文化是受政治因素影响较大的阶段，国家将各项制度在鄂西南地区进行推广和实行，并不断提升区域群体的身份意识，区域群体也在具体的实践中不断紧跟国家政策，各群体之间的互动更加频繁多样，国家的在场不断将鄂西南民族的区域性文化整合到社会主义新文化之中，这一时期的文化表达紧扣时代精神，具有鲜明的时代特征，鄂西南地区的社会文化也进入新的发展时期。改革开放后，国家在鄂西南地区大兴基础设施建设，广泛建立学校，吸引外资，创设工厂，不断优化产业结构，打造绿色龙头企业，山地经济文化模式被不断强化，主体意识不断增强，市场经济的繁荣和发展，不断促进第三产业的发展壮大，尤其是旅游业发展迅猛，带动当地民众更加注重本土文化的挖掘和保护利用。科技的不断发明和使用，让山地不再是不可逾越的障碍，航空、铁路、公路和航运的快速发展，加快了人流、物流、资金流、信息流的流动与互通，鄂西南民族地区的发展进入快车道。但不可否认的是，较其他地区而言，鄂西南民族地区的社会经济发展起步晚、起点低，仍处于速度慢的阶段。区域的地理位置不可变更，但区域内的各项资源可以进行整合利用，山地孕育了人类的早期文明，在今天成为了都市人群的向往之地。鄂西南地区的民众在国家的大力支持下，应继续保持自己的特色，在市场经济的大环境之中走出一条属于自己的绿色之路。

第七章　鄂西南民族文化生态区的特征价值

鄂西南地区的民族居住于内陆腹心地带，特殊的地理位置和自然环境以及在漫长的历史长河中不断地与周边群体进行交流融合、演变传承而产生了具有鲜明特色的区域性民族文化。首先，鄂西南地区的很多文化事项都保留在民俗活动中，并通过民俗活动得到充分的体现，民俗活动成为鄂西南地区文化生态传承创新的一种重要方式。其次，鄂西南地区的文化生态有着十分广泛的群众性。反映区域内民族社会生活的神话、传说、故事广泛根植于民间，这些群众喜闻乐见的社会活动成为体现民族文化的重要形式和传播区域文化的重要渠道。再次，鄂西南地区早期受到巴楚文化的影响较多，改土归流后，汉文化影响力逐渐扩大并持续至今。在南方民族群体中，鄂西南地区的民族与华夏文化在地理位置上最为接近，是与中原华夏文化接触时间最早、关系最好的民族之一。

第一节　鄂西南民族文化生态区的特征

一、民族性

鄂西南地区的土家族是聚居在湘鄂川黔边区的土家族的一部分，是古代巴人一支的遗裔。古代巴人在春秋时期及以前，多活动于江汉平原一带。春秋后期楚国逐渐强大，巴楚在争夺江汉平原的斗争中落败，巴人被楚国赶出江汉平原，经夷水，转移到今鄂西南及渝东地区。据《后汉书·巴郡南郡蛮》载："巴郡南郡蛮，本有五姓：巴氏、樊氏、曋氏、相氏、郑氏；皆出于武落钟离山。其山有赤、黑二穴。巴氏之子生于赤穴，四姓之子皆生黑穴。未有君长，俱事鬼神；乃共掷剑于石穴，约能中者，奉以为君。巴氏子务相乃独中之，众皆叹。又令各乘土船，约能浮者，当以为君。余姓悉沉，唯务相独浮。因共立之，是为廪君。乃乘土船，从夷水至盐阳。盐水有神女，谓廪君曰：'此地广大，鱼盐所出，愿留共居。'廪君不许。盐神暮辄来取宿，旦即化为虫，与诸虫群飞，掩蔽日光，天地晦冥。积十余日。廪君伺其便，因射杀之，天乃开明。廪君于是君乎夷城，四姓皆臣之。廪君死，魂魄世为白虎。巴氏以虎饮人血，遂以人祠焉。"从巴人自江汉平原南迁，廪君顺夷水西迁的情况来看，五姓部落只是江汉平原南迁的部分巴人。巴人在江汉平原被楚国打败后，逃到武落钟离山，尚他们无领袖，经过一系列的比试之后，巴务相被推为领袖，是为廪君，廪君率五姓巴人沿夷水向西迁移，廪君称君夷城后，其势力不断向渝东拓展，并重建巴国。夷城故地，仍属巴国辖地，现在鄂西南地区还发现了大量古代巴人的生活遗迹，出土了一批古代巴国文物，最为典型的是巴氏剑和巴氏矛钲等，均为古代巴人使用的军事器具。

鄂西南地区有巴蔓子墓及巴大栅王墓。相传古代巴国有将军巴蔓子，为了保卫国土的完整而牺牲自己，死后葬于都亭山。晋人常璩在《华阳国志·巴志》中记载："周之世际，巴国有乱，将军巴蔓子请师于楚，许以三城。楚王救巴，巴国既宁，楚使求城，巴蔓子曰：籍楚之灵，克弥祸乱，诚许楚三城，将吾头往谢之，城不可得也。乃自刎头授楚使。楚王乃以上卿之礼葬其头，巴国亦以上卿之礼葬其身。"嘉庆《恩施县志》："巴墓在城南二里，昔有巴大栅王世葬于此，历年虽多，垒垒可辨。"鄂西南地区至今还有很多纪念巴人的地名，诸如长阳的清江流域便有巴山、巴山峡、巴山坳、白虎溪、白虎垅等几十处。恩施城南有一条巴公溪，经巴大栅王墓前流入清江。鹤峰的北佳乡有一山名为巴子山。这些山名、水名、地名都是追忆古代先民而命名的。从这些遗迹来看，可以说明鄂西南地区在春秋及战国中期均属于巴国，到公元前 361 年，楚国兼并此地，改属巫郡。

巴国于周慎靓王五年（公元前 316 年）为秦国所灭。《后汉书》载："秦惠王并巴中，以巴氏为蛮夷君长，世尚秦女，其巴氏爵比不更，有罪得以除爵。"这说明秦吞并巴国后仍然以巴氏为君长，秦王还对巴君、巴民的岁赋做了具体规定，可见一部分巴人仍在这块土地生活着，并且还有所发展。《文献通考》载："在峡中巴梁间者，廪君之后也"；《蛮书》载："巴中大宗，廪君之后也。"廪君之后泛指巴人之裔。鄂西南地区在秦代属巫郡，在三国、两晋、南北朝的三百余年间，均属于建平郡。峡中先后在巫郡及建平郡范围内，故峡中巴梁间的巴人与鄂西南地区的巴人是一个整体，同属廪君五姓之裔。廪君蛮主要在清江流域活动，是鄂西南地区的主要先民之一，廪君的直接遗裔——鄂西诸蛮在历史上被称为"巴蛮""建平蛮""施州蛮""土蛮""酉水蛮""溇中蛮"等。这些"蛮"人中的田、暯、向等姓氏与廪君五姓有着一定的渊源关系。同治《长阳县志》载："廪君世为巴人主，务相，其开国有功者……但土语之讹相为向耳。供廪君神像，世俗相沿，但呼为向王天子。"

留居在鄂西南清江流域一带的巴人，在繁衍生息的过程中，由于长期经历战乱和流徙，逐渐形成自身特有的独立群体生存奋斗意识和相应的心理素质。由于鄂西南山区的大山阻隔，交通闭塞，加之历代封建王朝尤其是宋元以前的民族隔离政策，以巴人为主的土著民族与外界在相当长的历史时期基本处于区隔状态，巴人的文化习俗在这里得到传承和演进，形成了自身的语言、信仰和文化习俗。由于封建王朝对鄂西南长期实行羁縻政策，地方统治者与土民大多是同一民族群体，使得民族语言、风俗习惯以及民族心理素质得以长期保存。古代鄂西南境内居住的其他群体，以及后来迁入的少数汉人长期在共同的地域内过着经济生活，在巴人的统治下，这些外族人逐渐与巴人融合。这种独特的融合体，自称为"毕兹卡"或"贝京卡"，他称为"土蛮""土丁"，这种称谓自宋代开始，"土"有土著之意，可以适用于任何地区，但生活在湘鄂川黔边境的"土人"，则逐渐将其作为民族的专称。改土归流后，迁入的汉人较多，他们称土人为"土家"，土人称迁入的汉族为"客家"。"土家"这一称呼，成为毕兹卡或贝京卡人的专有族称。综上，至唐宋时代，土家族体已经逐渐形成了相对稳定的局面，成为了一个稳定的独立族群。族群的分化与融合是社会文化转换的基础，巴人是鄂西南地区土家族的主源，但其遗裔是否为土家族的主体，还存有一定争议。但不可否认的是，巴文化的底色是构成鄂西南地区民族文化的重要组成部分。

在鄂西南民族文化生态区内，土家族苗族文化有侗族、蒙古族、白族、回族、瑶族等民族文化的嵌入，还有汉族文化的包裹与渗透。经过长期的历史发展，在鄂西南地区最终形成了多民族和谐共生的文化生态格局。

二、多元性

鄂西南地处我国腹心地带，从历史上看，周边分布有四大文化区，分别是东部江汉平原的楚文化区，西部成都平原的蜀文化区，北部关中平原的秦文化区以及南部山地少数民族文化区。鄂西南地区的民族文化生态的形成与发展，离不开周边历史文化的浸染和群体互动的影响。鄂西南地区的民族文化生态早期主要是受到东西走向的巴蜀文化区和荆楚文化区影响较多，在鄂西南地区出土了大量巴文化物件和少量楚文化物件，巴歌、巴渝舞、巴人的农耕文化和尚武精神、楚的漆艺等文化要素都在鄂西南地区得到了传承。这给早期鄂西南地区的民族文化生态打上了深刻的巴楚烙印，并持续至今。随着楚国的落寞和秦国的崛起，鄂西南地区的文化生态开始逐渐受到来自南北走向的北方中原文化的影响。特别是在唐宋时期，中原地区的农耕文化开始进入此地。改土归流之后，中原文化与当地民族文化发生了空前的碰撞和交流，在强大的中原文化的冲击面前，鄂西南地区的民族文化并没有解体，而是保持着旺盛的生命力，这是鄂西南所处的特殊地理环境和周边文化的影响所造成的。一方面，鄂西南的特殊地理位置为其较早地、广泛地、经常地接触中原文化创造了条件。另一方面，鄂西南地区的民族文化生态在产生和发展的初期，受巴蜀文化和荆楚文化的影响极深，这种多元复合型的文化生态已经成为鄂西南地区本身的重要特征之一。

其一，楚文化的渗透。鄂西南地区在古代地处楚文化的西界，许多楚人曾进入这一区域，并逐渐融合到当地族群之中，因此鄂西南的文化生态因子中保留有楚文化的要素。楚人以祝融为其始祖。《国语·郑语》："夫黎为高辛氏火正，以淳耀敦大，天明帝德，光照四海，故命之曰祝融，其功大矣！"这里所言的祝融又为高辛氏火正，即火官，其死后之灵即为火神。《国语·周语》言："昔夏之兴也，融降于崇山，其亡也，回禄信于聆隧。""回禄"是火神的别称，赐福于人间的火神称祝融，降祸于人间的火神则称回禄。由此可知，在楚人的原始信仰中，始祖祝融实为集日神与火神之职于一身的大神。而日与火是原始人类赖以生存的必要条件，它们给人类带来了温暖和光明。鄂西南地区民众的太阳神与火神崇拜与楚人崇火尚赤的信仰密切相关。楚人以祝融为始祖，认为自己是太阳与火的传人，十分崇拜太阳和火神，进而崇尚红色。楚人崇火尚赤的信仰在鄂西南地区得以延续，并演变为太阳神和火神崇拜。鄂西南地区家家设有火塘，火塘正中安放着三脚架，被认为是火神的象征。同时，鄂西南地区的百姓还世代流传农历 11 月 19 日为太阳的生日，要在这一天给太阳贺诞辰，并举行一系列祭祀仪式，其中以"迎太阳""祝太阳""送太阳"祭颂之词为主，虔诚祷告后，才开始进行劳动生产。

鄂西南地区的民众对凤鸟的崇拜在一定程度上也受到楚人图腾崇拜的影响。《山海经·海内经》载："丹穴之山……有鸟焉，其状如鸡，五采而文，名曰凤凰……是鸟也，饮食自然，自歌自舞，见则天下安宁。"上述所言，其地在楚境，其意为凤鸟对楚人的保护作用。鄂西南地区的百姓在举行"摆手祭祖"的仪式中，便高举着绣有龙凤的旗帜，进行"摆驾闯堂"。闯堂时，龙凤两队的旗手先用旗帜相互绞缠，以卷走对方手中的旗帜为胜，胜者将获得先进神堂祭祖的权利。这一民俗事像很有可能是远古不同图腾部落在汇合熔铸过程中对抗冲撞的一种文化痕迹，且摆手舞的主要目的在于祭祀祖先神祇，尤其是祭祀始祖与远祖，而在这种祭祀仪式中，高举龙凤图腾标志之旗，无疑表明鄂西南人民对远古图腾神"巴蛇"与"凤鸟"的追怀之意。

《荆楚岁时记》言："五月，俗称恶月，多禁，故而以艾草悬门，菖蒲泛酒。"同治《来凤县志》载："五月五日，悬艾叶、菖蒲于门，饮菖蒲、雄黄酒，以雄黄点小儿额及手足心，云辟疫。采百草煎汤澡洗，曰辟疮疥。捣蒜和雄黄水遍洒门户及墙阴，曰辟蛇虺……，俱竞渡龙舟，十五日尤盛。"上述民俗事项的形式、内容以及动因，都与楚人的风俗十分接近，带有明显的楚人流风余韵。

其二，濮人文化的遗承。徐中舒在《巴蜀文化论》中指出："巴濮的统治部族同为廪君之后。巴濮本为两个部族，因为长期杂居而逐渐成为一族。"邓少琴在《巴史探索》中认为，"古代巴濮联称，濮散步最广，故在汉世南中地区多称濮而少言巴，盖称濮即包括巴也。"巴濮在长期的共同生活中，相互影响，互相融合，创造了许多相同或相近的民族文化。鄂西南地区的婚姻习俗继承了濮人的遗风。直至1949年，恩施、宣恩、鹤峰交界之地每逢春秋两季都要兴办"女儿会"。姑娘们成群结队到预定的山野唱歌、野炊、露宿，与小伙们歌声相恋，俗称"放敞"，任何人都无权干涉。清人竹枝词对此曾有记载："映山红放女儿忙，岭上挑葱菜味香。歌唱相恋凭木叶，姣音吹断路人肠。"这种以歌为媒的婚恋习俗，使得濮人婚恋习俗遗风得以在鄂西南地区传承。

濮人的丧葬形式多样，有悬棺葬、停丧、乐丧等。悬棺葬即将棺木置于悬崖之腰，凿石插木桩以搁之，或置于悬崖上的石洞之中。停丧则指人死后，其尸须停放于村郊山野数年之后，再拾其骨，葬于悬崖之腰。乐丧则言其丧葬之仪式，亲人不举哀，反于灵堂击鼓歌舞以乐之。其中乐丧之俗，鄂西南地区俗称"跳丧"，本地语为"撒尔嗬"。唐人樊绰《蛮书》载："除丧，鼓以道哀，其歌必号，其众必跳，此乃白虎之勇也。"《隋书·地理志》言："其左人……始死，置尸馆舍，邻里少年，各持弓箭，绕尸而歌，以扣弓箭为节。其歌辞说平生之乐事，以至终卒。大抵犹今之挽歌也。歌数十阕，乃衣衾棺敛，送往山林，别为馆舍，安置棺枢。"随着时代的进步和社会的发展，鄂西南地区的丧葬习俗不断变迁，但其与濮人丧葬文化的渊源是一脉相承的。

椎髻是古濮人与百越集团断发文身习俗的明显标志。鄂西南地区旧时亦盛行椎髻习俗，无论男女老幼，均不戴帽笄头，至多偶有用白布帕或青布帕蒙于头上或缠于头上，这也只是改土归流后日渐易移的新俗。濮人居于黄河中下游的濮水流域，地势低洼潮湿，多沼泽，多毒蛇猛兽。为避湿气及毒蛇猛兽的袭击，据《魏书》卷一零一载：濮人及其后裔民族"依树积木，以居其上，名曰干栏，干栏大小，随其家口之数"。在鄂西南的居住文化中同样也保有濮人的文化遗风。以干栏建筑为例，干栏的特点是楼分两层，人住楼上，楼下堆放杂物或圈养家畜，当地人称之为"吊脚楼"。此种木楼或建于山间崖旁，或建于河畔平野，多为九柱落地，横梁对穿，楼台悬空，飞檐上翘，楼台分上下两层，独有绕楼的曲廊上一排木柱悬于空中，故称之为"吊脚楼"。

其三，巴文化的遗继。廪君时期的巴人，以白虎为图腾。"廪君死，其魂魄世为白虎，巴氏以虎饮人血，逐以人祠焉。"以人祀虎的巴人图腾信仰，在鄂西南地区仍有遗留。同治《来凤县志·风俗》载："五六月，雨阳不时，虫或伤稼，农人共延僧道，设坛诵经，编草为龙，从以金鼓，遍舞田间以祀之，迹迎猎祭之，祭虎之遗风也。"土家族梯玛作法事时，亦往往"开血口"，以血祭白虎神；土家族织锦中有一种图案称"台台花"，其形呈虎形；在出土的大量兵器和乐器中，也有大量虎的纹饰和图案，可见虎图腾崇拜在鄂西南民众心中是十分深刻的。

摆手舞是巴渝舞的流变，巴渝舞是摆手舞的前身。巴渝舞是巴人的战争舞蹈，具有激励士气、振作精神、恐吓敌方的作用。唐人杜佑在《通典》卷一四五中记载：巴渝舞分四部，"有矛渝、安台、弩渝、行辞，本歌有四篇，其辞既古，莫能晓其句度……阆中有渝水，賨民多居水左右，天性劲勇，初为汉前锋，锐气喜舞，帝尝曰：此武王伐纣歌也。乃令乐人习学之，今所谓巴渝舞也。"旧时此舞的表演多是在战斗之前，巴渝舞的表演一般要披甲执盾，以鼓锣伴奏，且舞者须唱巴歌，其舞姿多为征战中的击杀劈刺动作。巴渝舞进入宫廷后，发生了许多变化。《晏公类要》载："巴人好踢踏……伐鼓以祭祀，叫啸以兴哀，故人号巴歌曰踏蹄。"鄂西南地区的摆手舞至今保留着古代巴渝舞的征战、歌号、鼓乐和引牵连手等方面的特色。摆手舞中渗透着巴人的文化要素，如：披五花被，锦帕裹头，这种装饰实为巴渝舞中披甲戴盔的衍变形式；击鼓鸣铳与巴人伐鼓击金如出一辙；男女相携、翩跹进退与巴渝舞中相引牵连受的形式亦十分相似；载歌载舞与巴渝舞中叫啸歌号也完全相同。只是巴渝舞主要用于军队，而摆手舞则重在祭祀，这种变化是由民族生存环境的变化所致。需要关注的是，摆手舞中至今仍有"比摆"一节，须持长矛、木棍，作战斗姿态，这可以从侧面说明鄂西南地区土家人的摆手舞确为古代巴渝舞的一种衍化形式。

其四，汉文化的熏染。从地理空间看，鄂西南地区与汉族地区毗邻，汉文化的传播对鄂西南地区的影响几乎遍及各个领域，包括宗教信仰、语言文字、道德伦理、经济生活、文学艺术、民间习俗等各个方面。从历史发展来看，自秦朝开始，巴人地区便已成为中央版图的一部分，汉文化与巴文化的交融不断加强。在唐宋时期的羁縻州制度下，朝贡和回赐的交流形式使得先进的物质文化大量传入鄂西南山区。明代以后，大量山外移民进山，充当了传播先进物质文化的使者。但在改土归流前，由于土酋豪强长期的家族统治，形成自身相对独立的宗法制度和道德观念，精神形态的文化在鄂西南地区土汉之间的文化交流中则长期居于次要地位。相反，明初汉民大规模移往鄂西南山区之后，年深日久，被封闭在山中，难以与外界频繁沟通，他们受到鄂西南地区风俗习惯的影响，在精神文化方面出现本地化的趋向，汉民的身份由文化交流中传播先进文化的使者转变为文化交流中土家精神文化的接受者。物质文化和精神文化交流的程度不同，表现为物质文化的交流涉及鄂西南地区的各个阶层，而精神文化交流则主要局限于鄂西南地区的上层精英。改土归流后，汉族流官大力推行中原农耕生产方式和生产技术，并不遗余力地移风易俗，加快了鄂西南地区文明发展的进程，同时呈现出区域性的文化交流特征。

三、原生性

鄂西南地区位于我国东西南北的交汇之处。西部为蜀文化区，东部为楚文化区，北部为汉中文化区，南部为云贵高原文化区。历史上这里是入川和进入大西南的通道，今天是中部发达地区与西部欠发达地区的结合部，以及西部大开发的最前沿。由于独特的地理环境和显要的地理位置，这里成为重要的"文化沉积带"和"文化聚宝盆"，文化积淀深厚，保留了许多文化的原生态形式，诸如茅古斯、傩堂戏、撒尔嗬、摆手舞等，都是鄂西南地区先民留下的宝贵文化遗产，对我们认识早期的生活和社会面貌具有活化石般的价值。其中茅古斯在古代便具有戏剧雏形，可以说是中国戏剧最早的萌芽之一。经过漫长的演变，社会形态已经发生了翻天覆地的变化，而茅古斯既未发展成为一个单独的剧种，又未随着历史的变迁而消失或失传，始终保持着原生形态，这种原生状态与茅古斯本身的功能和所处的区域环境有极强的关联性。

首先，茅古斯的产生与土家族先民的生产劳动紧密相关。茅古斯的社会功能大抵与摆手祭祀活动相一致，为了缅怀祖先的艰苦创业，为了教育子孙勿忘根本，当地民众便利用每年摆手活动的机会，重现土家族先民的生活。先民们是将茅古斯视为一种教育工具，其表演内容随着时代的变化有所增多，亦渗透了演出时代的思想意识，成为了人们实现一定功利目的的工具和手段，但是并没有把它作为一种审美娱乐的艺术表现形式，因而没有主动地从审美的艺术角度去进行改造和发展，故其总体未有质的变化。长期以来，茅古斯的表演形式比较固定，内容基本上反映的是古代鄂西南先民的生产生活，其形式被保存了下来，但也限制了茅古斯的进一步发展。

其次，茅古斯表演依附于摆手活动。茅古斯的产生不会早于摆手活动，而是从摆手歌舞中派生出来的，并且最终未能脱离母体而独立存在，它的发展流传受到摆手活动的直接制约。摆手活动每年只有一次或是几年才有一次，表演机会较少。戏剧是一种群众艺术，需要不断演出并得到观众的参与改造和帮助，才能有所发展。茅古斯既不能单独表演，每年一度的演出最多只能起到保存节目的作用，无法提高，更无法发展。这种对摆手活动的高度依附，使茅古斯只能停留在信仰民俗的游艺活动水平，不能发展成独立剧种。

再次，茅古斯是鄂西南地区特有的原始艺术表现形式，它产生于鄂西南地区，流传也局限于鄂西南地区，因此社会物质条件限制了茅古斯的发展。古代鄂西南民众居住地是土酋格局、地广人稀的大山区，劳动艰苦，谋生不易，人们不可能经常聚集起来演戏或看戏。待到封建经济有所发展，商业逐渐繁荣、集镇增多，人们对文化生活有更高要求的时期，小调、曲艺和地方剧种已传播到鄂西南地区的城镇与乡村，成为鄂西南地区民众喜爱的文艺形式。在这种特殊的人文环境和自然环境中，茅古斯较少地受到社会变革的影响和时代潮流的冲击，古老的茅古斯越发受到冷落，"凝滞"现象也就成为一种必然。

茅古斯的原生性特点对于客观认识鄂西南地区的历史发展演变过程，有着极其宝贵的价值和意义。茅古斯客观记录了鄂西南地区社会历史的演进及生产力和生产方式的发展变化，保留了千百年来民族文化的积淀，传递着变化更替的社会形态在人们心理意识上的印证和文化交流对鄂西南社会的文明渗透。

傩堂戏是我国最古老的地方剧种之一，有中国戏剧"活化石"的美誉。傩堂戏作为远古先民的原始宗教，是在祭祖活动的原始歌舞基础上产生的。早期受到中原文化特别是巴楚文化的直接影响，后期在元明清小戏发展高潮中，又受到了其他戏剧的影响，才逐渐成为独具特色的一种民间戏剧形式。鄂西南地区傩堂戏的源流除了古籍文献记载外，民间传说也有很多。这些传说多与祖先崇拜和巫舞文化有关，内容主要是傩神爷爷和傩神娘娘繁衍人类。求祖先降福，于是便有了酬神、娱神的各种仪式活动，这些仪式活动逐渐演变发展成鄂西南地区的傩堂戏。傩堂戏的发展过程是先经历二傩、傩舞，然后再产生傩戏。傩舞源于遥远的人类蒙昧时期，它在漫长的历史进程中由原来的祭祀仪式，逐渐增加了祈求人兽平安、五谷丰登，以及缅怀祖先、赞颂智慧、劝人去恶从善和传播生产知识等内容，渐次形成兼备宗教和娱乐性质的祭祀风俗歌舞，成为一种古朴的民间艺术。傩堂戏便是在傩舞的基础上，增加了故事情节和人物关系，并吸收了诸种戏剧因素。

傩堂戏的传承方式是口传面授、家传与师传相结合。傩堂戏的主要内容是傩堂正戏，老艺人将正戏分为上洞、中洞和下洞三部分。其中"上洞"部分是为了请神还愿；中洞部分的表演反映了鄂西南地区群众的审美要求和审美情趣；下洞部分是神、仙、道化戏。除"三洞"正戏之外，还有一些古老的傩堂戏剧目，但表演的主要装束和内容都带有早期的神秘色彩。傩堂戏的表演形式，包括歌舞、说唱和戏曲三种类型，是一种祭祀仪式与戏剧表演相结合的艺术形式。它的仪式是通过歌曲戏剧完成的；而在戏剧表演中又夹杂着还愿祭祀的内容，可谓戏中有祭，祭中有戏。这种艺术特征在一定程度上体现了表演艺术由祭祀、歌舞和说唱向戏剧演变过程中的原始面貌。

傩堂戏的戏剧艺术对后来戏曲的发展有过重大的影响。例如：面具的演化和帮腔的特色，对后来许多戏曲的影响都极为深远。傩堂戏的原始形态，经过千百年的长期积淀，反映了鄂西南人民的文化意识和心理特征。这种文化意识和心理特征被有机融汇在师牌飘拂、牛角嘶鸣的还愿仪式之中，有的则被雕塑在五光十色、千奇百怪的脸壳之内，有的混杂于光怪陆离、闻所未闻的原始礼仪之中。众多富有原始色彩的内容和艺术特色，为今天我们从事戏剧演化史、民族形成史、社会生活史等方面研究，提供了可供参考的对象。祭戏不分的表演、迎神逐疫的舞蹈和夺目传神的面具等，都直接承袭于远古的傩戏及其他歌舞。傩戏今天仍然较为完整地保留在鄂西南地区的群众生活之中，不仅有世代传袭的法器道具，有神秘旷古的神案背景，也有栩栩如生的彩雕面具，这为我们今天能看到中国戏剧发展初级阶段的某些原始面貌提供了个案样本。因此，傩堂戏被称之为中国戏剧史上的"活化石"。

四、交融性

在明代以前，鄂西南地区的迁入者明显少于迁出者。特别是明初大量涌入的鄂西南山区外来移民，基本上也是被封闭在山中，难以与外界交流沟通，他们在很大程度上了受到鄂西南当地风俗习惯的影响，出现了"化汉为土"的趋向，这与其人口数量和当地的经济生产方式有着密切关系。改土归流以后，随着移民人口数量的暴增，当地的人口结构和文化生态发生了彻底的改变，出现了"化土为汉"的趋势。前后不同阶段的变化，反映了土汉之间交往、交流、交融的发展轨迹。

鄂西南的来凤、鹤峰、利川、咸丰、宣恩、恩施、巴东、建始、五峰、长阳等溪峒地方，古代便有不同于诸夏的少数民族居住。到唐宋时期，鄂西南的区域民族共同体已经基本形成，土汉之间的交往越加频繁。唐代中央朝廷曾在鄂西南设立清江郡，但在较长的时间内其州郡多带有羁縻性质。五代之际，鄂西南大部分地方先后为前蜀、后梁、后唐、后蜀等所据有，而为后蜀地的时间较长。唐至五代，汉族商贾曾经深入鄂西南山区，收购"溪货"，也有汉族手工业者入山采集土特产品，运往汉区，把汉区的各种生产农具、生活用品，运往溪峒。土汉百姓之间互通有无，对促进山区的生产生活是极为有利的。至宋代，朝廷袭用唐朝、五代对溪峒地方实行的羁縻怀柔政策。为了笼络少数民族上层人物，朝廷回赐给朝贡者重赏，这种交流使得宋廷与鄂西南的田、覃等强宗大姓首领在政治和经济上的联系加强，社会秩序较前朝更加稳定，不仅"施蛮常入寇"的情景不再出现，而且鄂西南的土丁、土军曾被宋廷编为"忠义胜军"，听其调发遣用。

南宋时期，鄂西南地区依然地广人稀。南宋的豪强地主大肆兼并土地，很多汉族农民纷纷破产，无以为生，于是逃奔荒远，以谋生存。鄂西南的封建领主为了巩固和扩大地盘，需要更多新的劳动力来垦种他们所辖的大量荒地，于是趁机吸引汉农流入溪峒地区。不少汉民举室迁入溪峒，他们带去先进的生产工具和技术经验，促进了溪峒生产力的发展，并促使溪峒的生产关系发生了变化。土著的豪富对入山佃种土地的汉民实行汉法，实行地主土地租佃制，从而允许了小农经济的存在，开始了溪峒农奴制和地主土地租佃制与小农经济并存的局面。尽管农奴制在较长一段时间内仍然居于主导地位，但租佃制和小农经济的出现及日益发展，客观上影响和冲击了鄂西南的封建领主经济，并且给土民的生产生活方式带来了一系列的变化。

唐宋这一历史时期内，施州一带处于中央朝廷的羁縻州郡地位，土汉之间的政治联系从断续不定朝着相对稳定的方向发展，经济联系也从疏远到彼此相依，汉族文化尤其是农耕文化对鄂西南地区开始产生重要的影响。据《湖北通志》卷二十一载："隋唐始设州县，地旷人稀，民风率质实……五代迄宋，生聚日繁，纷华亦日盛。"

元明土司卫所时期，鄂西南羁縻州郡与中央朝廷保持着相对稳定的政治联系。在此基础上，随着元明王朝的先后建立，鄂西南各溪峒州郡首领相继归服，元明朝廷利用他们继续统辖该地。元朝在鄂西南正式建立土司制度，明朝又在元朝土司制度的基础上设置卫所，并在洪武年间设立施州卫、大田军民千户所等5个卫所，还建立了31个土司。卫所与土司并存，"土官"与"流官"参用，均受湖广都指挥使司统领。元明之际，土汉之间的政治联系紧密，同时经济联系也进一步发展，尤其是变相进行官方贸易的"贡赐"方式较前代更加多样化。这种变相的官方贸易，客观上成为汉区先进技术经验和产品进入溪峒的渠道。各族人民杂居山区，辛勤劳动，互相学习，互通有无，促进了鄂西南地区的经济发展。大量的汉族手工业者入峒做工，提高了鄂西南地区的手工业水平，也带动了该区域的贸易发展，土汉之间的经济文化交流日益频繁。

元明朝廷为了巩固在当地的统治，采取措施使土官土员的子弟不断接受儒家文化，用发展当地封建文化的办法来维系朝廷对鄂西南地区的文化治理，客观上促进了儒家文化在当地的传播和发展。

居住在城镇的民众，变化更为明显；距离城镇稍远的地方，变化相对较弱；只有极其偏僻的深险溪峒，土民的风俗习惯保留较好。据《明万历湖广总志》载：施州卫"地狭而腴，民勤耕垦，好音乐，少愁苦，尚奢靡，性轻杨，喜虚称，男不裹头，女衣花布，亲丧就日而殡，不行祥除。"《湖北通志》卷二十三载：巴东县"夷夏相半，性多玩悍，刀耕火种，信鬼尚神"。

清代中叶，土、汉、苗共同在鄂西南山区开拓耕种，使当地的生产力迅速提高，地区内的地主所有制、小农经济迅速发展起来，动摇了原有的封建领主经济。土司之间争夺土地和人口的斗争愈演愈烈，土司的剥削和压迫日益引起土民的不满，清廷为了控制溪峒的局势，批准迈柱申请在鄂西南改土归流的奏折。改土归流打破了土司据地自封的闭塞状态，使鄂西南与湖广各州县连成一片，与全国其他邻近行省、州、县紧密相连。特别是来凤、鹤峰、利川、咸丰、宣恩、长乐、恩施等地犬牙交错，相倚为邻。据《恩施县志》载："邑之风俗……略有计之，盖三变焉。汉魏以前无稽矣；隋唐开设州县，地广人稀，民风率安质实，故杜少陵赠郑典自施州归诗，有俗则醇朴，不知有主客，乃闻风土质又重田畴辞之句，其为实录可知矣。五代迄宋，生聚日繁，纷华亦逐日盛，旧志载宋儒之言，有施州风土大类长沙，论文学则骎骎大国风，轮人情则多浇漓，少醇厚，其余少陵所咏已不侔矣！由朴而华，因势亦然必至欤。是为风俗之一变。元时省州入县，已开豪强梁之渐，前明设卫控制，而以其地矛土司千姓逐承佑等附庸，沿袭即久，逐去生杀……犹幸恩施为控制地，官师之所群集，环城内外仍汉官威仪……其土绅文学子弟彬彬，又去廓数里即在不华不夷之间也，是为风俗之再变焉。种植无人，群土烧畲唯视力所能任，嗣是而四外流人闻风渐集，荆楚吴越之商相次招来，始而贸迁，继而轩置产，迄今皆成巨室，而土著之家亦复为望族也，其视宋时文学人情殆不相远，是则风俗之三变焉。"此论未必客观，但在一定程度上反映了区域文化变迁的轨迹。

五、创新性

女儿会，发端于恩施市境内的石灰窑和大山顶。两地分别为恩施市东西两个方向的高寒山区，因分别出产名贵中药材当归、党参而成为享誉中外的药王之乡，同时两地也分别孕育了奇特的婚俗女儿会，从而成为女儿会的故乡。此俗在不断的传承和创新中，焕发出旺盛的生命力。

女儿会被誉为土家族的情人节。女儿会上，土家族青年在追求自由婚姻的过程中，以歌为媒，自由择偶。因此，情歌成了传递爱情的纽带。当地政府从20世纪70年代以来，便对地方民间歌谣，特别是情歌进行挖掘、整理、推介，出版了收集有932首民歌的《恩施地区民歌集》和《鄂西土家族传统情歌》。几十年来，它们已成为女儿会得以传承创新的助推器。情歌是传递爱情的载体，情歌对唱是女儿会的关键环节。情歌对女儿会的贡献是无法估量的，可以说，有情歌才有女儿会，是情歌创造了女儿会，又把女儿会不断传承下去，使之不断创新。

随着时代的发展和客观的需要，当地政府及其文化部门不断引导，使文化艺术直接参与女儿会，并把女儿会向前推进了一大步。傩戏班子为女儿会呐喊助威。在女儿会的发源地之一的石灰窑，亦有相伴生长的民间傩戏草台班子。过去的女儿会，男女老幼，身着节日盛装，从四面八方汇聚集镇，做生意、会相好、嬉笑打闹、谈情说爱。当日，人们翘首以待的重头戏，就是传统地方戏，尤以傩戏为主。一次女儿会往往招来几"拨"傩戏班子相继上台演出。常演的剧目有《鲍家庄》《反五关》《清家庄》《打金银》《小说梅》《瞧相》和《王货郎卖货》等，压台戏一般都是《姜女下池》，被称为"姜女不到还不了愿"。傩戏中的女性形象是石灰窑女儿们最爱看的。到20世纪七八十年代，女儿会逐渐引起了各级党政部门的重视，尤其是文化艺术界。在当地政府的邀请下，女儿会开幕之前，文化部门便积极参与筹划，市文化局、文化馆的专职辅导干部即赴当地，对传统的傩戏进行挖掘、整理、加工，对山歌和歌舞节目进行创编、辅导。1985年，湖北省第三届"百花书会"在武汉举行，省文联、省文化厅通知恩施市民族文工团代表鄂西自治州组队参加。市民族文工团以女儿会为题材，利用广泛流传于民间的恩施"耍耍"这一文艺形式，创作出《恩施耍耍女儿会》参加汇演。《恩施耍耍女儿会》在省城第三届"百花书会"上一举夺奖，使参加全省汇演的文艺界的同行和省城的艺术家们初识恩施土家的民俗风情节日——女儿会。

1988年，湖北省举办舞蹈大赛。当舞台上已经有了曲艺节目——恩施耍耍女儿会时，艺术工作者们又想到了用其他艺术形式来宣传、推介女儿会。于是，创编出三人舞——《女儿会》，把躲在深闺人未识的土家族女儿会推向了全国。有了舞台艺术的成功推介，1992年《女儿会》受到"北京首届中国民族婚礼表演金秋游园会活动"的邀请，要求《女儿会》以游园广场艺术形式参与游园。当西部大开发的春风扑面而来时，各级党委政府更是瞅准了这个千载难逢的大好时机，积极开发利用传统的民族文化资源，精心打造女儿会品牌。市政府每年都会举办女儿会，让文艺表演唱主角，引来八方来客，对招商引资、开发经济和扩大恩施的知名度起到了积极的作用。自1995年起，女儿会便从发源地——石灰窑和大山顶，走进了州城恩施。农历1995年7月12日，女儿会的主会场民族路人山人海、欢歌如潮。人们说："这是新中国成立以来最热闹的日子。"在女儿会上，人们不仅看到土家族的茅古斯舞和苗族的铜铃舞、民间的花锣鼓，而且还欣赏到了恩施女儿会和土家婚俗表演。北京、省城和州城的电视台首次对女儿会进行了实况转播。一时间，省内外更多的人记住了这个美好的日子——土家女儿会。之后，旅游与女儿会有机结合。1999年在新开发的旅游景区龙麟宫，为迎接湖北省新闻年会在恩施召开，成功举办了女儿会。2000—2003年，梭布垭风景区连续举办四次女儿会。当梭布垭雄奇壮丽的景观在女儿会上向游人开放时，山里山外，游人如织，人们一边观看巧夺天工、风景如画的石林美景，一边欣赏大场面的恩施耍耍女儿会、山民歌对唱、花锣鼓吹打、傩戏表演和土家婚俗表演。热闹浪漫的女儿会似银河鹊桥落入山寨，缠绵的情歌、迎亲的锣鼓唤醒了梭布垭千年的奇石、绿树和小河。社会各界对女儿会的成功举办无不称赞，世代传承和民俗风情奏响了美妙动听的传世凯歌。2004年的女儿会与中国首届魔芋节同时举办。文艺工作者们又集思广益，总体构思上力图通过对歌相亲、考验定亲、拔河争亲、拜堂成亲等艺术形式在女儿会上集中展现土家民俗风情。近年来，参加女儿会的人数不断增加，影响力不断扩大，互联网大数据等手段还进一步扩大了女儿会的社会认知度。

女儿会在几百年间都是一种自发行为，是作为约定俗成的民俗而传承下来的。自新中国成立后，政府的着力参与和引导，对女儿会的传承和创新起到了积极的作用。女儿会渐渐由民间自发行为转变成了政府行为。从近阶段看，这种行为模式至少体现出这样几个传承和创新的优越性：一是全局性强。由政府主办，小至一乡一村，大到州、市政府，各单位各行业都被纳入活动之中。二是目的明确。传统女儿会也有目的性，但那只局限于参与者的个人经商、求偶目的。而政府组织则是出于战略上的考虑，即为了加快经济和文化建设，满足人民日益增长的物质文化需求，创造社会主义和谐社会。三是规模大。传统女儿会的规模有极大的局限性和可塑性。政府主办的女儿会规模宏大、气氛热烈、场面壮观，群众参与度高，充分体现了全体人民的积极性，并影响辐射到周边地区。四是有序性强。传统形式的女儿会，除时间上有规定外，基本上是无序的，包括"以商为媒""以歌传情"或"情人幽会"等。政府主办的女儿会，会前有构思、有方案、有措施、有分工，整个活动都是按计划有序进行的。

政府主办，实现了环境置换上的传承创新。环境（也指空间）置换上的传承创新，主要体现在两个方面：一是女儿会由农村迁徙进城；二是将女儿会纳入旅游景区。从 1995 年起，女儿会就实现了空间的转换，从而使更多的人知晓"养在深闺人未识"的女儿会。这样的环境置换，舞台更开阔、内容更丰富、规模更宏大，体现出一种时代的大气和开放性。

原生态的女儿会的主要内容和形式是"经商为媒""以歌传情"，其终极目标是寻求伙伴。之所以要以经商寻爱、对歌传情，原因是在社会压迫（含自然压迫）下，人们不敢自由寻情觅爱。而现在，随着《婚姻法》的贯彻实施，自由婚姻成为普遍存在的事实。若女儿会还是老调重弹，就难免有陈旧之嫌，于是政府做了大胆的尝试：一是把女儿会搬进旅游景区，与旅游联姻，让自然风光与人文风情融为一体，让游客在饱览山光水色自然美的同时，也领略恩施女儿会的人文美和人性美。二是变传统女儿会的一对一寻情觅爱为"拔河争亲"等，拔赢了即可获得佳偶。三是变传统女儿会的静悄悄唱情歌为公开搭台赛歌，还评出"歌王、歌师、歌秀才"，规模宏大，群众参与性强。

第二节 鄂西南民族文化生态区的价值

一、人与自然和谐相处的写照

原始部落社会在人类发展史上占据了大部分的历程，而工业社会仅占较少的一部分。生活在现代社会的人们，用强势文化对部落社会做出"落后和野蛮"的判断是极其主观和不科学的。现代人认为原始的部落社会意味着食不果腹、衣不蔽体。然而，人类学家和生态学家通过大量的实践研究，不断地改变着这种成见。1975 年，在美国芝加哥举办的国际人类学会议上，经过激烈的讨论，对部落社会做出了这样的评价："部落文化是一种稳定的、令人满意的、生态健全的存在，而不是荒凉的、贫困与短命的存在。是一种人类历史上最成功和最持久的适应方式。"钱箭星认为，"如果我们用可持续发展的原则作为新的评价标准，那么部落社会是达标的，而工业社会即不是。这个原则突出了人类社会的延续性，它是决定人类长期成功的适应规则。"① 大量文献和考古资料已经证实鄂西南地区在相当长的时间内，处于渔猎采集兼刀耕火种的粗耕农业阶段，农业和养殖业直到宋代以后才有所发展，但渔猎采集和刀耕火种的生存方式直到清代末年还十分流行，甚至在 1949 年前后，还可以在鄂西南的很多区域找到痕迹。鄂西南地区的复合生态系统长期以来都处于一种和谐稳定的平衡状态，到 20 世纪 60 年代至 80 年代才遭到了较大程度的破坏，这说明鄂西南地区独特的生活方式蕴藏着丰富的与自然环境和谐相处的生态学智慧，因此，研究鄂西南地区民众早期的生存方式和生态技能对现代生态系统的治理具有现实意义。

食物来源的多样性。宋代以前，鄂西南地区的民众主要以粟和燕麦等旱地作物作为主食。土司时期，开始以荞麦、豆类、菖、蕨等为主食，间以食稻米，《容美纪游》载："司中地土瘠薄，三寸以下皆石，耕种只可三熟，则又废而别垦，故民无常业，官不锐租。有大麦，无小麦，间有之，面色如灰，不可食，种荞与豆则宜，稻米甚香，粒少，与江淮无异。龙爪谷惟司中有之，似黍而红，一穗五岐，若龙舒爪，不可为饭，惟堪作酒。亦磨粉用蒸肉吃，或和蜜作饼馅，甚佳。"土司统治的中后期，随着适合生长于鄂西南山区的玉米、马铃薯、甘薯的引入和种植，极大地丰富了鄂西南地区民众的食物来源。改土归流后，以杂粮为主，玉米、马铃薯、甘薯逐渐成为当地百姓的主食。嘉靖《施南府志》载："境内播种谷属，以苞谷为最多。地不择肥瘠，播不分雨晴，肥地不用肥，唯锄草而已。凡高山无水源者，均可种苞谷。"同治《恩施县志》载："环邑皆山，以苞谷为正粮，间有稻田，收获恒迟，贫民以种薯为正务；最高之地，唯种药材，最近遍种洋芋，穷民赖以为生。"可见，当地民众在平坝有水源的区域种植水稻，

---

① 钱箭星. 原始部落的生态平衡 [J]. 思想战线，2000（2）.

坡地及无水源的平地种玉米及红薯，高山种洋芋。鄂西南地区的食物以农耕产品为主，以采集渔猎获取的食物资源作为补充。从生态学角度出发，鄂西南地区民众的食物种类十分多样，由于可以取食的种类较多，在采集和取食的过程中，减轻了弱势动植物群体的压力，有利于生物多样性的保护。

耕作方式与群落演替。刀耕火种制度随着汉人的农业技术引入，大致经历了两个历史阶段，即宋代以前的游耕农业耕作制度和元明清时期的畲田制度。两者在形式上大致相似，但在游动性、对环境的影响、农业生产效益等方面有所差别。雷翔对"游耕"与"畲田"这两种农业种植模式做了比较性分析，他认为，"游耕只利用地表的枯枝腐叶，一般不用种耕除草。或者说，管理任务不表现为薅草，而是在火山边搭个窝棚，带上火铳猎狗晚上驻守，驱赶野兔、土猪，尤其是成群的野猪，这叫照山。有时也用刀子砍去过分茂盛的树枝杂草，但不用薅锄。游耕不会也用不着费力不讨好地深及泥土。畲田则尽量刨出树篼草根，成材树木是砍伐一空。据记载，改土归流后，官府动员进山的移民，首先砍树卖木头，再烧炭烧石灰，最后才是垦山植谷。所谓物尽其用，地尽其力，收获以后，更是截然不同。游耕的火山种过一次以后绝不会再用，而畲田会连种三年，地力耗尽后才会抛荒。"[1] 由此可见，游耕的移动性更大，一年一动，畲田耕作制度则相对稳定，但仍然是移动的，只是周期较游耕时间长，因此"移动"是刀耕火种的主要特点。从生产粮食的角度来说，畲田的效益比游耕要高；但从生态学对植物恢复角度来看，畲田对森林植被的破坏性要大于游耕。

游耕方式对森林群落的干扰，使得森林系统某些地段出现次生裸地，种植农作物获得营养物质，但这种干扰使得种植地段大部分保存有森林植物的繁殖体，一年收获后放弃耕作，森林植被进行演替恢复。根据生态学的"中度干扰假说"，这种干扰给群落中处于劣势的物种创造了生存条件，如森林中的喜光树种、耐荫性较差的树种和林下的草本植物等，有利于生物多样性的保护，同时也会给森林中的动物提供寻觅更多食物的空间，也有利于动物多样性的保护。生活在鄂西南地区的民众便是利用这种方式和他们所生存的环境打交道的，一方面他们从森林环境中获得能量和物质，另一方面，他们也不对生态环境造成伤害，也许这种生活方式更符合"可持续发展"的本质含义。

---

① 雷翔.游耕制度：土家族古代的生产方式[J].贵州民族研究，2005（2）.

以伐木烧畲的方式可以从森林生态系统中获得更多的能量和物质，而且可以连续种植几年后才弃耕。但是，畲田破坏的是原生裸地，弃耕之后，森林群落向进展演替方向发展所需的时间将会更长；且烧畲造成的干扰是强度干扰，不利于生物多样性增加。但森林群落的演替仍然有较好的条件，在畲田的四周都是森林植被的条件下，对繁殖体的迁移有利，加之畲田的土壤条件，给森林植被的恢复提供了很大的机会。

合作互惠与资源共享。由于早期鄂西南地区的民众实行游耕方式，与游耕经济相适应的社会制度便是自然资源的社会公有制。由于部落社会是建立在血缘关系基础之上的产物，其群体强烈要求部落人必须以合作的方式从事渔猎采集活动，并分享由此收获的食物。在获取食物资源的共享方面，直到现在我们还可以从许多当地民众的习俗中看到早期食物共享的传统。渔猎生活既是一种有组织有分工的活动，又是一种食物资源共享与均等分配的制度，这种合作与分享实际上是一种平等互惠的制度。这种生存模式，既能满足自身的需要，也能满足种群内其他个体的需要，为部落成员中的老弱病残者提供生活保障，特别是在避免资源浪费的同时，给种群中的每一个个体以较多的生存机会。当地百姓生产生活的各个方面几乎都有互惠合作方式的体现，互惠合作与资源共享给予每一个个体以更好的生存机会，这也是人类生存的一种生态技能。

由于不同区域的环境差异，在鄂西南的低山平坦地带，可以种植水稻；而二高山地带适合种植小麦、玉米及马铃薯等；高山地带森林密布，不太适宜生产粮食，但野生动物较多，因此他们的食物结构中以猎获的肉食居多。早期的采集狩猎者游动性大、活动空间范围广，由于区域与空间的差异，给他们的生活带来许多不确定因素，他们随时都有可能陷入饥饿的危险境地，其食物生产只是为了家庭、村落或者小群体的内部消费，从自然界获取的食物也仅仅是为了满足生活的最低需要。因此，他们生活资料的生产维持在资源限制的最大值以下，这种生产的不足降低了超过环境承载力的危险，从而防止了环境的恶化，他们对环境的影响也是有节制的，其自身的能量消耗是最低值的能量消耗，包含衣食住行的各个方面。换言之，这种经济生计模式是满足其基本需要，这种迫切性使得人们放弃了对利润的追逐。此外，游动性的生活方式也几乎使得个人财富积累变得不切合实际，从而大大淡化了人们获取剩余物品的企图，这在一定程度上有效地避免了在个人利益驱使下的滥杀滥捕，有利于生态平衡。

　　小规模的社会组织有利于生存。鄂西南地区的各个村寨小而分散，人数不多，是一种捕食行为的生态适应。种群在获取食物时，总是以消耗最小的能量获取食物为最佳选择，因为某一环节的能量消耗增加了，必然要以其他环节能量消耗的减少为代价。显然，狩猎与采集食物时，距离资源点的远近也是最关键因素，小规模人口的分散生存显然比大规模人口集中生存有利。渔猎活动是一种捕食行为，肉类食物是当地民众获取能量的最重要的补充，而人位于食物链的最顶端，如果人口过多、人口密度过大，就意味着需要更多的猎物。在一定的区域，猎物的数量也是有限的，因此小而分散的组织有利于在较大范围内获取食物资源。在采集渔猎和刀耕火种时期，卫生和医疗条件较差，小规模人员分散居住，有利于避免流行病的形成与蔓延。小规模的社会组织与人口增长能够与自然环境保持动态平衡，有利于种群的生存和发展。

　　心怀敬畏的自然观念。处于采集渔猎和刀耕火种时期的民众，由于对自然缺乏认知，总是以一种敬畏的心态与自然相处，直接表现在将自然视为法力无边的神灵。处于部落阶段的社会生存实践也促进了人们对自然环境，以及人与自然关系的认识，这体现在原始的宗教信仰层面。宗教不仅具有心理、社会功能，人类学家还认为宗教具有生态功能。许多宗教信条可以调节人与自然的关系，约束人们对自然的破坏行为，这种保护生态的功能是在对自然神灵的顶礼膜拜中实现的。在鄂西南地区的百姓眼中，自然界的一切充满了神秘感，其产生的魔力是人类无法驾驭的，他们认为人类不过是大自然的一个重要组成部分，所有的生活来源都是自然赐予的，自然也是一切生与死，赏与罚的源泉。这种自然观以及许多看似不合理的信仰，实际上能够通过建立人口规模与资源消费水平的有序性，直接促进鄂西南山地社会的稳定。

二、文化多样性的典范

　　在漫长的历史发展进程中，鄂西南地区的民众以巴文化为主源，并与其他各民族不断交流融合、演变传承而发展成为具有鲜明地域特色的民族文化。在文学艺术方面，古代的梯玛神歌、茅古斯、傩堂戏、竹枝词，以及传承到今天的风俗文化和独有的摆手歌舞、跳丧歌舞、哭嫁歌、地方戏曲以及独具特色的山歌久盛不衰，都以其独特风格和艺术魅力成为鄂西南地区传统文化艺术的珍品。摆手歌有土家族创世史诗之称，它以生活气息浓厚、民族特色鲜明、形式自由活泼而著称歌坛。民歌"竹枝词"源于巴人踏啼之歌，长期在当地流传。唐代中叶，诗人刘禹锡在吸收当地民谣的基础上，创作了别具一格的竹枝词，不仅把当地民谣介绍到中原，而且为全唐开一代诗风，名震诗坛。容美田氏家族诗人群体皆有诗集传世，在湖广地区颇负盛名，在中国文学史上也属罕见。在宗教信仰方面，历史上鄂西南地区盛行原始宗教，巫术活动也很普遍。在保留传统"梯玛"活动的同时，汉区的端公、道士也和梯玛一样，成为民间文化的重要传承者和各项巫术的主掌人，在民众中同样享有极高的威望。从信仰上看，鄂西南民间除继续保留众多的原始信仰外，也开始信仰儒、释、道、天主教或基督教等。但本民族的以崇拜祖先和崇拜土王为内涵的民间活动仍然占据主导地位，世代相传。

在婚丧嫁娶方面，鄂西南地区的婚姻形式保留着较多的原始婚姻家庭制度的遗迹。婚姻多以歌为媒，人们自由交往，自由婚配。由早期的兄妹婚演变而成的姑舅表婚习俗和兄纳弟妻、弟配兄嫂的收继习俗长期保留在该地区的婚姻形态中。独具特色的哭嫁，其时间之长、歌词之精、曲调之美，在各民族中都是罕见的，它与《陪十姊妹》《陪十兄弟》交相辉映，形成了婚嫁喜庆与幽怨并存的色彩。跳丧源远流长，他们悼死如庆生，显示了一种极为超脱的生死观念。在衣食住行方面，充满了乡土气息和古朴风格，充分显示了当地民众的聪明智慧和生存能力。鄂西南地区的传统文化事项有相当一部分都保留在民俗活动之中，通过民俗活动得到充分的表现。民俗活动成为保留、传承和创新鄂西南地域民族文化的重要组成部分。

其他多民族文化的融会。鄂西南地区地处武陵山区腹地，四面皆受不同区域文化的多重影响。特别是人群大规模的移动迁徙，对鄂西南地区的文化生态造成了极大的影响。在土家族形成之前，巴人、濮人便与古代百越民族杂居共处，尤其是百越民族的一些文化事项长期在鄂西南地区的民族文化中传承。苗族、汉族、侗族、白族、蒙古族等多个少数民族散居在鄂西南地区，形成了各民族大杂居、小聚居的分布格局。这种交错居住的分布格局，有利于各民族文化的交往交流，各民族文化之中你中有我，我中有你。既有本地区特有的民族文化事项，也有南方山地民族共享的文化知识，更有相互涵化之后的文化事实，鄂西南地区的文化多样性成为区域发展繁荣的强大内驱力。虽然鄂西南山地社会长期处在闭塞的环境之中，但兼容并包的特性使其能自觉冲破封闭性，不断地与外来文化交流对话，吸收借鉴和完善传统文化，使得民族文化在得以保留自身特性的同时，又能够不断创新。这种文化的多样性体现在鄂西南民众生产生活的各个方面，并保持着各具特色的鲜明风格。

三、民族交融的示范

鄂西南地区民众的爱国传统，体现在维护民族团结、增强国家认同和共同抵御外辱三个方面。一个民族共同体，世代生活在一定的自然和社会经济环境里，其成员受本民族共同体祖先和先辈创造出的物质和精神文化成果及社会氛围的影响和熏陶，从而以本民族共同体特有的方式感受、认知和改造世界，各民族共同体成员对自己祖国的大地、山川以及传统的或现存的各类社会习俗、物质和精神文化构成的生存环境与生存方式，有着近乎天然的亲切感和热爱之情，这就是爱国情感的由来，在不同的历史时期有不同的具体表现。鄂西南地区民众的爱国传统的萌芽，应追溯到其先民的早期社会活动。廪君，带领居住在武落钟离山的五个氏族开辟疆土，披荆斩棘，为找到适宜氏族生息、繁衍的幸福乐土而百折不回。廪君这种致力于乡土开辟和民族兴旺事业的精神，正是原始而质朴的恋乡爱民爱国意识的萌芽，也为鄂西南儿女形成爱国、关心民族命运前途的优良传统，奠定了思想基石。

尔后，巴族逐渐发展强大，建立了巴国。殷墟甲骨文记载了商代武丁时期，巴民积极响应周武王伐纣的号召，踊跃出师。将殷商推翻后，先民巴人加强了与中原人民的联系，不但吸收了中原华夏民族灿烂的文化，而且接受了周王朝的分封，建立了巴子国，隶属中夏之国。《逸周书·王会篇》载："周王朝集会诸侯，巴人以比翼鸟贡。"向周王朝贡献方物，表现了鄂西南地区的先民与中原王朝的密切联系，以及与汉民族的交往，促进了繁衍在华夏国土的各族团结与统一。这种逐渐发展为各民族和睦相处的行为模式，并延续至今。

春秋战国时期，周王朝衰落，诸侯割据，群雄称霸，弱肉强食，兼并鲸吞，巴国在诸侯国之中，地小而国弱，常受楚国欺凌。公元前676年，楚国令巴国去攻打申国，天性劲勇的巴人，不但不出师进攻申国，反而派军攻打强暴的楚国，迫使楚与巴和好。后来，巴国内乱，将领巴蔓子无力平定，遂求援于楚，楚趁机向巴蔓子提出割让三城以作酬谢，楚国出兵平定巴内乱后，遣使者来巴索取三城，巴蔓子正气凛然，将其头往谢之。巴蔓子这种维护民族尊严，捍卫国家领土完整和以身报国的精神，在鄂西南地区民众的心目中留下了光辉伟岸的形象。秦建立统一的多民族国家后，巴子国融进了中国的版图，划为巴郡，实行移民。秦以爵位和联姻与其建立良好的民族关系。秦末爆发的楚汉战争，鄂西南先民支持刘邦统一中国大业，服从征调去平定三秦战乱，促进国家的统一。

汉武帝时期，为开疆拓土，加强民族交往，在经营南越和西南夷中，多次征当地百姓去修筑西南道路。武德元年，萧铣在江陵自称梁帝，建都江陵、割据荆州，破坏国家统一和民族交往。鄂西南民众协助中央朝廷平息了萧铣的分裂割据之乱。宋真宗咸平三年至五年间，益州连续发生军乱，宋王朝调集施州、高州等地土兵，驻防镇守三峡险隘，保证了中原人民的安宁。明清时期，外国列强不断对我国沿海地区进行侵扰，鄂西南民众和各族同胞一道，为反抗外来侵略而协力抗倭。从14世纪开始，处于南北朝时期的日本，国内矛盾尖锐，战争不断，在战争中失败的溃兵、武士、浪人，流为海盗，进行走私和劫掠活动，史称"倭寇"。倭寇的侵扰，激起了我国各族人民和朝廷爱国将领的义愤之心。嘉靖三十三年（公元1554年）右都御史兼兵部右侍郎张经，奉命抗击倭寇。朝廷征调湖广土兵参战，容美等土司所辖土民闻讯后，踊跃奉调。容美土兵在俞大猷的指挥下，取得了舟山大捷。年逾八十高龄的田世爵也一腔热血，英勇杀敌，志愿披挂随军出征。

雍正时期，为实现国内政治制度和行政区划的统一，加强民族之间的交往交流，推进民族团结和民族融合，决定废除日益腐朽的土司制度，实行流官制度，鄂西南地区的改土归流顺利实施，没有出现大规模的反抗事件且"改流"极为彻底。当清王朝腐败卖国，对反帝反侵略的爱国人士和爱国群众进行血腥镇压的时候，鄂西南地区的民众积极支持和参与各族爱国群众反对清政府媚敌卖国的行为，维护国家的主权和领土完整。鸦片战争中英勇抗击英军。广东三江口的副将、鹤峰州土家族爱国将领陈连升，协同林则徐和关天培，抗击英帝国主义的侵略，在弹尽粮绝，又无援兵的危机情况下，他率领其子陈鹏举，手持弓箭射杀英军。由于寡不敌众，陈连升不幸中弹倒地，其子陈鹏举纵身投海报国。陈将军父子在沙角炮台之役中，充分表现了土家族人民反抗外国侵略者，维护我国独立和领土完整，不怕牺牲，英勇奋战的爱国精神。反对外国传教士的文化侵略。西方天主教的传教士利用传教作掩护，从事搜集情报等非法活动，教会势力不断渗透到鄂西南地区。他们侵犯中国主权，霸占田产，敲诈勒索，广收教徒，危害一方。在鄂西南地区先后爆发了利川、长阳、长乐（五峰）等县的反教会武装起义，体现了鄂西南地区的各族人民不屈服于外来侵略和封建势力的斗争精神。尽管经历了历代王朝更替和战争动乱，鄂西南儿女总是能够克服种种危难，绵延发展，形成了以土家族苗族为主的鄂西南地区民族群体，并融入中华民族共同体，汇入到中华民族璀璨的文化洪流之中。

四、传统文化创新发展的样板

发源于鄂湘渝交界西水流域的土家摆手舞，既是土家族最大的民俗文化活动，也是土家族区别于其他民族的显著文化标志之一。摆手舞在一定程度上就是土家族历史生活的缩影，是一幅表现土家族历史生活的绚丽画卷。它是土家传统文化的大汇集，其表演内容和形式对了解土家族社会、历史、民俗、民族特征以及文化艺术的发展演变，都有十分重要的意义。摆手舞土家语叫"舍巴"或"舍巴巴"，它分大摆手和小摆手两种。流行在来凤舍米湖的属小摆手。舍米湖摆手舞的动作主要有单摆、双摆和回旋摆。其动作特点是顺拐、屈膝、颤动、下沉，甩同边手，走同边脚，以身体的扭动带动手的甩动，双臂摆动的幅度不超过双肩，有"龙行虎步"的风采。摆手舞充分反映了土家人的生产生活习俗，如狩猎舞表现狩猎活动和摹拟禽兽活动姿态，包括"赶猴子""拖野鸡尾巴""犀牛望月""磨鹰闪翅""跳蛤蟆"等十多个动作。农事舞，是摆手舞的又一种重要表现形式，主要表现土家人的农事活动，有"挖土""撒种""纺棉花""砍火渣""烧灰积肥""织布""挽麻蛇""插秧""种苞谷"等。生活舞主要有"扫地""打蚊子""打粑粑""水牛打架""抖虼蚤""比脚""擦背"等十多种。摆手舞从内容和特征上看，是一种起源于劳动和社会实践的舞蹈，它和土家人的生产生活密不可分。田间地头、农家院落，敲锣击鼓，翩翩起舞，这种男女老少齐跳摆手舞的场景随处可见。来凤摆手舞还具有娱乐、祭祀、交际、教育等功能，其动作刚劲质朴、粗犷有力，摆动姿势流畅、自如大方、变化无穷、多而不乱、浑然一体，给人以无尽的美感。

摆手舞是土家族最有影响的大型传统舞蹈，直到19世纪中叶，这种祭祀舞蹈还盛行于鄂湘渝黔交界的土家族聚居区。然而，到了19世纪末至20世纪初，这种舞蹈在当地濒临绝迹。据来凤县百福司镇舍米湖村摆手舞艺术大师彭昌松介绍，1956年，村上寨子只有3个人会跳摆手舞，一个是80多岁的彭荣子老人，另外两个是年过七旬的彭祖求和彭昌义。老人们说，土家人已经有一个"甲子"、四代人没跳摆手舞了。为了拯救这一民族文化瑰宝，1957年，时任来凤县河东乡的文化干事陆训忠来到舍米湖村，组建成立了一支摆手舞表演队，当年参加全县文艺汇演，在县城引起巨大轰动。随后，该舞蹈队接连参加了恩施专区和湖北省文艺调演，演出获得极大成功，众多媒体称赞舍米湖"摆手舞"为土家文化的活化石。在一批文化老艺人的热心支持下，即将失传的土家摆手舞喜获重生。到了20世纪70年代末80年代初，鄂西南地区周边县市纷纷派人到舍米湖学习摆手舞，村里的乡土艺人热心传艺，让摆手舞技艺在酉水流域再次得到广泛传播。近年来，来凤县文体部门充分发挥当地摆手舞艺术大师和摆手舞艺人们的传帮带作用，在全县范围内普及推广原生态摆手舞，先后制作了数千张广场摆手舞的舞曲光碟，分发到城镇社区、机关单位、中小学校等，使原生态摆手舞从乡村田园"摆"进了社区、机关、校园。

来凤是土家族文化重要的发祥地，是原生态摆手舞之乡，其土家族历史文化悠久。为弘扬优秀的土家族文化、塑造旅游文化品牌、大力推介魅力来凤、促进经济社会科学发展，2009年5月，由省民宗委、省文化厅、省旅游局、省广电总台、省体育局、恩施州政府主办，来凤县政府承办了来凤土家摆手舞文化旅游节。土家摆手，舞领"凤"飞。盛况空前的来凤土家摆手舞文化旅游节，让原生态的土家摆手舞、秀美的山水风光、浓郁的巴风土韵，走出深山，享誉省内外。节会开幕当天，在团结桥头、酉水河畔、庆凤山前，原生态摆手舞的独特韵律响彻云霄，来凤县万人翩跹摆手，踢踏起舞；夜幕降临时分，边城大地，点燃了熊熊篝火，八方来客与来凤万名干部群众一起舞动土家人的辛劳与快乐、质朴和风情，共度土家狂欢夜。近年来，摆手舞在上海市旅游节、全国第三届农歌会上亮相，并在澳大利亚巡游演出，节会搭台，"舞"出活力，"摆"出大山，叫响品牌。

在保护中传承，在创新中发展。摆手舞作为一种民族舞蹈，既能处于乡村田园，又能登上大雅之堂，走上国际国内大舞台表演，少则三五人结伴舞蹈，多则成百上千人聚集在广场街头翩翩起舞，这是其他一般舞蹈难以比拟的。一种舞蹈，成为一张文化品牌，不断推动着地方文化旅游产业的繁荣发展。来凤县精心培育摆手舞文化艺术，坚持在保护中传承，在创新中发展，致力建成"土家文化的集成区"，全力打造土家文化品牌，推进"一县一品"项目工程建设。

来凤县以摆手舞为载体，力争到 2025 年，完成编写一本摆手舞乡土教材，编排一套摆手舞健身操，出版摆手舞文献资料集、理论研讨文集、来凤县非物质文化遗产传承人名录，拍摄一部摆手舞文献艺术片，制作一部"摆手舞传人电视剧"等。

长阳巴山舞是 20 世纪 80 年代诞生于湖北省宜昌市长阳土家族自治县的一种体育健身舞，后来广泛流行于湖北省宜昌三峡地区，所以也有人把它叫作"湖北巴山舞"或"宜昌巴山舞"。长阳是古代巴人的发祥地。长江支流清江中游的长阳县中部有一座山叫"巴山"，古代巴人"据捍关而王巴"即在此处，是巴人的重要遗址。土家族是巴人的后裔，故巴山舞由此而得名。长阳巴山舞是在土家族民间祭祀舞蹈——跳丧舞的基础上创编而来的。土家族将"跳丧"叫作"撒尔嗬"，是土家族悼念死者的一种隆重的送葬仪式。"撒尔嗬"流传很广，清江流域的建始、恩施、巴东、长阳等地的土家族都盛行在长者去世后跳"撒尔嗬"。2005 年长阳土家族自治县申报了我国第一批非物质文化遗产。"撒尔嗬"的历史非常久远，早在三千多年前土家族的祖先巴人就跳"撒尔嗬"。据史书记载，远在殷商时期，"巴人助武伐纣，前戈后舞，以凌殷人，前徒倒戈。"汉高祖刘邦数观其舞，乐其猛锐，令乐师习之引入宫廷，称为"巴渝舞"。唐代《蛮书》中还描述了这种舞的特点："巴人好踏蹄，伐鼓以祭祀，叫啸以兴哀。"这些记载所讲述的就是土家族先人祭奠亡人时鸣金伐鼓、歌呼达旦的"撒尔嗬"。

歌舞中显示出土家人难能可贵的积极人生态度，贯穿着豁达通脱的生命观念，彰显了"生死乐天"的巴人精神。1986 年，在新疆乌鲁木齐举行的全国少数民族体育盛会上，长阳县选送的"撒尔嗬"被誉为"东方迪斯科"。撒尔嗬是集歌、舞、乐于一体的艺术，是璀璨夺目的巴文化的一颗明珠。但它还不同于今天由原国家体委向全国推荐的健身舞"巴山舞"。"巴山舞"的诞生是一个再创造和提炼升华的过程，它得益于一个叫覃发池的民间艺人。长阳是个山清水秀的歌舞之乡，但在改革开放之前却比较封闭。覃发池正是在这样一个封闭而又具有浓郁民族民间文化氛围的环境中长大的山里娃。他 16 岁进长阳县歌舞团做舞蹈演员，18 岁进入湖北省艺术学院舞蹈专科学习。学习期间，他吸收了大量的现代艺术，从而对民族民间艺术的局限性进行了反思。他认定，民间舞如果缺乏现代文化的渗透和关照，就不可能成为中华民族的主流文化。于是他在深入调查研究的基础上，对民间的撒尔嗬进行了大胆的改革：一是改变了撒尔嗬"只供丧葬使用"的"跳丧舞"的历史定位，使它成为一种在各种场合都可以跳的自娱性舞蹈；二是打破了撒尔嗬作为民族舞蹈的局限性以及女人、儿童禁止上场的禁忌，将其改编成不分男女，不分民族，全中国乃至全世界人都能跳的群众性舞蹈；三是在舞蹈形式上将只能男人对跳改变为男女对跳，将边歌边舞改变为只舞不歌，将"击鼓领舞"变为"音乐伴舞"等，并将改编后的这种新型舞蹈定名为"巴山舞"。

巴山舞在音乐上为去其丧味，只保留了原始跳丧舞鲜明的节奏和富有特色的鼓点，选用当地人们所熟悉的与舞蹈情绪相吻合的山歌、民歌为基调，适当加以发展，并增加弦乐伴奏，舞蹈音乐仍具有浓郁的民族特色和地方色彩。这种改编后的新兴舞蹈——巴山舞，既保留了当地民间舞蹈的风格特点，又注入了新的时代信息，具有舞姿优美，音乐动听，通俗易学，简便易做的特点，深受广大群众的喜爱。

本章小结

鄂西南土家族在继承巴文化，创制与传承土家族文化的同时，还以一种开放的精神不断吸纳其他民族文化，形成多种民族文化层层叠加、多元共生的文化结构。鄂西南是西南民族地区最接近中原汉族的区域，历史上，是多种族群迁徙流动的重要通道，如早期巴人、蜑人的西徙，汉代以降楚鄂汉人的移川等；鄂西南也是历代盐商、马帮往来中国西南与内地的必经之地。长期的不同族群的流动，在清江、峡江地区形成重要的民族走廊或文化通道。自宋以后，特别是改土归流废除"蛮不出峒，汉不入境"的禁令，汉人以屯兵、移民等不同形式进入鄂西南，苗族、侗族等其他少数民族也以不同形式进入这一地区。一方面，鄂西南形成了汉文化、土家文化为主，苗族文化、侗族文化为辅的多民族文化共生的格局。另一方面，汉土之间，从早期的本区域的"化汉为土"，到近代以来汉文化区的"化土为汉"，再到土汉之间的相互涵化，最终形成以土家文化为区域底色的多种民族文化层层叠加的文化结构类型。

结语：鄂西南文化生态区形成与发展的动力机制

一、自然环境——鄂西南民族文化生态区的生成土壤

自然环境是一个民族生存和发展的基础，对区域内群体有着持续而深刻的影响。鄂西南境内绝大部分是山地，素有"八山半水分半田"之称。该区域并不适宜开展大规模的农业活动，但动植物种类繁多，矿产资源丰富，为早期鄂西南民族的采集渔猎生活方式提供了重要的生活来源，勤劳勇敢的鄂西南民族利用大自然的馈赠，在河里捕鱼，在山上狩猎，在林中采集各种野果、药材，利用竹木进行手工生产，并利用山上丰富的动植物资源进行商品的交换和贸易。由于山地环境的复杂性和垂直性分布的特点，民众掌握的动植物经验较多，生活方式多样，并根据山多田少水寒等特点，在不同的时节对动植物进行捕获、采集和食用，生活虽不富裕，但可以维持基本的需要，属于典型的维持型生活模式。由于山地空间的分布差异和季节差异，移动和分散成为当他人生活方式的主要特点，并总结出一套地方性知识，以适应所在环境提供给人群的生存空间。各民族长期共居一地，由此发展出适应这一区域环境的山地经济文化类型。

二、国家在场——鄂西南民族文化生态区的整合机制

在区域规划和社会发展中，国家的行政力量表现最为明显。鄂西南民族地区的历史，是一部国家力量不断下沉和延伸的历史，国家在场一直深刻地影响着鄂西南民族地区的发展和走势。鄂西南地处山区，交通闭塞，必然使鄂西南山区对外交往十分困难，鄂西南地区的民众无法以个人的力量对区域内进行大规模开发和治理，只能依赖于国家的力量建立起与外界的广泛联系。鄂西南民族地区在秦汉时期便被纳入统一的多民族国家版图之内。秦汉时期的统治者利用当地土著首领对鄂西南民族地区进行羁縻治理，并使其隶属于中央王朝。这

些被分封的"蛮夷邑君侯王"，就成了后世土司制度中"土官土吏"的前身。魏晋南北朝时期，鄂西南民族属于"荆州蛮"，中央王朝在当地设置"左郡""左县"加以治理。这一时期人口大批迁徙，交流频繁，加速了民族交往交流交融的进程。唐宋时期，鄂西南民族不断发展壮大，也是鄂西南民族地区发展史上的第一次大转型时期。人口急剧增加，土地广为开发，民俗为之一变。土司治理时期，中央王朝势力日益深入该区域，鄂西南民族与内地联系日益密切，并开始向纵深发展。改土归流后，鄂西南土司全部被废除，在原土司地区设置了施南府，下设恩施、利川、咸丰、宣恩、来凤、建始六县。废除了土司陈规陋习，流官不遗余力地推行儒家教化和农业生产，国家的力量让区域内群体的联系更加紧密。

三、经济发展——鄂西南民族文化生态区的促进条件

鄂西南地区的民族为了生存与发展，以各种方式猎取山中野兽和水中鱼虾，并由此产生群团式生活群体。早期原始农业以刀耕火种、轮歇耕作为主；原始畜牧业以驯养小型动物为主；原始手工业出现编织、纺织和制陶业。进入土司时期，农业开始出现牛耕和水利设施；畜牧业饲养的家畜种类繁多；手工业较为发达；商业有所发展。改土归流后，废除了"汉不入峒、蛮不出境"的禁令，移民大量涌入，周边先进的农业用具和生产技术大量输入，山林被大片开垦，"刀耕火种"的农业生计逐渐退出历史舞台，地方性经济作物中的桐油、茶叶、蚕丝、蓝靛、黄蜡、蜂蜜、生漆、烟叶、木料等以及大量的中药材，逐步成为当地人民重要的经济收入。商业经济繁荣，出现了百货齐全，商贾云集，贩运繁忙的热闹景象。畜牧业形成了以猪牛羊鸡鸭鹅等为主体的种类齐全的畜牧业结构。职业匠人出现，商业集镇兴起。经济方式的差异性与互补性，让鄂西南地区的民族与周边群体之间的交换日益频繁，交往更加密切。

四、民族流动——鄂西南民族文化生态区的交融机制

先秦时期，鄂西南民族地区人口迁徙的主要过程是廪君蛮在清江中下游崛起之后，逐步向清江上游迁徙，到达今天恩施等地建立城池，后又在楚国的扩张逼迫之下继续向渝东和五溪地区迁徙。与此同时，还有少部分楚人、蜀人和三苗迁入鄂西南地区。进入羁縻时期之后，鄂西南民族地区经历了两段大规模

的移民时期：一是魏晋南北朝时期，社会长期动荡，郡县破败，大批流民入山躲避战乱，最终定居在此地；二是宋代蛮夷之地开禁之后，生产工具得到改进，垦荒技术提高，山地得到开垦，大批汉人进山屯垦，以致元丰年间客户之数超过主户。明清时期，鄂西南地区的移民主要来自"江西填湖广、湖广填四川"，以及设置施州卫所与大田军民千户所的卫所官兵及其家属，还有改土归流的招垦移民。抗日战争全面爆发后，湖北省政府西迁至恩施，又有大批外来人口进入鄂西南地区。历史上不同时期的移民对鄂西南地区的社会文化发展都有着不可忽视的作用，移民作为文化的传播者和学习者，在与当地居民进行交往交流交融过程中，逐渐改变了原有文化生态区的基本形貌，并形成了复杂多样的文化生态格局。

　　总之，鄂西南民族文化生态区的形成与发展受到自然环境、国家在场、生计方式、移民流动四个方面的影响与制约。其中，自然环境是鄂西南民族文化生态区的生成土壤，国家在场是鄂西南民族文化生态区的整合机制，经济发展是鄂西南民族文化生态区的促进条件，民族流动是鄂西南民族文化生态区的交融机制。形成文化区域的是社会的力量，划定行政区域的是国家的行政力量，而自然地理区域的存在则是受到自然规律的支配。因此，文化区、行政区和自然区三者的关系，实际上是社会、国家与环境互动关系的体现。研究认为，鄂西南民族文化生态区，其自然区域是山水同源，其行政区域是同属一省，其文化区域是民众同根，各群体在鄂西南地区不断交往、交流、交融，最终形成了多彩的鄂西南民族文化生态格局。这是研究中华民族多元一体格局的典型案例。

参考文献

一、正史类

[1]（汉）司马迁 . 史记 [M]. 北京：中华书局，1975.

[2]（汉）刘向 . 战国策 [M]. 上海：上海古籍出版社，1978.

[3]（晋）常璩，撰 . 刘林，校注 . 华阳国志 [M]. 成都：巴蜀书社，1984.

[4]（晋）陈寿，撰 .（宋）裴松之，注 . 三国志 [M]. 北京：中华书局，1964.

[5]（南宋）范晔，撰 .（唐）李贤，等，注 . 后汉书 [M]. 北京：中华书局，1973.

[6]（梁）沈约 . 宋书 [M]. 北京：中华书局，1974.

[7]（梁）萧子显 . 南齐书 [M]. 北京：中华书局，1974.

[8]（唐）令狐德棻，等 . 周书 [M]. 北京：中华书局，1974.

[9]（唐）杜佑 . 通典 [M]. 长沙：岳麓书社，1995.

[10]（唐）房玄龄，等 . 晋书 [M]. 北京：中华书局，1974.。

[11]（唐）李延寿 . 南史 [M]. 北京：中华书局，1975.

[12]（唐）魏徵等 . 隋书 [M]. 北京：中华书局，1982.

[13]（后晋）刘昫 . 旧唐书 [M]. 北京：中华书局，1975.

[14]（宋）欧阳修，宋祁 . 新唐书 [M]. 北京：中华书局，1975.

[15]（宋）司马光 . 资治通鉴 [M]. 北京：中华书局，1956.

[16]（宋）李焘 . 续资治通鉴长编 [M]. 北京：中华书局，1980.

[17]（元）脱脱，等 . 宋史 [M]. 北京：中华书局，1977.

[18]（明）毕沅 . 续资治通鉴 [M]. 北京：中华书局，1958.

[19]（清）张廷玉，等 . 明史 [M]. 北京：中华书局，1974.

[20]（清）张廷玉．清朝文献通考 [M]．杭州：浙江古籍出版社，2000.

[21]（清）徐松．宋会要辑稿 [M]．北京：中华书局，1957.

[22]（清）赵尔巽，等．清史稿 [M]．北京：中华书局，1998.

[23] 明实录 [M]．台湾"中央研究院"历史语言研究所校勘本．上海：上海书店出版社，1982.

[24] 清实录 [M]．影印本．北京：中华书局，1985–1987.

[25] 郭璞，注．毕沅，校．山海经 [M]．刻本．杭州：浙江书局，1877（光绪三年）.

[26]（清）顾炎武．天下郡国利病书 [M]．四部丛刊本．北京：商务印书馆，1935.

[27]（清）顾祖禹．读史方舆纪要 [M]．上海：上海书店出版社影印，1998.

二、地方志

[1]（明）刘大谟，等．四川总志 [M]．刻本．嘉靖二十四年.

[2]（明）徐学模．湖广总志 [M]．刻本．万历十九年.

[3]（明）薛纲．湖广通志 [M]．刻本．嘉靖元年.

[4]（明）吴潜．夔州府志 [M]．刻本．正德八年.

[5]（清）张德地．四川总志 [M]．刻本．康熙十二年.

[6]（清）常明．四川通志 [M]．刻本．嘉庆二十年.

[7]（清）陈弘谋．湖南通志 [M]．刻本．乾隆二十二年.

[8] 湖北省地方志编撰委员会．湖北省志 [M]．武汉：湖北人民出版社，1997.

[9]（清）聂光銮，等．宜昌府志 [M]．刻本．同治四年.

[10]（清）罗德昆．施南府志 [M]．刻本．道光十七年.

[11]（清）松林．施南府志 [M]．刻本．同治十年.

[12]（清）李谦．施南府志继编 [M]．刻本．光绪十年.

[13]（清）魏式曾．永顺府志 [M]．刻本．同治十二年.

[14]（清）缴继祖．龙山县志 [M]．刻本．嘉庆二十三年.

[15]（清）符为霖．龙山县志 [M]．同治九年修，光绪四年重刊本.

[16]（清）周来贺．桑植县志 [M]．刻本．同治十二年.

[17]（清）李焕春.长乐县志 [M].刻本.咸丰二年.

[18]（清）李拔.长阳县志 [M].抄本.乾隆年.

[19]（清）陈惟莫.长阳县志 [M].刻本.同治五年.

[20]（清）张家鼎.恩施县志 [M].刻本.嘉庆十三年.

[21]（清）多寿.恩施县志 [M].同治三年修，民国二十年铅字重印本.

[22]（清）何蕙馨.利川县志 [M].刻本.同治四年.

[23]（清）黄世崇.利川县志 [M].刻本.光绪二十年.

[24]（明）杨培之.巴东县志 [M].刻本.嘉奖三十年.

[25]（清）齐祖望.巴东县志 [M].刻本.康熙二十二年.

[26]（清）廖恩树.巴东县志 [M].同治五年修，清光绪六年重刊本.

[27]（清）袁景晖.建始县志 [M].刻本.道光二十一年.

[28]（清）熊启咏.建始县志 [M].刻本.同治五年.

[29]（清）张梓.咸丰县志 [M].刻本.同治四年.

[30]（民国）陈侃.咸丰县志 [M].刻本.民国三年.

[31]（清）毛俊德.鹤峰县志 [M].刻本.乾隆六年.

[32]（清）吉钟颖.鹤峰县志 [M].刻本.道光二年.

[33]（清）徐树凯.鹤峰县志 [M].刻本.同治六年.

[34]（清）刘械林.鹤峰县志 [M].刻本.光绪十一年.

[35]（清）张金澜.宣恩县志 [M].刻本.同治二年.

[36]（清）林翼池.来凤县志 [M].刻本.乾隆二十一年.

[37]（清）李勖.来凤县志 [M].刻本.同治五年.

三、碑刻、族谱、资料汇编

[38] 姚祖瑞.姓氏考 [M].恩施：宣恩县国营印刷厂，1993.

[39] 郑子华.长阳宗谱资料初编 [M].宜昌：长阳档案局，2001.

[40] 鄂西土家族苗族自治州民族事务委员会.鄂西少数民族史料辑录 [M].
湖北：鹤峰国营民族印刷厂，1986.

[41] 傅一中.建始县晚晴至民国志略 [M].2004.

[42]《睡虎地秦墓竹简》整理小组.睡虎地秦墓竹简 [M].北京：文物出版社，

1978.

[43] 鹤峰县，五峰县民委、统战部．容美土司史料汇编 [M]．武汉：鹤峰印刷厂，1984.

[44] 鹤峰县，五峰县民委、统战部．容美土司史料续编 [M]．武汉：鹤峰印刷厂，1993.

[45] 国立中央研究院历史语言研究所．明清史料丙编：第十本 [M]．北京：商务印书馆，1936.

[46] 王小宁．恩施自治州碑刻大观 [M]．北京：新华出版社，2004.

[47] 政协宣恩县委员文史资料委员会．宣恩文史资料：第十三辑 [M].2009.

[48] 政协咸丰县委员会文史资料委员会．咸丰文史资料：第十三辑 [M].1991.

[49] 咸丰县民族事务委员会，政协咸丰县委员会文史资料委员会．咸丰文史资料：第五辑（民族史料专辑）[M].1996.

[50] 政协利川市委员文史资料委员会．利川文史资料：第五辑 [M].2002.

[51] 鄂西自治州政协文史资料委员会．鄂西文史资料：民族文化史料上·下篇 [M]．上篇：1993 年第 1 辑，总第 12 辑；下篇：1993 年第 2 辑，总第 13 辑．

四、专著类

[1] [日] 绫部恒雄．文化人类学的十五种理论 [M]．周星，译．贵阳：贵州人民出版社，1986.

[2] [美] 斯图尔德．文化变迁的理论 [M]．张恭启，译．台北：远流出版事业股份有限公司，1989.

[3] [美] 哈里斯．文化唯物主义 [M]．张海洋，等，译．北京：华夏出版社，1989.

[4] [美] 唐纳德·哈迪斯蒂．生态人类学 [M]．郭凡，邹和，译．北京：文物出版社，2002.

[5] [日] 秋道智弥，市川光雄，大冢柳太郎．生态人类学 [M]．范广荣，尹绍亭，译．昆明：云南大学出版社，2006.

[6] [美] 马文·哈里斯．文化人类学 [M]．李培荣，高地，译．上海：东方出版社，1988.

[7] 宋蜀华.人类学研究与中国民族生态环境和传统文化的关系 [M]// 周星，王铭铭.社会人类学讲演集.天津：天津人民出版社，1997.

[8] 杨庭硕，罗康隆，潘盛之.民族、文化、生境 [M].贵阳：贵州人民出版社，1992.

[9] 高立士.西双版纳传统灌溉与环保研究 [M].昆明：云南民族出版社，1999.

[10] 王忠康.人类生态学 [M].成都：四川大学出版社，1999.

[11] 邓辉.土家族区域经济发展史 [M].北京：中央民族大学出版社，2002.

[12] 邓辉.土家族区域的考古文化 [M].北京：中央民族大学出版社，1999.

[13] 陈国安.土家族近百年史 1840–1949[M].贵阳：贵州民族出版社，1999.

[14] 彭振坤，黄柏权.土家族文化资源保护与利用 [M].北京：社会科学文献出版社，2007.

[15] 张伟然.湖北历史文化地理研究 [M].武汉：湖北教育出版社，2000.

[16] 周兴茂.土家族区域可持续发展研究 [M].北京：中央民族大学出版社，2002.

[17] 艾训儒.湖北清江流域土家族生态学研究 [M].北京：中国农业科学技术出版社，2006.

[18] 田发刚，谭笑.鄂西土家族传统文化概观 [M].武汉：长江文艺出版社，1998.

[19] 朱炳祥.土家族文化的发生学阐释 [M].北京：中央民族大学出版社，1999.

[20] 田敏.土家族土司兴亡史 [M].北京：民族出版社，2000.

[21] 段超.土家族文化史 [M].北京：民族出版社，2000.

[22] 柏贵喜.转型与发展：当代土家族社会文化变迁 [M].北京：民族出版社，2001.

[23] 杨洪林.明清移民与鄂西南少数民族地区乡村社会变迁研究 [M].北京：中国社会科学出版社，2013.

[24] 张光直.考古学专题六讲 [M].北京：文物出版社，1986.

[25] 潘光旦.民族研究文集 [M].北京：民族出版社，1995.

[26] 黄柏权.土家族白虎文化 [M].北京：中央人民大学出版社，2002.

[27] 罗康隆. 文化适应与文化制衡：基于人类文化生态的思考 [M]. 北京：民族出版社，2007.

[28] 冯天瑜. 中国文化生成史 [M]. 武汉：武汉大学出版社，2013.

[29] [美] 唐纳德·沃斯特. 自然的经济体系：生态思想史 [M]. 候文蕙，译. 北京：商务印书馆，1999.

[30] [美] 霍尔姆·罗尔斯顿. 环境伦理学：大自然的价值及人对大自然的义务 [M]. 杨通进，译. 北京：中国社会科学出版社，2000.

[31] 王铭铭. 逝去的繁荣：一座老城的历史人类学考察 [M]. 杭州：浙江人民出版社，1999.

[32] 曾建平. 自然之思：西方生态伦理思想探究 [M]. 北京：中国社会科学出版社，2004.

[33] 舒瑜. 微"盐"大义——云南诺邓盐业的历史人类学考察 [M]. 北京：世界图书出版公司，2010.

[34] [法] 克劳德·列维 – 施特劳斯. 历史学与人类学 [M]. 谢维扬，俞宣孟，译. 上海：上海译文出版社，1995.

[35] 赵世瑜. 小历史与大历史——区域社会史的理念、方法与实践 [M]. 上海：上海三联书店，2006.

[36] [美] 黄仁宇. 大历史不会萎缩 [M]. 南宁：广西师范大学出版社，2004.

[37] [美] 柯文. 在中国发现历史 [M]. 北京：中华书局，2002.

[38] [法] 马克·布洛赫. 历史学家的技艺 [M]. 上海：上海社会科学院出版社，1992.

[39] 郑振满. 明清福建家族组织与社会变迁 [M]. 北京：中国人民大学出版社，2009 年。

[40] 张佩国. 近代江南乡村地权的历史人类学研究 [M]. 上海：上海人民出版社，2002.

[41] [美] 保罗·康纳顿. 社会如何记忆 [M]. 纳日碧力戈，译. 上海：上海人民出版社，2000.

[42] 朱维铮. 中国经学史十讲 [M]. 上海：复旦大学出版社，2002.

[43] [英] 巴勒克拉夫. 当代史学主要趋势 [M]. 杨豫，译. 上海：上海译文出版社，1985.

[44] [奥地利] 埃里克·沃尔夫. 欧洲与没有历史的民族 [M]. 贾士蘅，译. 上海：上海人民出版社，2004.

[45] 林耀华，切博克萨罗夫. 中国的经济文化类型 [M]// 林耀华. 民族学研究. 北京：中国社会科学出版社，1985.

[46] 费孝通. 中华民族多元一体格局 [M]. 北京：中央民族大学出版社，1999.

[47] 司马云杰. 文化社会学 [M]. 济南：山东人民出版社，1987.

[48] [英] 凯·米尔顿. 环境决定论与文化理论 [M]. 袁同凯，等，译. 北京：民族出版社，2007.

[49] 王明珂. 华夏边缘——历史记忆与族群认同 [M]. 北京：社科文献出版社，2006.

[50] 王明珂. 羌在汉藏之间：一个华夏边缘的历史人类学研究 [M]. 北京：中华书局，2003.

[51] [美] 萨林斯. 历史之岛 [M]. 蓝达居，等，译. 上海：上海人民出版社，2003.

[52] 胡炳章. 土家族文化精神 [M]. 北京：民族出版社，1999.

[53] 周大鸣，吕俊彪. 珠江流域的族群与区域文化研究 [M]. 广州：中山大学出版社，2007.

[54] 顾颉刚. 论巴蜀与中原的关系 [M]. 成都：四川人民出版社，1981.

[55] 童恩正. 古代的巴蜀 [M]. 成都：四川人民出版社，1979.

[56] 吴永章. 中南民族关系史 [M]. 北京：民族出版社，1992.

[57] 吴永章. 湖北民族史 [M]. 武汉：华中理工大学出版社，1990.

[58] 吴永章. 中国土司制度渊源与发展史 [M]. 成都：四川人民出版社，1998.

[59] 费孝通. 乡土中国生育制度 [M]. 北京：北京大学出版社，1998.

[60] 费孝通. 中华民族多元一体格局（修订本）[M]. 北京：中央民族大学出版社，1999.

[61] 葛剑雄. 统一与分裂：中国历史的启示 [M]. 北京：中华书局，2009.

[62] 葛剑雄，曹树基，吴松弟. 中国移民史 [M]. 福州：福建人民出版社，1997.

[63] 张国雄.明清时期的两湖移民 [M].西安：陕西人民教育出版社，1995.

[64] 吴雪梅.回归边缘——清代一个土家族乡村社会秩序的重构 [M].北京：中国社会科学出版社，2009.

[65] [瑞士] 雅各布·坦纳.历史人类学导论 [M].白锡堃，译.北京：北京大学出版社，2008.

[66] [丹麦] 克斯汀·海斯翠普.他者的历史：社会人类学与历史制作 [M].贾士蘅，译.北京：中国人民大学出版社，2011.

[67] [法]皮埃尔·布迪厄.实践与反思——反思社会学导引 [M].李猛、李康译，邓正来，译.北京：中央编译出版社，1998.

[68] [美] 杜赞奇著，王福明译：《文化、权利与国家——1900–1942 年的华北农村 [M].南京：江苏人民出版社，2003.

[69] [英]哈耶克.个人主义与经济秩序 [M].邓正来，译.北京：生活·读书·新知三联书店 2002.

[70] [美]克利福德·吉尔兹.地方性知识：事实与法律的比较透视 [M].邓正来，译.北京：生活·读书·新知三联书店 1995.

[71] [法] 埃玛纽埃尔·勒华拉杜里.蒙塔尤——1294—1324 年奥克西坦尼的一个山村 [M].许明龙，马胜利，译.北京：商务印书馆 2007.

[72] 梁启超.中国近三百年学术史 [M].北京：东方出版社，1996.

[73] 梁启超.中国历史研究法 [M].北京：东方出版社，1996.

[74] [日] 白鸟芳郎.东南亚山地民族志 [M].黄来钧，译.昆明：云南省历史研究所东南亚研究室，1980.

五、论文类

[1] [日] 田中二郎.生态人类学——生态与人类文化的关系 [J].杨时康，译.昆明师专学报，1988（8）.

[2] [俄] 科兹洛夫.民族生态学研究的主要问题 [J].殷剑平，译.民族译丛，1984（3）.

[3] [美]内亭.文化生态学与生态人类学 [J].张雪慧，译.民族译丛，1985（3）.

[4] 尹绍亭.中国大陆的民族生态研究 (1950—2010 年)[J].思想战线，2012（2）.

[5] 陈心林 . 生态人类学及其在中国的发展 [J]. 青海民族研究，2005（1）.

[6] 尹绍亭，赵文娟：人类学生态环境史研究的理论和方法 [J]. 广西民族大学学报，2007（3）.

[7] 任国英 . 生态人类学的主要理论及其发展 [J]. 黑龙江民族丛刊，2004（5）.

[8] 杨圣敏 . 环境与家族：塔吉克人文化特点 [J]. 广西民族学院学报，2005（1）.

[9] 祁庆富 . 关于二十一世纪生态民族学的思考 [J]. 中央民族大学学报，1999（6）.

[10] 李亦园 . 生态环境、文化理念与人类永续发展 [J]. 广西民族学院学报，2004（4）.

[11] 袁鼎生 . 生态人类学的当代发展 [J]. 广西师范学院学报，2005（3）.

[12] 孟琳琳，包智明 . 生态移民研究综述 [J]. 中央民族大学学报，2004（6）.

[13] 纳日碧力戈 . 民族社会的文化生态 [J]. 内蒙古社会科学，1987（6）.

[14] 尹绍亭 . 人类学生态环境史研究的理论和方法 [J]. 广西民族大学学报，2007（3）.

[15] 崔明昆 . 文明演进中环境问题的生态人类学透视 [J]. 云南师范大学学报，2001（4）.

[16] 何星亮 . 中国少数民族传统文化与生态保护 [J]. 云南民族大学学报，2004（1）.

[17] 李继群，和灿红 . 中国生态人类学的现状和规律 [J]. 云南社会科学，2008（3）.

[18] 崔延虎 . 游牧民定居的再社会化问题 [J]. 新疆师范大学学报，2002（4）.

[19] 刘源 . 文化生存与生态保护：以长江源头唐乡为例 [J]. 广西民族学院学报，2004（3）.

[20] 竺可桢 . 中国五千年气候变迁 [J]. 考古学报，1972（1）.

[21] 竺可桢 . 气候与人生及其他生物关系 [J]. 气象杂志，1936（9）.

[22] 乔健 . 略谈研究中国民族史方法论上的两个问题 [J]. 民族研究，1995（3）.

[23] 彭兆荣 . 边界的空隙：一个历史人类学的场域 [J]. 思想战线，2004（1）.

[24] 蓝达居 . 历史人类学简论 [J]. 广西民族学院学报，2001（1）.

[25] 周泓 . 历史人类学：从历史文本到意义主体 [J]. 广西民族研究，2005（3）.

[26] 崔延虎 . 跨文化交际研究：新疆多民族社会文化研究的新视点 [J]. 新疆

师范大学学报，2003（4）.

[27] 张伟明 . 历史记忆与人类学研究 [J]. 广西民族研究，2005（3）.

[28] 符太浩 . 历史人类学刍议 [J]. 思想战线，2003（1）.

[29] 朱和双 . 试论法国年鉴学派的历史人类学研究 [J]. 史学理论研究，2003
（4）.

[30] 杨庭硕 . 生态维护之文化妥协 [J]. 贵州民族研究，2003（1）.

[31] 文小勇 . 论文化生态圈与文化安全 [J]. 思想战线，2002（4）.

[32] 黄应贵 . 历史与文化——对于"历史人类学"之我见 [J]. 历史人类学学刊，
2004（2）.

[33] 赵世瑜 . 传说·历史·历史记忆——从 20 世纪的新史学到后现代史学 [J].
中国社会科学，2003(2).

[34] 彭英明 . 试论湘鄂西土家族同源异支——廪君蛮的起源及其发展述略
[J]. 中南民族学院学报》，1984（3）.

[35] 田敏 . 廪君为巴人始祖之质疑 [J]. 民族研究，1996（1）.

[36] 田敏 . 先秦巴族族源综论 [J]. 东南文化，1996（3）.

[37] 黄柏权 . 土家族研究的特征 [J]. 广西民族研究，2008（1）.

[38] 石硕 . 关于区域民族史书写中若干问题的思考 [J]. 西藏民族学院学报，
2015（1）.

[39] 曹幸穗 . 口述史的应用价值、工作规范及采访程序之讨论 [J]. 中国科技
史料，2002(4).

[40] 刘魁立 . 文化生态保护区问题刍议 [J]. 浙江师范大学学报，2007（3）.

[41] 谭其骧 . 中国历史的时代差异与地区差异 [J]. 复旦大学学报，1986（2）.

[42] 段超 . 宋代土家族地区农业经济发展论略 [J]. 贵州民族研究，2002（4）.

[43] 段超 . 论改土归流后土家族地区的开发 [J]. 民族研究，2001（4）.

[44] 胡继民 . 盐 . 巴人 . 神 [J]. 湖北民族学院学报，1997（2）.

[45] 黎小龙 . 土家族族谱与土家族大姓氏土著渊源 [J]. 西南师范大学学报，
2000（6）.

[46] 游俊 . 土家族祖先崇拜略论 [J]. 世界宗教研究，2000（4）.

[47] 张纪焦 . 论南方民族文化的类型、层次与变迁 [J]. 贵州民族研究 1997（2）.

[48] 朱圣钟 . 明清鄂西南土家族地区民族的分布与变迁 [J]. 中国历史地理论

丛，2002（1）.

[49] 张业强，杨兰.土家族的神圣空间 [J].湖北民族学院学报，1998（2）.

[50] 徐铜柱.土家族文化生态圈建设的理论基础与价值取向 [J].湖北民族学院学报，2007（4）.

[51] 雷卫东.清江流域土家族民居的内部空间文化意蕴 [J].湖北民族学院学报，2012（2）.

[52] 王晓天，黎小龙.板楯蛮（賨人）源流考略——廪君之后还是百濮先民？[J].中国历史地理论丛，2012（2）.

[53] 刘美安.清江的地理环境及开发效益 [J].湖北民族学院学报，1995（2）.

[54] 舒瑜.山水的"命运"——鄂西南清江流域发展中的"双重脱嵌"[J].社会发展研究，2015（4）.

[55] 刘嵘.清江流域非物质文化遗产现状及保护建议 [J].湖北民族学院学报，2006（4）.

[56] 段渝.酋邦与国家形成的两种机制——古代中国西南巴蜀地区的研究实例 [J].社会科学战线 2014（9）.

[57] 黄柏权.清江流域民族文化生成机制及其特征 [J].湖北民族学院学报，2006（4）.

[58] 张应斌.清江古文化论 [J].湖北民族学院学报，1995（3）.

[59] 朱世学.鄂西南清江流域穴居文化的初步研究——以利川鱼木寨、船头寨为例 [J].三峡大学学报（人文社会科学版），2011（2）.

[60] 谭志满.从祭祀到生活——对土家族撒尔嗬仪式变迁的宗教人类学考察 [J].西南民族大学学报，2009（10）.

[61] 姚伟钧.鄂西土家族原生态饮食文化的传承与开发 [J].湖北民族学院学报，2005（3）.

[62] 柏贵喜.当代土家族社会结构的变迁 [J].民族研究，2001（4）.

后　记

一本书籍，一个故事，一段经历……

泛黄的日历，渐红的双眸，淡绿的嫩芽，瓦蓝的晴空……

四季轮转，千载悠悠，万室书香……

先贤曾言："立德、立功、立言，乃三不朽"。此生之幸是"读书、教书、写书"三件事。读书，一路从学生到"学者"；教书，坚持立德树人的根本任务；写书，本人才疏学浅，今乃出版专著，有幸忝列"立言"之位，实乃幸运之至。回首来路，有诸多良师益友的提携与帮助，才能步履蹒跚地跨过一路荆棘。

感谢恩师，情同再造；

感谢家人，一路陪伴；

感谢同学，情谊永存；

感谢他者，反观自我。

特别鸣谢：湖北文理学院政法学院的各位领导及同仁。能在这样一个充满活力、温馨、团结、务实的大家庭中学习与工作，是我的荣幸。

彼时彼刻，此时此刻，感谢所有，此生铭记。多言数穷，此处无声胜有声！

詹进伟

辛丑年五月初九

于汉江青阁居